高等职业教育“互联网+”创新型系列教材

三菱FX5U PLC编程及应用

主　编　解永辉　侯绪杰

副主编　石海龙　包　倩　王宏甲

参　编　秦华宾　张建玉　赵俊敏

主　审　汤海威

机械工业出版社

本书从工业控制实际应用出发，系统介绍了三菱 FX5U PLC 的基本概念、软硬件资源、基本指令及应用、顺序控制步进指令及应用、典型应用指令及应用、模拟量控制与通信应用。

本书将自动化控制中的实际应用任务提炼为教学项目，将三菱 FX5U PLC 相关的知识与技能训练内容，由浅入深地融入相关项目。书中共有 7 个项目，分别是三相异步电动机起停控制系统的编程与实现、循环运料小车控制系统的编程与实现、混料罐控制系统的编程与实现、自动售货机控制系统的编程与实现、智能恒温水箱控制系统的编程与实现、智能仓储控制系统的编程与实现以及智能化生产线控制系统的编程与实现。每个项目又分为若干个任务，通过任务中的任务分析、知识链接、任务实施、任务评价、拓展提高等环节，循序渐进地将理论与实践相结合，引导学生"学中做"和"做中学"。同时每个任务都有相应的考核标准，对学生的学习过程进行记录、评分，便于过程教学评价。

本书可作为高等职业教育电气自动化技术、机电一体化技术、工业过程自动化技术等专业及相关专业的教学用书，也可作为相关工程技术人员的 PLC 培训和自学用书。

为方便教学，本书配有电子课件、模拟试卷及解答等，凡选用本书作为授课教材的老师，均可来电（010-88379758）索取，或登录机械工业出版社教育服务网（www.cmpedu.com）注册后下载。

图书在版编目（CIP）数据

三菱 FX5U PLC 编程及应用 / 解永辉，侯绪杰主编 . 北京 ：机械工业出版社，2024. 10. -- （高等职业教育"互联网 +"创新型系列教材）. -- ISBN 978-7-111-76640-7

Ⅰ. TM571. 61

中国国家版本馆 CIP 数据核字第 202450NE57 号

机械工业出版社（北京市百万庄大街 22 号　邮政编码 100037）

策划编辑：王宗锋　　　　责任编辑：王宗锋　章承林

责任校对：潘　蕊　张亚楠　　责任印制：邓　博

北京盛通数码印刷有限公司印刷

2025 年 1 月第 1 版第 1 次印刷

189mm×260mm・17.5 印张・390 千字

标准书号：ISBN 978-7-111-76640-7

定价：49.50 元

电话服务　　　　　　　　网络服务

客服电话：010-88361066　　机　工　官　网：www.cmpbook.com

010-88379833　　机　工　官　博：weibo.com/cmp1952

010-68326294　　金　　书　　网：www.golden-book.com

　机工教育服务网：www.cmpedu.com

前言

本书严格按照教育部颁布的相关高职专业教学标准进行编写，充分体现了职业教育课程改革的新技术、新技艺和新规范，突出了PLC应用技术的先进性、针对性和应用性。本书立足高素质技术技能人才培养，具有以下特点。

1. 任务驱动、虚实结合，提升职业素养

按照“目标导向教育（OBE）理念－课程思政－工作任务”模式，从岗位出发对接岗位标准，教学内容源于校企合作企业的真实工作任务，教学过程对接工作过程。采用项目案例式教学及行动导向教学方法，利用“任务驱动法”帮助学生在规定时间内完成学习任务，通过“做中学”和“学中做”培养学生的综合能力。本书注重学思结合、知行统一，培养学生勇于探索的创新精神、善于解决问题的实践能力。在设计上坚持目标与使命结合、理论与实践结合、思政与课程结合，围绕解决工程技术问题进行项目设置，精选7个项目19个任务，由易到难，锻炼学生的职业素养和职业能力，培养学生的创新意识和工匠精神。

2. 资源丰富、多措并举，促进高效学习

将岗位需求、技能比赛、各类资格证书等多类标准融入课程体系，实现以“标准”引领学生专业成长的目标。本书数字化资源丰富，包括软件、微课、教学PPT、动画、操作视频、仿真视频、科普文献等，即使没有实训设备，也能在相关视频、技术资料等引导下，借助模拟与仿真平台，进行项目设计，实现虚拟实训。通过“做什么、听我讲、跟我做、你来做”的授课思路，让学生在课堂上“活”起来、“动”起来、“干”起来，培养学生的职业岗位能力。

3. 内容新颖实用，紧跟时代步伐

本书选取了三菱公司FX5U系列PLC，介绍了PLC的指令系统、编程方法和组态技术以及通信技术，同时还介绍了多个真实的自动化控制产品的设计开发。采用GX Works3编程软件，编程、监控、模拟仿真功能强。

本书由解永辉、侯绪杰担任主编，石海龙、包倩和王宏甲担任副主编，参加编写的还有秦华宾、张建玉和赵俊敏。全书由解永辉统稿，其中项目一、项目三由侯绪杰和赵俊敏编写，项目二由包倩编写，项目四由秦华宾编写，项目五由石海龙编写，项目六由张建玉编写，项目七由王宏甲编写。在编写过程中，得到了企业专家和兄弟院校老师的大力支持，在此，对他们表示由衷的感谢。

由于编者水平有限，书中不足和疏漏在所难免，敬请读者批评指正。

编　者

二维码索引

（续）

目录

项目一

三相异步电动机起停控制系统的编程与实现

项目导读

自从“中国制造 2025”行动战略推出后，我国力求从“中国制造”向“中国智造”改变。在转变的过程中，PLC 不仅是机械装备和生产线的操控器，更是制造信息的收集器和转发器，承担着工业 4.0 和智能制造赋予的新使命。

日本三菱公司的 PLC 在国内具有较高的占有率，FX5U 系列 PLC 是三菱公司 2015 年最早推出的品牌，2023 年做了新的升级。FX5U 系列 PLC 属于中小型系列，是一种通用型 PLC，适用于自动化工程中的多种应用场合。

通过学习工业控制的硬核角色 PLC，学生将全面认识 PLC、理解并掌握 PLC 的工作过程。本项目以三相异步电动机起停控制为例，借助 FX5U-32MT PLC，学生能根据任务要求完成 PLC 的硬件电路连接，熟练使用 GX Works 3 编程软件，并完成三相异步电动机起停控制程序的运行调试。

学习笔记

话说工业控制的硬核角色 PLC

项目描述

在生产实践中，控制一台三相异步电动机的电路可能比较简单，也可能比较复杂。单向起动控制电路是电动机控制中较简单的电路。利用继电器 - 接触器控制系统实现对电动机的单向起动控制，简单易懂、操作方便，如图 1-1 所示，但也存在接

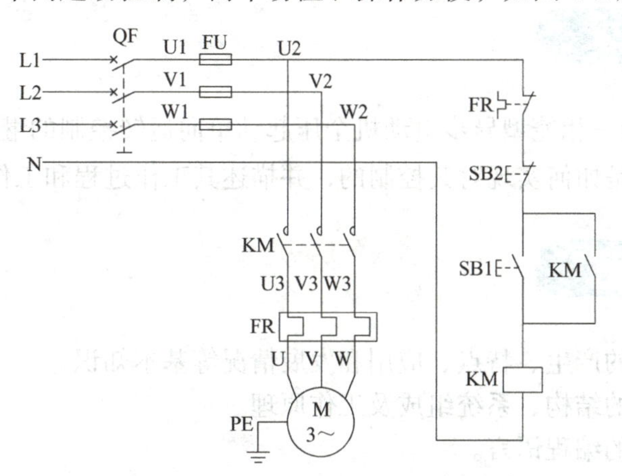

图 1-1　三相笼型异步电动机全压起动单向运转控制电路

学习笔记

线复杂、查找故障困难等问题。利用可编程控制器（PLC）能克服上述缺点，实现对电动机的优化控制。

学习目标

【知识目标】

※ 了解 PLC 的产生、特点、应用和发展状况等。

※ 掌握 PLC 的基本结构和工作原理。

※ 掌握三菱 FX5U 系列 PLC 的硬件组成、外部接线和编程资源。

※ 了解 PLC 各种编程语言的特点。

※ 掌握 GX Works 3 编程软件的基本操作，熟悉软件的主要功能。

【技能目标】

※ 能熟练操作 GX Works 3 编程软件，能完成 PLC 与计算机的通信设置，会程序的编写、修改、下载、上传和监控等操作。

※ 根据提供的 PLC 及端口分配表能实现 PLC 硬件电路的连接。

※ 能利用 PLC 实现对电动机全压起动单向运转控制电路的控制。

【素质目标】

※ 引导学生熟悉 PLC 控制技术，帮助学生树立职业理想，培养学生成为社会主义建设者和接班人。

※ 通过 PLC 选型，指出我国 PLC 目前的发展现状，激发学生的爱国热情和职业责任感，帮助学生树立奋发图强、努力学习的信念。

※ 程序编写时需要认真严谨，一旦编写过程中出现误差或错误，输出控制将无法实现，要求学生具备精益求精的工匠精神。让学生充分认识精益求精的品质精神和不断推动产品升级换代的创新精神，最终实现程序编写错误率低、自动化控制成功率高的目的。

任务一　工业控制的硬核角色——PLC

任务要求

图 1-1 所示为三相笼型异步电动机全压起动单向运转控制的继电器－接触器控制电路。了解 PLC 是如何实现对其控制的，并描述其工作过程和工作原理。

任务目标

1. 了解 PLC 的产生、特点、应用和发展情况等基本知识。
2. 掌握 PLC 的结构、系统组成及工作原理。
3. 了解 PLC 的编程语言。
4. 培养学生民族自信的家国情怀和攻坚克难的工匠精神。

1. 继电器 – 接触器控制分析

（1）主电路识读　合上 QF，当 KM 主触点闭合时，电动机起动运行。

（2）控制电路识读

1 ）起动过程：

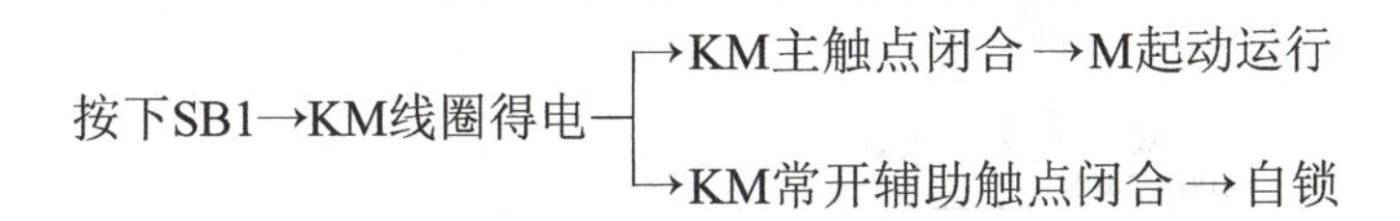

2 ）停止过程：

按下 SB2 → KM 线圈失电→ KM 所有触点复位→ M 断电停止

与起动按钮 SB1 并联的 KM 常开辅助触点起自锁作用。当 KM 线圈得电时，常开辅助触点闭合，即使 SB1 松开复位时也能保证 KM 线圈保持通电，电动机持续运行。

从上述继电器、接触器控制的动作顺序，可了解到继电器 – 接触器控制系统是使用硬件连接。将许多低压电器（继电器、接触器）等按一定方式连接起来，实现逻辑功能。继电器 – 接触器控制系统框图如图 1-2 所示。

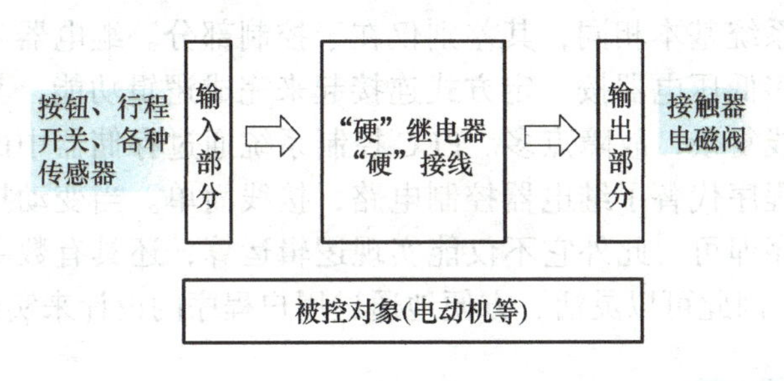

图 1-2　继电器 – 接触器控制系统框图

2. PLC 控制分析

用 PLC 实现三相笼型异步电动机全压起动单向运转控制，只考虑将输入 / 输出设备等与 PLC 相连接，具体的控制功能通过用户程序来实现，不需要在输入和输出之间设计复杂的硬线连接。图 1-3 为电动机单向运转 PLC 控制的输入 / 输出端口电路。

由图 1-3 可知，将起动按钮 SB1、停止按钮 SB2、热继电器 FR 接入 PLC 的输入端子，将接触器 KM 线圈接入 PLC 的输出端子便完成接线，具体的控制功能靠 PLC 的用户程序实现。

学习笔记

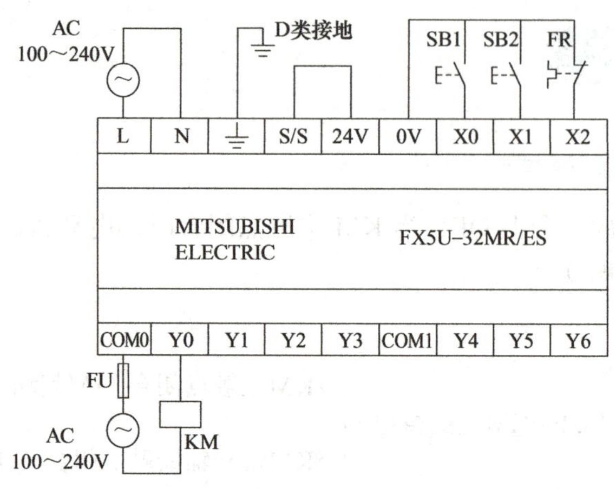

图 1-3　电动机单向运转 PLC 控制的输入 / 输出端口电路

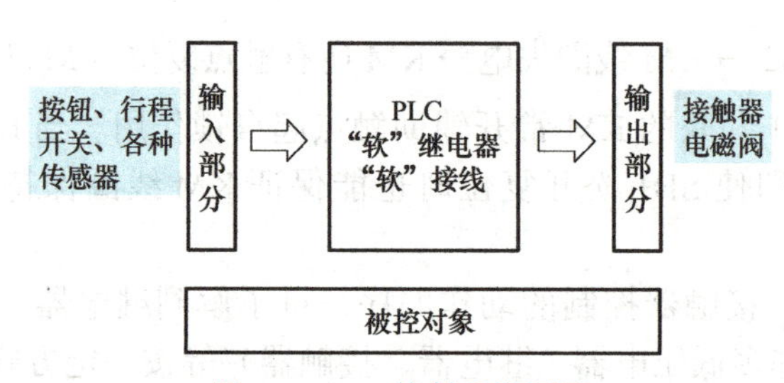

图 1-4　PLC 控制系统框图

由图 1-2 和图 1-4 可以观察到，PLC 控制系统的输入 / 输出部分与传统的继电器 - 接触器控制系统基本相同，其差别仅在于控制部分。继电器 - 接触器控制系统是用硬接线将许多低压电器按一定方式连接起来完成逻辑功能，其逻辑功能不能灵活改变，并且接线复杂，故障点多。PLC 控制系统通过存储器中的用户程序完成控制功能，由用户程序代替了继电器控制电路，接线简单。当变动控制功能时无需更改接线，改变程序即可。此外它不仅能实现逻辑运算，还具有数字运算及过程控制等复杂控制功能，因此可以灵活、方便地通过用户程序的设计来实现控制功能。

知识链接

一、PLC 的产生与发展

1. PLC 的产生背景

传统继电器 - 接触器控制电路采用固定接线的硬件实现逻辑控制，当控制系统的工艺改变时，原有的接线需要重新更换。控制过程要求复杂时，继电器控制系统会出现接线杂多、庞大笨重等问题，所以传统继电器 - 接触器控制系统具有设备体积大、功能单一、效率低、可靠性差、故障检修和功能更改困难、难以实现较复杂的控制等缺点。

20 世纪 60 年代末美国制造业竞争激烈，各汽车生产厂家的汽车型号不断更新，其生产线控制系统亦随之改变，当汽车型号变化时，需要重新配置控制系统。传统的继电器－接触器控制系统严重束缚了生产变化。于是1968年美国通用汽车公司（GM）公开招标，对新的汽车流水线控制系统提出了10项具体要求：

1）编程方便，可现场修改程序。

2）维修方便，采用插件式结构。

3）可靠性高于继电器－接触器控制装置。

4）体积小于继电器－接触器控制系统。

5）数据可直接送入管理计算机。

6）成本可与继电器－接触器控制装置竞争。

7）输入可以是交流115V。

8）输出为交流115V，容量要求在2A以上，可直接驱动接触器、电磁阀等。

9）扩展时原系统改变最小。

10）用户存储器容量至少能扩展到4KB。

美国数字设备公司（DEC）根据GM招标的技术要求，于1969年研制出世界上第一台PLC，并在GM汽车自动装配线上试用，获得成功。随后，日本、德国等相继引入这项新技术，我国在1974年才开始研制PLC，1977年开始工业应用并逐步发展起来。

2. PLC的定义

国际电工委员会（IEC）对PLC的标准定义为：可编程控制器是一种数字运算操作的电子系统，专为在工业环境下应用而设计。它采用可编程的存储器，在其内部存储执行逻辑运算、顺序控制、定时、计数和算术运算等操作的指令，并通过数字式或模拟式的输入和输出，控制各种工业的生产过程。对于外部设备，都应按易于与工业系统连成一个整体、易于扩充其功能的原则设计。

PLC在1969年时被称为可编程逻辑控制器，其英文全称为Programmable Logic Controller。20世纪70年代后期，随着微电子技术和计算机技术的迅猛发展，PLC由简单的逻辑控制发展到顺序控制等，功能越来越丰富，此时被称为可编程控制器（Programmable Controller，PC）。但由于PC容易和个人计算机（Personal Computer）相混淆，故人们仍习惯地用PLC作为可编程控制器的缩写。

3. PLC的发展

PLC的发展趋势

20世纪80年代，PLC的生产规模日益扩大，价格不断下降，产品的规模和品种开始系列化，其应用范围开始向顺序控制的全部领域拓展，如国产台达ES系列PLC、三菱FX系列PLC等。

20世纪90年代，随着计算机技术的发展，PLC的功能发生了质的飞跃，并向大规模、高速度、高性能、小型化方向发展，开发了各种特殊功能模块。如国产信捷XCC系列产品，三菱Q型小、中、大型系列产品等。

进入21世纪，PLC向运算速度更快、存储容量更大、智能水平更高、网络通信能力更强的方向发展，开发了各种适用于工业自动化的过程控制、运动控制等特殊功能模块，和其他工业控制计算机组网构成大型的控制系统，以适应各种工业控制

学习笔记

场合的需求。

PLC已经经历了几十年的发展，实现了从开始的简单逻辑控制到现在的运动控制、过程控制、数据处理和联网通信。随着科学技术的进步，面对不同的应用领域和不同的控制需求，PLC将会有更大的发展。目前，PLC的发展趋势主要体现在规模化、高性能、多功能、模块化、网络化及标准化等几个方面。

二、PLC的特点与应用

1. PLC的特点

PLC是专为工业环境应用而设计的微型计算机，它并不针对某一具体工业应用，而是有着广泛的通用性。PLC之所以被广泛使用，与它突出的特点及优越的性能密切相关。归纳起来，PLC主要具有以下特点。

（1）可靠性高、抗干扰能力强　为了更好地适应工业生产环境中高粉尘、高噪声、强电磁干扰和温度变化剧烈等特殊情况，在设计制造过程中，PLC对硬件采用屏蔽、滤波、电源调整与保护、光电隔离、结构设计等一系列硬件抗干扰措施。对软件采取了故障自诊断、信息保护与恢复、设置警戒时钟——WDT（看门狗）、加强对程序的检查和校验、对程序及动态数据进行电池后备等多种抗干扰措施。

（2）编程简单，使用方便　目前，大多数PLC仍采用梯形图编程，既继承了传统控制电路的清晰直观，又考虑到大多数工厂企业电气技术人员的读图习惯及编程水平，除此之外，梯形图语言中编程元件的符号和表达方式与继电器-接触器控制电路原理图相当接近，所以非常容易接受和掌握。

（3）通用性强、灵活性好、功能齐全　PLC的各种硬件装置品种齐全，可以组成能满足各种要求的控制系统，用户不需要再设计和制作硬件装置。硬件确定后，在生产工艺流程改变或生产设备更新的情况下，用户不必改变PLC的硬件设备，只需改编程序就可以满足控制要求。现代PLC不仅有逻辑运算、计时、计数、顺序控制等功能，还具有数字和模拟量的输入/输出、功率驱动、通信、人机对话、自检、记录显示等功能。它既可控制一台生产机械、一条生产线，又可控制整个生产过程。

（4）安装简单，调试维护方便　PLC采用软件来替代继电器-接触器控制系统中大量的中间继电器、时间继电器、计数器等器件，使控制柜设计安装时的接线工作量大大减少。同时，PLC的用户程序可以在实验室进行模拟调试，大大减少了现场的调试工作量。并且，由于PLC较低的故障率、较强的监视功能、模块化的结构等优点，维修也极为方便。

（5）体积小、能耗低、性价比高　PLC是将微电子技术应用于工业设备的产品，其结构紧凑、体积小、重量轻、功耗低。同时PLC具有很强的抗干扰能力且易于装入设备内部，是实现机电一体化的理想控制设备。目前以PLC作为控制器的计算机数控（CNC）设备和机器人装置已成为应用典型。随着集成电路芯片功能的提高、价格的降低，PLC硬件的价格也在不断下降。虽然PLC的软件价格在系统中所占的比例在不断提高，但是由于缩短了整个工程项目的进度，提高了工程质量，PLC仍具有较高的性价比。

2. PLC 的应用

学习笔记

PLC 的应用领域

PLC 在国内外已广泛应用于钢铁、石油、化工、电力、建材、机械制造、汽车、轻纺、交通运输、环保及文化娱乐等各个行业。

（1）开关量逻辑控制　PLC 用“与”或“非”等逻辑控制指令来实现触点和电路的串、并联，代替继电器进行组合逻辑控制、定时控制与顺序逻辑控制。PLC 中的开关量逻辑控制广泛应用于各种工业控制系统中，如机械制造、生产线自动化控制、机器人控制、电梯控制、液体混合系统控制等。

（2）运动控制　用 PLC 控制专用的运动控制模块，可以实现圆周运动或直线运动的控制，如可驱动步进电动机或伺服电动机的单轴或多轴的定位控制，广泛用于各种机械、机床、机器人及电梯等场合。

（3）过程控制　PLC 在冶金、化工、热处理、锅炉控制等场合有非常广泛的应用。在生产过程中，如温度、压力、流量、液位等连续变化的量（即模拟量）需要实时控制，PLC 采用相应的 A/D 和 D/A 转换模块及各种各样的控制算法程序来处理模拟量，完成闭环控制。

（4）数据处理　PLC 具有数学运算（含矩阵运算、函数运算、逻辑运算）、数据传送、数据转换、排序、查表及位操作等功能，可以完成数据的采集、分析及处理。数据处理一般用于如造纸、冶金、食品工业中的一些大型控制系统。

（5）通信及联网　PLC 通信含 PLC 间的通信及 PLC 与其他智能设备间的通信。随着工厂自动化网络的发展，现在的 PLC 都具有通信接口，通信非常方便。

三、PLC 的分类与主要产品

1. PLC 的分类

PLC 可以按以下两种方式进行分类。

（1）按 PLC 的点数分类　根据 PLC 及可扩展的输入 / 输出点数，可以将 PLC 分为小型、中型和大型 3 类。小型 PLC 的输入 / 输出点数一般在 256 点以下；中型 PLC 的输入 / 输出点数一般为 256 ～ 2048 点；大型 PLC 的输入 / 输出点数一般在 2048 点以上。

（2）按 PLC 的结构分类　按 PLC 的结构可分为整体式和模块式。整体式 PLC 将电源、CPU、存储器、I/O 系统都集中在一个小箱体内，小型 PLC 多为整体式 PLC，如图 1-5 所示。模块式 PLC 是按功能分成若干模块，如电源模块、CPU 模块、输入模块、输出模块、功能模块及通信模块等，根据系统要求可选择相应的模块进行组合配置。大中型的 PLC 多为模块式，如图 1-6 所示。

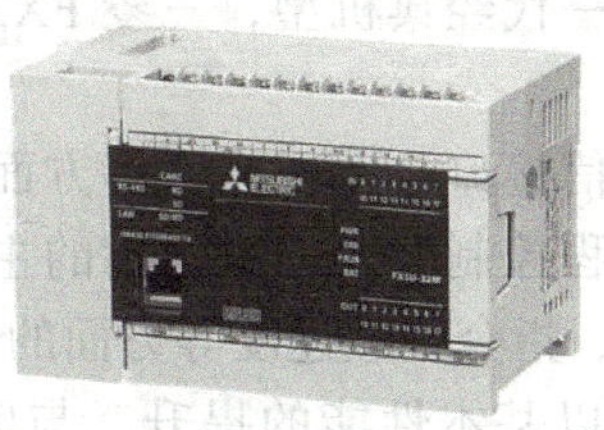

a) 三菱FX5U PLC

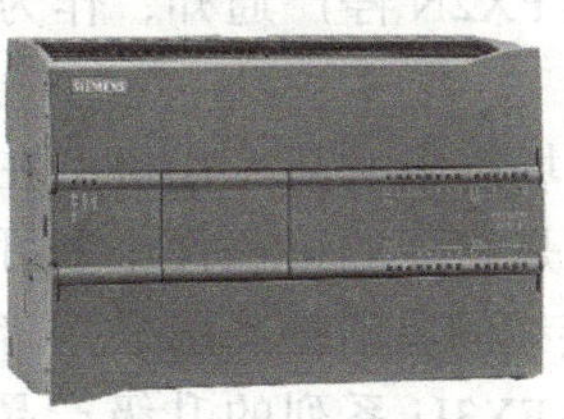

b) 西门子S7–1200 PLC

图 1-5　整体式 PLC 示例

学习笔记

a) 三菱Q系列PLC

b) 西门子S7-1500 PLC

图 1-6 模块式 PLC 示例

2. PLC 的主要产品

PLC 主要品牌介绍

目前全球 PLC 生产厂家有 200 多家，比较知名的有德国的西门子（SIEMENS），法国的施耐德（SCHNEIDER），美国的罗克韦尔、通用电气（GE），日本的三菱（MITSUBISHI）、欧姆龙（OMRON）等。我国 PLC 的研制、生产和应用也发展很迅速。20 世纪 70 年代末和 80 年代初，我国引进了不少国外的 PLC 成套设备。此后，在传统设备改造和新设备设计中，PLC 的应用逐年增多，并取得了显著的经济效益。我国从 20 世纪 90 年代开始生产 PLC，也拥有较多的 PLC 自主品牌，如台湾的台达，无锡的信捷，深圳的汇川，北京的和利时、凯迪恩（KDN）等；2022 年，国产小型 PLC 的市场份额已经超过 18%。目前应用较广的部分 PLC 生产厂家及其主要产品见表 1-1。

表 1-1 部分 PLC 生产厂家及其主要产品

国家	公司	产品型号
德国	西门子（SIEMENS）	S7-200 Smart、S7-1200、S7-300/400、S7-1500
美国	通用电气（GE）	90™-30、90™-70、VersaMax、Rx3i
日本	三菱电机（MISTSBSHI ELECTRIC）	FX3U/FX5U 系列、Q 系列、L 系列
法国	施耐德（SCHNEIDER）	Twido、Micro、Premium、Quantum
中国	汇川	H2U/H3U/H5U 系列、AM400/600/610 系列

3. 三菱 FX 系列产品

20 世纪 80 年代，三菱电机推出了 F 系列小型 PLC，其后经历了 F1、F2、FX2 系列，在硬件和软件功能上不断完善和提高，后来推出了 FX1N、FX2N 等系列的第二代产品 PLC，实现了微型化和多品种化，可满足不同用户的需要。2012 年三菱电机官网发布三菱 FX2N 停产通知，作为老一代经典机型，三菱 FX2N 已经慢慢退出了市场。

为了适应市场需求，新一代机型在通信接口、运行速度等方面做了改善。三菱 FX3U 系列 PLC 是三菱的第三代小型可编程控制器，也是当前的主流产品。相比于 FX2N，FX3U 接线的灵活性、用户存储器、指令处理速度等方面的性能得到了提高。三菱 FX5U 作为 FX3U 系列的升级产品，以基本性能的提升、与驱动产品的连接、软件环境的改善作为亮点，于 2015 年问世。与 FX3U 相比，FX5U 的显著特点如下。

（1）PLC 的基本单元　FX5U PLC 的基本单元内置 12 位的 2 路模拟量输入和 1 路模拟量输出；内置以太网接口、RS-485 接口及四轴 200kHz 高速定位功能；支持结构化程序和多程序执行，并可写入结构化文本语言和功能块。

（2）系统总线传输速度　FX5U PLC 系统总线传输速度为 1.5KB/ms，约为 FX3U PLC 的 150 倍，同时最大可扩展 16 块智能扩展模块（FX3U 为 7 块）。

（3）内置 SD 存储卡槽　FX5U PLC 内置 SD 存储卡槽，通过 SD 存储卡可以更加方便地实现固件升级、CPU 的引导运行和数据存储等功能；另外，SD 存储卡上可以记录数据，有助于分析设备状态和生产状况。

（4）编程软件　FX3U PLC 支持 CC-Link 通信，可以使用 GX Developer 和 GX Works2 编程软件。而 FX5U PLC 支持 CC-Link IE 通信，使用 GX Works3 编程软件编程；通过开发和使用功能块，可减少开发工时、提高编程效率；运用简易运动控制定位模块的 SSCNETIII/N 定位控制，可实现丰富的运动控制。

学习笔记

FX3U 与 FX5U 的区别

四、PLC 的基本结构及工作原理

1. PLC 的基本结构

PLC 实质是一种专用于工业控制的计算机，其基本结构与微型计算机相同，由硬件系统和软件系统两部分构成。PLC 的基本结构框图如图 1-7 所示，主要由中央处理器（CPU）、存储器、输入单元、输出单元、通信接口、扩展接口和电源等部分组成。其中，CPU 是 PLC 的核心，输入单元与输出单元是连接现场输入 / 输出设备与 CPU 之间的接口电路，通信接口用于与编程器、上位计算机等外部设备连接。

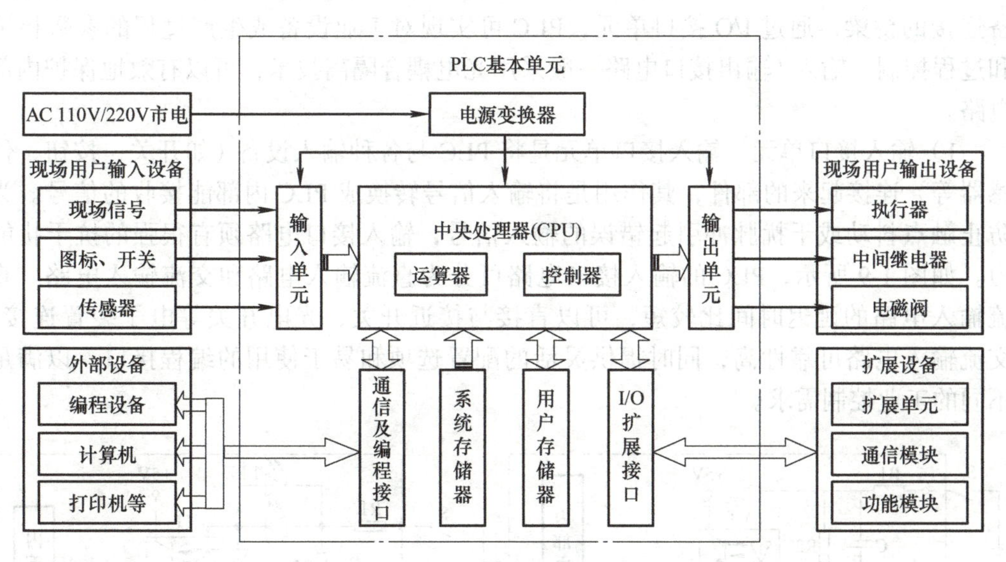

图 1-7　PLC 的基本结构框图

对于模块式 PLC，各部件独立封装成模块，各模块通过总线连接，安装在机架或导轨上，其组成框图如图 1-8 所示。无论是哪种结构类型的 PLC，都可根据用户需要进行配置与组合。

学习笔记

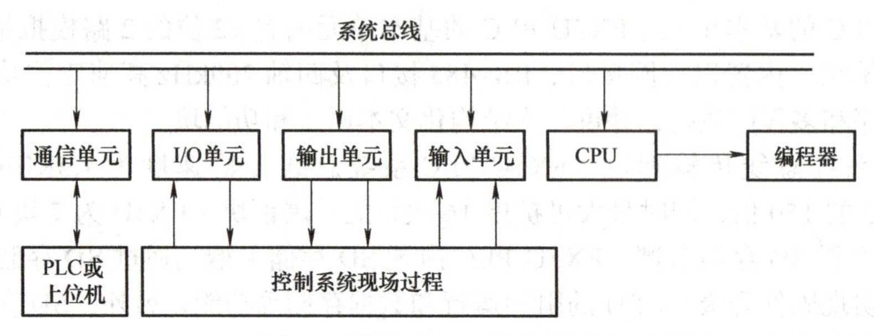

图 1-8　模块式 PLC 的组成框图

尽管整体式 PLC 与模块式 PLC 的结构不太一样，但各部分的功能作用是相同的，下面对 PLC 的主要组成部分进行简单介绍。

（1）中央处理器（CPU）　中央处理器（CPU）是 PLC 的核心部件，一般由控制器、运算器和寄存器组成。它主要负责诊断 PLC 电源、内部电路的工作状态及编写程序中的语法错误；采集现场的状态或数据，并送入 PLC 的寄存器中；逐条读取指令，完成各种运算和操作；最后将处理结果送至输出端。

（2）存储器　PLC 的存储器包括系统存储器和用户存储器两种。系统存储器用于存放 PLC 厂家编写的系统程序，用于开机自检及程序解释等功能，用户不能访问和修改，一般固化在只读存储器（ROM）中；用户存储器用于存放 PLC 的用户程序，设计和调试时需要不断修改，一般存放在随机存储器（RAM）中；当用户调试好的程序需要长期使用，也可将其写入可擦可编程只读存储器（EPROM）中，实现长期保存。

（3）输入与输出（I/O）接口单元　PLC 的输入 / 输出接口单元是 CPU 与外部设备连接的桥梁，通过 I/O 接口单元，PLC 可实现对工业设备或生产过程的参数检测和过程控制。输入 / 输出接口电路一般采用光电耦合隔离技术，可以有效地保护内部电路。

1）输入接口单元。输入接口单元是将 PLC 与各种输入设备（如开关、按钮、传感器等）连接起来的部件，其作用是将输入信号转换成 PLC 内部能接收的信号。为防止触点抖动或干扰脉冲引起错误的输入信号，输入接口电路须有很强的抗干扰能力。如图 1-9 所示，PLC 的输入接口电路可分为直流输入电路和交流输入电路。直流输入电路的延迟时间比较短，可以直接与接近开关、光电开关等电子装置连接；交流输入电路可靠性高，同时提供灵活的配置选项和易于使用的编程接口，以满足不同的工业控制需求。

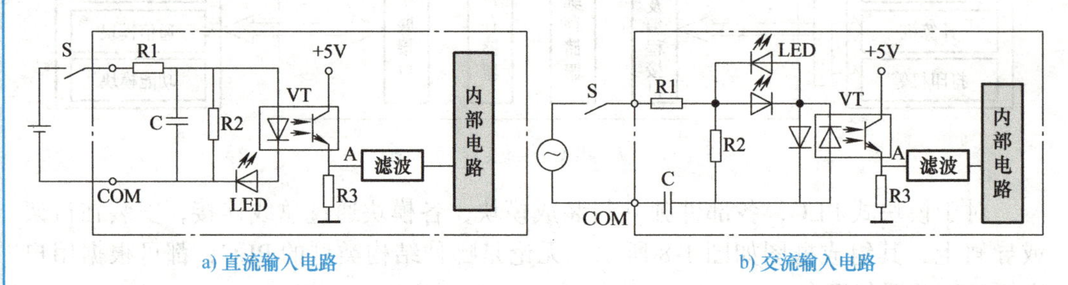

图 1-9　输入接口电路示意图

2）输出接口单元。输出接口单元是将PLC与各种负载设备（如指示灯、电磁阀、继电器等）连接起来的部件，其作用是将CPU输出的信号加以放大，用于驱动外部设备。

输出接口电路通常有3种类型：继电器输出型、晶体管输出型和晶闸管输出型，如图1-10所示。继电器输出型电路的电压范围宽、导通压降小、价格便宜，既可以控制直流负载，也可以控制交流负载，但是触点寿命短、转换频率慢。晶体管输出型电路寿命长、无噪声、可靠性高、转换频率快，可驱动直流负载，但过载能力较差，且价格高。晶闸管输出型电路寿命长、无噪声、可靠性高，可驱动交流负载，但过载能力较差，且价格高。

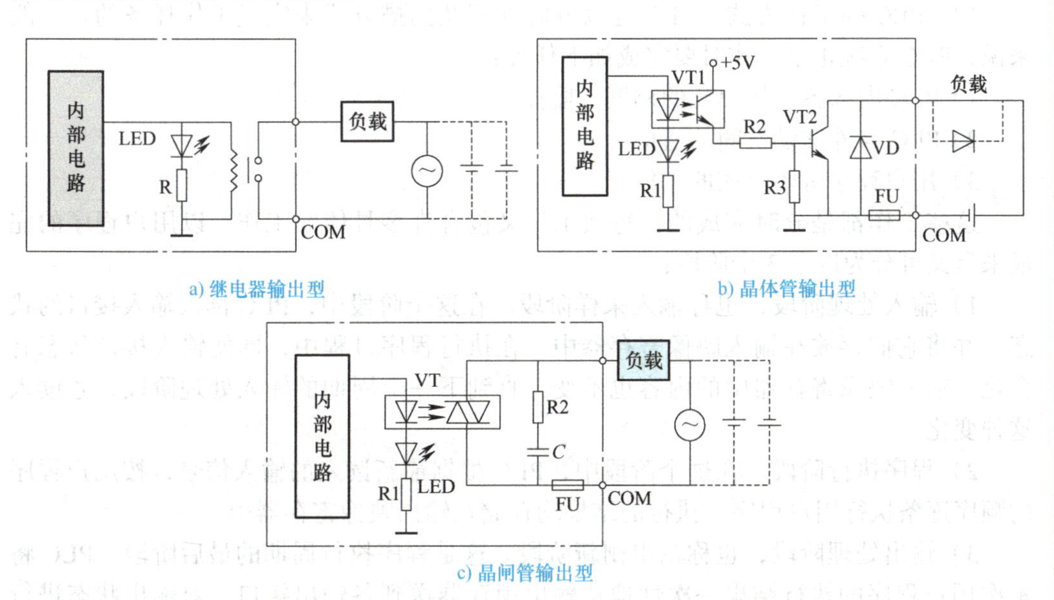

a) 继电器输出型　b) 晶体管输出型　c) 晶闸管输出型

图1-10　输出接口电路示意图

（4）外部设备接口　PLC的外部设备主要有编程器、操作面板、文本显示器和打印机等。编程器接口用来连接编程器，PLC本身通常不带编程器，为了能对PLC编程及监控，PLC专门设置了编程器接口，通过此接口可以连接各种形式的编程装置。操作面板和文本显示器不仅是用于显示系统信息的显示器，还可以操作控制单元。打印机可以把过程参数和运行结果以文字形式输出。外部设备接口可以把上述外部设备与CPU连接，以完成相应的操作。

除上述一些外部设备接口以外，PLC还设置了存储器接口和通信接口。存储器接口是为扩展存储区而设置的，用于扩展用户程序存储区和用户数据参数存储区。通信接口是为在微型计算机与PLC、PLC与PLC之间建立通信网络而设立的接口。

（5）I/O扩展接口　I/O扩展接口用于扩展输入/输出单元，它使PLC的控制规模配置更加灵活，这种扩展接口实际上为总线形式，既能够配置开关量的I/O单元，也可配置模拟量和高速计数等特殊I/O单元及通信适配器等。

（6）电源　PLC内部配有一个专用开关式稳压电源，可将PLC外部连接的电源电压转化为CPU、存储器、输入/输出接口等电路工作所需的直流电源，并为外部输入元件提供24V直流电源。需要注意的是，PLC负载的电源是由用户另外提供的。

2. PLC的工作原理

PLC的工作原理与计算机的工作原理基本上是一致的，可以简单地表述为在系统程序的管理下，通过运行应用程序完成用户任务。但个人计算机与PLC的工作方式有所不同，计算机一般采用等待命令的工作方式。如常见的键盘扫描方式或I/O扫描方式，当键盘有键按下或I/O接口有信号时则中断转入相应的子程序。而PLC在确定了工作任务，装入了专用程序后成为一种专用机，它采用循环扫描工作方式，系统工作任务管理及应用程序执行都是以循环扫描方式完成的。

（1）PLC的工作方式　PLC是以分时处理及扫描方式来完成工作任务的。一般来说，PLC系统正常工作时要完成如下任务：

1）PLC内部各工作单元的调度、监控。

2）PLC与外部设备间的通信。

3）用户程序所要完成的工作。

这些工作都是分时完成的，每项工作又包含许多具体的工作。以用户程序的完成来看又可分为以下3个阶段：

1）输入处理阶段，也称输入采样阶段。在这个阶段中，PLC读入输入接口的状态，并将它们存放在输入映像寄存器中。在执行程序过程中，即使输入接口状态有变化，输入映像寄存器中的内容也不变，直到下一个周期的输入处理阶段，才读入这种变化。

2）程序执行阶段。在这个阶段中，PLC根据最新读入的输入信号，按用户程序的顺序逐条执行用户程序。执行的结果均存储在输出映像寄存器中。

3）输出处理阶段，也称输出刷新阶段。这是程序执行周期的最后阶段。PLC将本次用户程序的执行结果一次性地从输出锁存器送到各输出接口，对输出状态进行刷新。

这3个阶段是分时完成的。为了连续完成PLC所承担的工作，系统必须周而复始地以一定的顺序完成这一系列的具体工作，这种工作方式叫作循环扫描工作方式。PLC扫描过程示意图如图1-11所示。

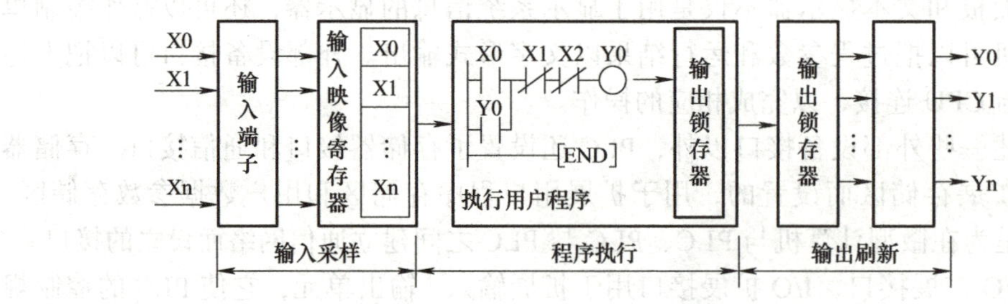

图1-11　PLC扫描过程示意图

（2）PLC的工作状态（FX5U）　一般PLC有两种工作状态，运行（RUN）状态和停止（STOP）状态。在RUN状态，CPU按照程序指令顺序循环扫描用户程序，并输出运算结果；在STOP状态，CPU终止用户程序的执行，但可将用户程序和硬件设置信息下载到 PLC 中去。FX5U 系列的 PLC 额外增加了暂停（PAUSE）状态，在此状态，CPU 保持输出及软元件存储器的状态不变，中止程序运算的状态。

思考

FX5U 系列 PLC 增加中间状态 PAUSE 的优点是什么？

（3）扫描周期和 I/O 滞后时间

1）扫描周期：PLC 在运行工作状态时，执行一次扫描操作所需要的时间称为扫描周期，其典型值为 1 ~ 100ms。

2）I/O 滞后时间：PLC 对输入和输出信号的响应是有延时的，这就是滞后现象。I/O 滞后时间又称为系统响应时间。为了确保 PLC 在任何情况下都能正常无误地工作，一般情况下，输入信号的脉冲宽度必须大于一个扫描周期。

小提示

输出信号的状态是在输出刷新时送出的。因此，在一个程序中若给一个输出端多次赋值时，中间状态只改变输出映像区，只有最后一次赋的值才能送到输出端。

图 1-12 给出了输入 / 输出最短响应时间；图 1-13 给出了输入 / 输出最长响应时间。

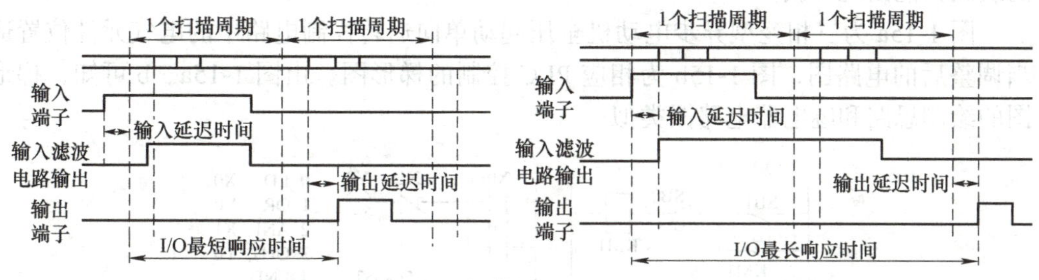

图 1-12　输入 / 输出最短响应时间　　图 1-13　输入 / 输出最长响应时间

由图 1-12 和图 1-13 可知，输入 / 输出最短响应时间和最长响应时间分别为

输入 / 输出最短响应时间 = 输入延迟时间 +1 个扫描周期 + 输出延迟时间

输入 / 输出最长响应时间 = 输入延迟时间 +2 个扫描周期 + 输出延迟时间

五、PLC 的编程语言

PLC 有 5 种编程语言：梯形图（Ladder Diagram，LD）、语句表（Statement List，STL）、功能块图（Function Block Diagram，FBD）、顺序功能图（Sequential Function Chart，SFC）及结构化文本（Structured Text，ST）。

1. 梯形图（LD）

在 PLC 程序设计中，梯形图是最常用的一种语言，它是利用梯形图的图形符号来描述程序。该语言由触点、线圈两个基本编程要素构成。梯形图是在继电器控制电路的基础上演绎出来的，与电气原理图相对应，并且电气设计人员对继电器控制

学习笔记

较为熟悉，因此梯形图编程语言得到了广泛应用。

（1）能流　用梯形图进行编程时，为了方便分析各元件的输入/输出关系引入一种假想的“电流”，称为能流。如图1-14所示，当触点X0、X2或者X1接通时，能流从左向右流过，与在执行用户程序时逻辑顺序是相同的，有两条路径：一是X0→X2→Y0；二是X1→Y0。

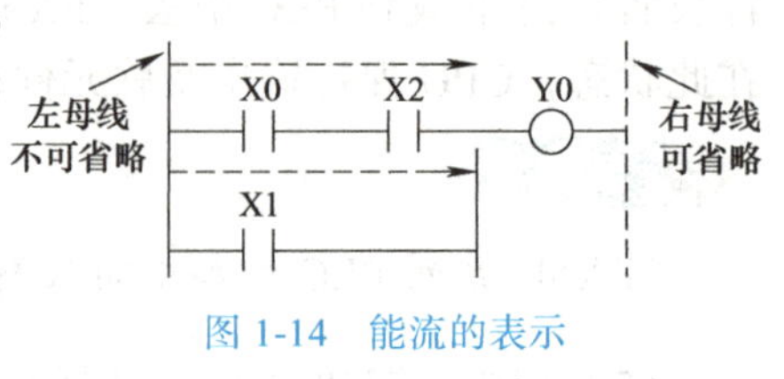

图1-14　能流的表示

小提示

能流不是实际意义的电流，方向只能从左到右，而不能倒流。

（2）母线　在图1-14中，两条垂直的公共线称为左、右母线，其中左母线不可省略，右母线可以省略，且两条母线中有能流从左向右流过。

（3）触点　触点对外代表输入条件，如外部开关、按钮的状态，内部实际是一个寄存器位。触点分为常开触点和常闭触点，其中触点闭合表示有能流流过，触点断开表示能流不通过。

（4）线圈　线圈表示输出结果，通过输出接口电路来控制外部的指示灯、接触器及内部的输出条件等。若线圈左侧接点组成的逻辑运算结果为1，则“能流”可以到达线圈，使线圈得电动作；若运算结果为0，则线圈不通电。一般情况下同一元件的线圈只能出现一次。

图1-15a为三相笼型异步电动机全压起动单向运转控制电路中的电气元件位置适当调整后的电路图，图1-15b为相应PLC控制的梯形图。由图1-15a、b可知，梯形图的绘制思路和继电器电路图类似。

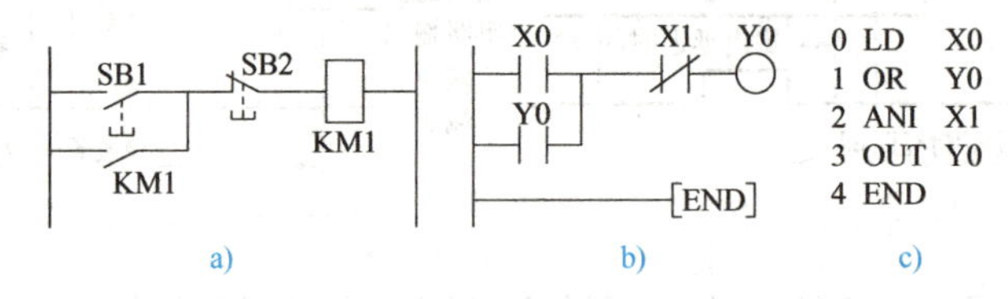

图1-15　继电器控制电路、PLC梯形图和语句表

2. 语句表（STL）

语句表是使用助记符来书写程序的，又称为指令表，类似于汇编语言，但比汇编语言通俗易懂，属于PLC的基本编程语言。它具有以下特点：

1）利用助记符号表示操作功能，容易记忆，便于掌握。

2）在编程设备的键盘上就可以进行编程设计，便于操作。

3）部分梯形图及另外几种编程语言无法表达的PLC程序，必须使用语句表才能编程。图1-15c所示为PLC梯形图对应的语句表。

3. 功能块图（FBD）

功能块图采用类似于逻辑门电路的图形符号，逻辑直观、使用方便，如图1-16

所示。该编程语言中的方框左侧为逻辑运算的输入变量，右侧为输出变量。方框被“导线”连接到一起，信号从左向右流动。不同的功能模块具有不同的功能，基本上沿用了半导体逻辑电路的逻辑方块图，有数字电路基础的技术人员很容易上手和掌握。

图 1-16 所示功能块图的输出为：Y0=（X0+X1）*X2*M1。

4. 顺序功能图（SFC）

顺序功能图也称为流程图或状态转移图，是一种图形化的功能性说明语言，专用于描述工业顺序控制程序，使用它可以对具有并行、选择等复杂结构的系统进行编程。顺序功能图程序设计语言有如下特点：

1）以功能为主线，条理清楚，便于对程序操作的理解和沟通。

2）对大型的程序，可分工设计，采用较为灵活的程序结构，可节省程序设计时间和调试时间。

3）常用于系统规模较大、程序关系较复杂的场合。

顺序功能图体现了一种顺序控制的编程思路，在程序的编写中有很重要的意义。图 1-17 是顺序功能图的示意图。

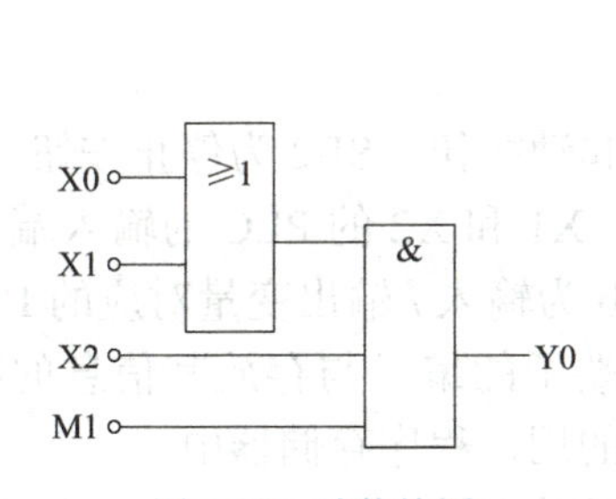

图 1-16　功能块图

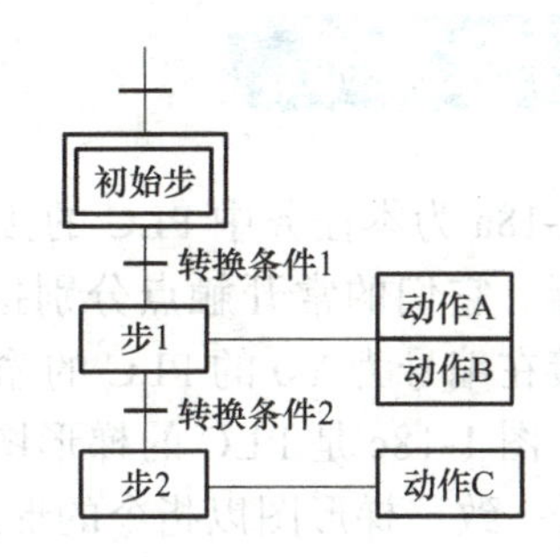

图 1-17　顺序功能图的示意图

5. 结构化文本（ST）

通常用结构化的描述文本来描述程序的一种编程语言称为结构化文本。在大中型的 PLC 系统中，结构化文本通常用来描述控制系统中各个变量的关系，适合复杂的运算功能以及数据处理等。结构化文本编程语言采用计算机的描述方式来描述系统中各种变量之间的各种运算关系，完成所需的功能或操作。表 1-2 为结构化文本编程语言常用的几种标准编程运算符，其中用 AND、XOR、OR 表示逻辑与、异或、或，用 +、–、*、/ 表示算术功能。

表 1-2　结构化文本编程语言常用的运算符

名称	符号	优先级
非运算	NOT	4
乘	*	5
除	/	5

学习笔记

（续）

名称	符号	优先级
加	+	6
减	-	6
比较	<> <= >=	7
相等	=	8
与	AND	9
异或	XOR	10
或	OR	11

PLC 的编程语言是用户编写软件的工具，IEC 标准除了提供几种编程语言供用户选择外，还允许编程者在同一程序中使用多种编程语言。

本书以三菱公司新一代 FX5U 系列 PLC 为介绍对象，它使用了梯形图、结构化文本和功能块图这 3 种编程语言。

任务实施

图 1-18a 为本任务中 PLC 的接线图，SB1 为起动按钮、SB2 为停止按钮、FR 为热继电器。它们的常开触点分别接在编号为 X0、X1 和 X2 的 PLC 的输入端；接触器 KM 接在编号为 Y0 的 PLC 的输出端。图 1-18b 为输入 / 输出变量对应的 I/O 映像寄存器。图 1-18c 是 PLC 的梯形图。输入 / 输出端子的编号与存放其信息的映像寄存器编号一致。梯形图以指令的形式存储在 PLC 的用户程序存储器中。

首先 CPU 将 SB1、SB2、FR 的常开触点开关的状态读入相应的输入映像寄存器，外部触点接通，则寄存器存入“1”，反之存入“0”。此时为输入采样阶段。

输入采样结束进入程序执行阶段，执行第一条指令时，从输入映像寄存器 X0 中取出信息“1”或“0”，存入操作器。执行第二条指令时，从输出映像寄存器 Y0 中取出信息“1”或“0”，并与操作器中的内容相“或”，结果存入操作器中。执行第三条指令时，将输入映像寄存器 X2 的内容取“反”并与操作器的内容相“与”，然后将结果存入操作器。执行第四条指令时，将输入映像寄存器 X1 的内容取“反”并与操作器的内容相“与”，最后结果存放在操作器中。执行第五条指令时，将操作器中的内容送入 Y0 的输出映像寄存器。

在程序运行过程中产生的输出 Y0 并没有立即送到输出端子进行输出，而是存放在输出映像寄存器 Y0 中。当执行到第六条指令时，表示程序执行结束，进入输出刷新阶段。CPU 将各输出映像寄存器的内容传送给输出寄存器并锁存起来，送往输出端子驱动外部对象。

输出刷新结束，PLC 又重复上述执行过程，循环往复。直到停机或 PLC 由运行（RUN）切换到停止（STOP）工作状态为止。

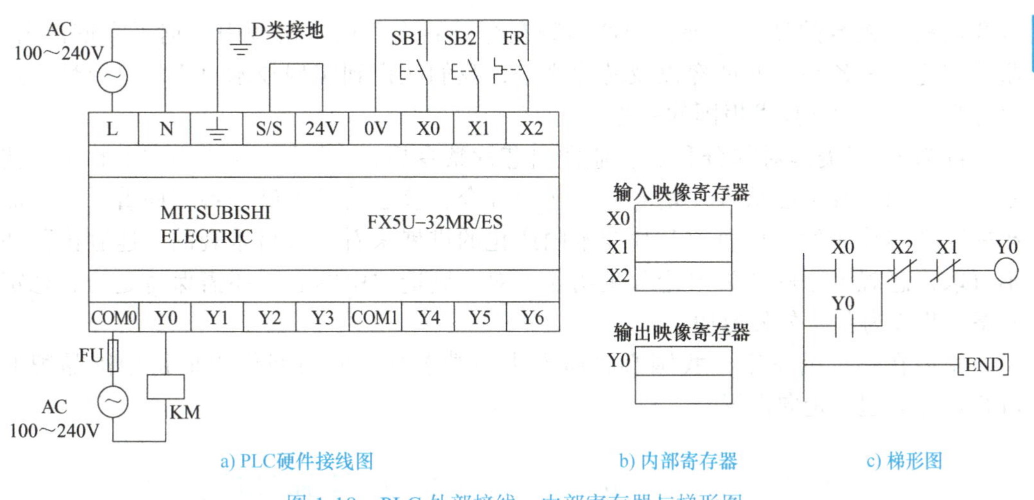

图 1-18　PLC 外部接线、内部寄存器与梯形图

任务评价

本任务主要考核学生对 PLC 工作过程及工作原理的掌握情况以及学生对电动机单向运转控制的工作过程分析。考核采取自评、互评和师评相结合的方法，具体考核内容与配分情况见表 1-3。

表 1-3　任务评价

考核项目	考核内容	考核标准	自评（30%）	互评（30%）	师评（40%）	得分
职业素养 40 分	分工是否合理、有无制订计划、是否严谨认真	无分工、无组织、无计划、不认真，扣 10 分				
	团队合作、交流沟通、互相协作	学生独自实施任务、未完成，扣 10 分				
	遵守行业规范、现场 6S 标准	现场混乱、未遵守行业规范等，扣 20 分				
PLC 工作过程分析 60 分	硬件接线图分析	输入 / 输出与 PLC 对应情况不正确，每一个扣 10 分				
	梯形图分析	触点和线圈的状态分析不正确，每一个扣 5 分				
合计						

【视野拓展】

加快建设制造强国，要打好关键核心技术攻坚战，努力突破重要领域"卡脖子"技术。

讨论："中国芯片"知多少？

目前我国的 PLC 在工厂实际应用中以西门子、欧姆龙、三菱等国外品牌居多，主要是因为我国相比其他国家在 PLC 生产制造上起步较晚。

以同属数字电子设备的手机为例，以往我国手机市场国外品牌占有率极高，随着我国科技领域的高速发展，国产品牌在全世界手机销售份额中占据了半壁江山，联系到近年来各品牌的博弈以及芯片之争，我们认识到实现技术自主的重要性，这也可激发广大学子技术报国的决心。

自 2018 年美国对部分我国企业发出芯片禁令后，“芯片”就成为“卡脖子”技术的代名词。我国已从人才培养、产业链补全、核心技术突破等各方向着手，全面布局国产芯片研发。从目前芯片技术国产化的进展来看，盲目乐观的“速胜论”并不可取，悲观失望的“失败论”也明显不对，制造“中国芯”还需保持定力、稳定心态，步步为营、久久为功。

相信在不久的将来，我国必将研发出高端芯片！同时我们也期待中国品牌的 PLC 产品崛起，走向世界。

任务二　三菱 FX5U 系列 PLC 的硬件认知

任务要求

图 1-1 所示三相笼型异步电动机全压起动单向运转控制若用 PLC 来实现，首先应在了解 PLC 的硬件组成、工作过程、PLC 型号种类及相关技术指标的基础上，选择合适的 PLC，了解端口结构特点及使用方法，最后完成硬件电路的连接。本任务以三菱 FX5U-32MT/ES PLC 为例，认识 PLC 的硬件组成，理解其工作过程，掌握相关的技术指标，实现三相笼型异步电动机全压起动单向运转控制的 PLC 硬件接线。

任务目标

1. 认识并了解 FX5U 系列 PLC 各部位名称与功能。
2. 掌握 FX5U 系列 PLC 电源、输入 / 输出线路的连接。
3. 实现三相笼型异步电动机全压起动单向运转控制的 PLC 硬件接线。

任务分析

FX5U-32MT/ES PLC 的外形结构如图 1-19 所示。FX 系列 PLC 基本单元的外部特征相似，一般都由外部端子部分、指示部分以及接口部分组成，其各组成部分功能如下。

（1）外部端子部分　输入 / 输出端子盖板下为外部的输入端子和输出端子，包括 PLC 电源端子（L、N、⏚）、供外部传感器用的 DC 24V 电源端子（24+、0V）、输入端子（X）、输出端子（Y）等。

（2）指示部分　指示部分包括各 I/O 点的状态指示、PLC 电源（POWER）指示、运行（RUN）指示、用户程序存储器后备电池（BATT）状态指示及程序出错（PROG-E）指示、CPU 出错（CPU-E）指示等，用于反映 I/O 点及 PLC 的状态。

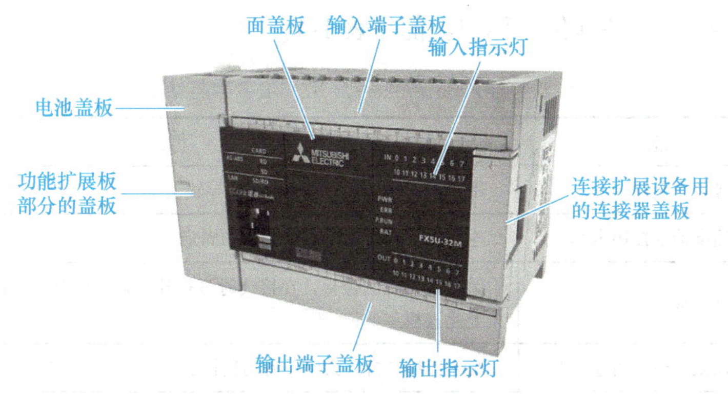

图 1-19　FX5U-32MT/ES PLC 的外形结构

(3) 接口部分　接口部分主要包括编程器、扩展单元、扩展模块、特殊模块及存储卡盒等外部设备的接口，其作用是完成基本单元同上述外部设备的连接。在编程器接口旁边，还设置了一个 PLC 运行模式转换开关 SW1，它有 RUN、STOP 和 PAUSE 3 种工作模式，RUN 模式能使 PLC 处于运行状态（RUN 指示灯亮），STOP 模式能使 PLC 处于停止状态（RUN 指示灯灭），PAUSE 模式能使 PLC 处于暂停状态。

本任务以 FX5U-32MT/ES 为例，介绍该型号 PLC 的硬件组成、性能指标、外部接线及编程资源，进而完成 PLC 硬件电路的设计与连接，以及控制程序的编写等。

知识链接

一、三菱 FX5U 系列 PLC 的硬件认识

1. FX5U 系列 PLC 的外观与内部结构名称及功能

FX5U 系列 PLC 的外观如图 1-20 所示。

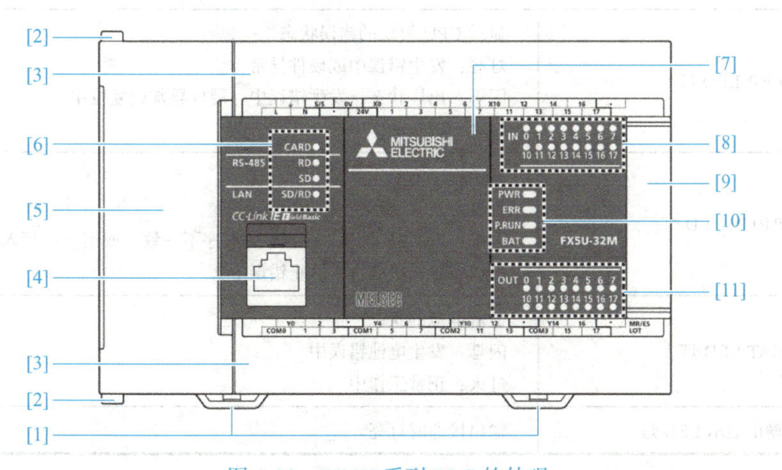

图 1-20　FX5U 系列 PLC 的外观

学习笔记

FX5U 系列 PLC 各部位名称与功能见表 1-4。

表 1-4 FX5U 系列 PLC 各部位名称与功能

编号	名称	功能
[1]	DIN 导轨安装用卡扣	用于把 CPU 模块安装在 DIN 导轨上
[2]	扩展适配器连接用卡扣	连接扩展适配器时，用此卡扣固定
[3]	端子排盖板	保护端子排的盖板，在接线时可打开此盖板作业，运行（通电）时，请关上此盖板
[4]	内置以太网通信用连接器	用于连接支持以太网设备的连接器
[5]	上盖板	保护 SD 存储卡槽、RUN/STOP/RESET 开关等的盖板 内置 RS-485 通信用端子排，内置模拟量输入 / 输出端子排 RUN/STOP/RESET 开关、SD 存储卡槽等位于此盖板下
[6]	CARD LED 灯	显示 SD 存储卡是否可以使用 灯亮：可以使用或不可拆下 闪烁：准备中 灯灭：未插入或可拆下
	RD LED 灯	用内置 RS-485 通信接收数据时灯亮
	SD LED 灯	用内置 RS-485 通信发送数据时灯亮
	SD/RD LED 灯	用内置 RS-485 通信收发数据时灯亮
[7]	连接扩展板用的连接器盖板	保护连接扩展板用的连接器、电池等的盖板 电池安装在此盖板下
[8]	输入显示 LED 灯	输入接通时灯亮
[9]	次段扩展连接器盖板	保护次段扩展连接器的盖板 将扩展模块的扩展电缆连接到位于盖板下的次段扩展连接器上
[10]	PWR LED 灯	显示 CPU 模块的通电状态 灯亮：通电中 灯灭：停电中或硬件异常
	ERR LED 灯	显示 CPU 模块的错误状态 灯亮：发生错误中或硬件异常 闪烁：出厂状态、发生错误中、硬件异常或复位中 灯灭：正常动作中
	P.RUN LED 灯	显示程序的动作状态 灯亮：正常动作中 闪烁：PAUSE 状态、停止中（程序不一致）或运行中写入时 灯灭：停止中或发生停止错误中
	BAT LED 灯	显示电池的状态 闪烁：发生电池错误中 灯灭：正常工作中
[11]	输出显示 LED 灯	输出接通时灯亮

FX5U 系列 PLC 打开正面盖板的状态如图 1-21 所示。

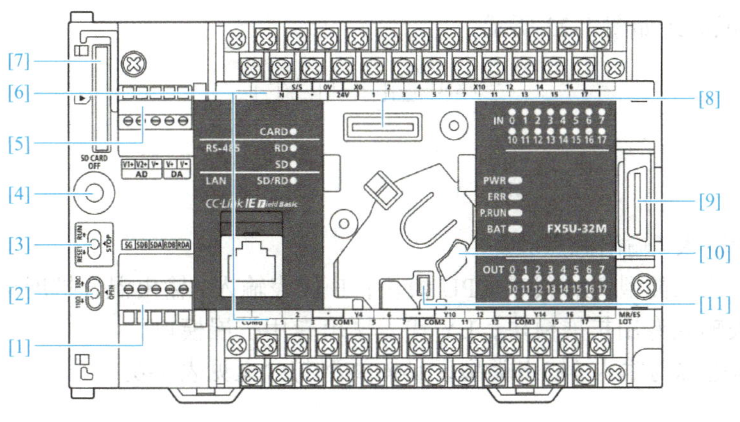

图 1-21　FX5U 系列 PLC 打开正面盖板的状态

PLC 盖板内部各部件名称与功能见表 1-5。

表 1-5　PLC 盖板内部各部位名称与功能

编号	名称	功能
[1]	内置 RS-485 通用端子排	用于连接支持 RS-485 通信用的设备的端子排
[2]	RS-485 终端电阻切换开关	切换内置 RS-485 通信用的终端电阻的开关
[3]	RUN/STOP/RESET 开关	操作 CPU 模块的动作状态的开关（RUN：执行程序；STOP：停止程序；RESET：复位 CPU 模块——倒向 RESET 侧保持约 1s）
[4]	SD 存储卡使用停止开关	拆下 SD 存储卡时停止存储卡访问的开关
[5]	内置模拟量输入 / 输出端子排	用于使用内置模拟量功能的端子排
[6]	端子名称	记载了电源、输入 / 输出端子的信号名称
[7]	SD 存储卡槽	安装 SD 存储卡的槽
[8]	连接扩展板用的连接器	用于连接扩展板的连接器
[9]	次段扩展连接器	连接扩展模块的扩展电缆的连接器
[10]	电池座	存放选件电池的支架
[11]	电池用接口	用于连接选件电池的连接器

2. FX5U 系列 PLC 的型号

FX5U 系列 PLC 的型号标识在面板的右下角，如图 1-22 所示。

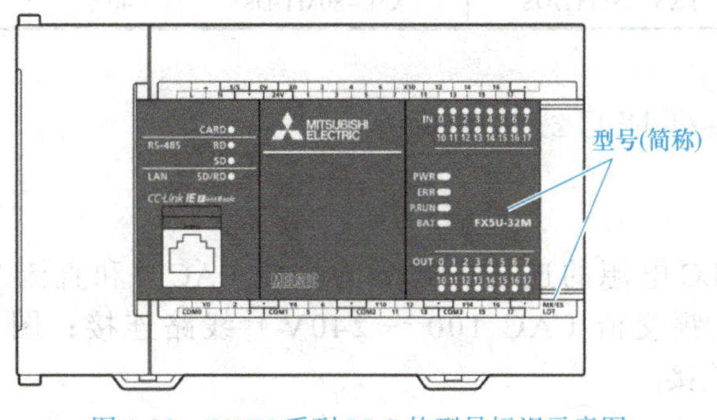

图 1-22　FX5U 系列 PLC 的型号标识示意图

学习笔记

具体标识形式如图 1-23 所示。

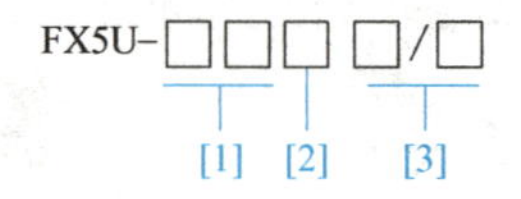

图 1-23　FX5U 系列 PLC 的型号标识形式

[1] 表示输入 / 输出总点数。

[2] 表示单元类型：M 代表 CPU 模块；E 代表输入 / 输出混合扩展单元及扩展模块；EX 代表输入专用扩展模块；EY 代表输出专用扩展模块。

[3] 表示电源与输入 / 输出类型，具体类型与含义见表 1-6。

表 1-6　电源与输入 / 输出类型及其含义

序号	类型	含义
1	R/ES	AC 电源 /DC 24V（漏型 / 源型）输入 / 继电器输出
2	T/ES	AC 电源 /DC 24V（漏型 / 源型）输入 / 晶体管（漏型）输出
3	T/ESS	AC 电源 /DC 24V（漏型 / 源型）输入 / 晶体管（源型）输出
4	R/DS	DC 电源 /DC 24V（漏型 / 源型）输入 / 继电器输出
5	T/DS	DC 电源 /DC 24V（漏型 / 源型）输入 / 晶体管（漏型）输出
6	T/DSS	DC 电源 /DC 24V（漏型 / 源型）输入 / 晶体管（源型）输出

下面列举常见的 FX5U 系列 PLC 的型号与其输入 / 输出点数，具体见表 1-7。

表 1-7　常见的 FX5U 系列 PLC 的型号与其输入 / 输出点数

继电器输出	晶体管（漏型）输出	晶体管（源型）输出	输入点数	输出点数	合计点数
AC 电源 /DC 24V 漏型・源型输入型					
FX5U-32MR/ES	FX5U-32MT/ES	FX5U-32MT/ESS	16 点	16 点	32 点
FX5U-64MR/ES	FX5U-64MT/ES	FX5U-64MT/ESS	32 点	32 点	64 点
FX5U-80MR/ES	FX5U-80MT/ES	FX5U-80MT/ESS	40 点	40 点	80 点
DC 电源 /DC 24V 漏型・源型输入型					
FX5U-32MR/DS	FX5U-32MT/DS	FX5U-32MT/DSS	16 点	16 点	32 点
FX5U-64MR/DS	FX5U-64MT/DS	FX5U-64MT/DSS	32 点	32 点	64 点
FX5U-80MR/DS	FX5U-80MT/DS	FX5U-80MT/DSS	40 点	40 点	80 点

二、FX5U 系列 PLC 线路连接

1. 电源接线

FX5U 系列 PLC 电源的连接方式分为交流（AC）和直流（DC）两种方式：图 1-24 所示为工频交流（AC 100 ～ 240V）线路连接；图 1-25 所示为直流（DC 24V）线路连接。

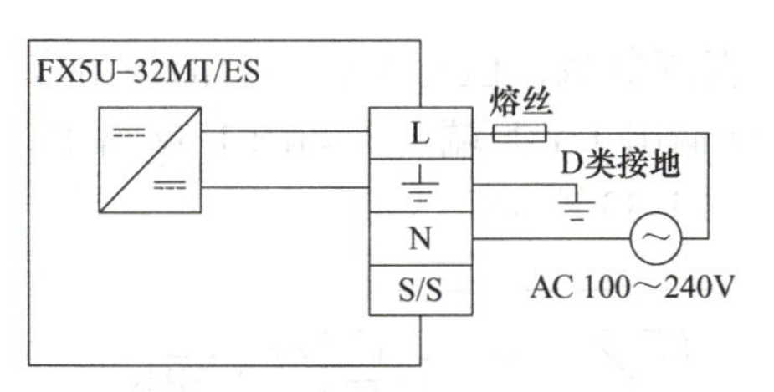

图 1-24　工频交流线路连接

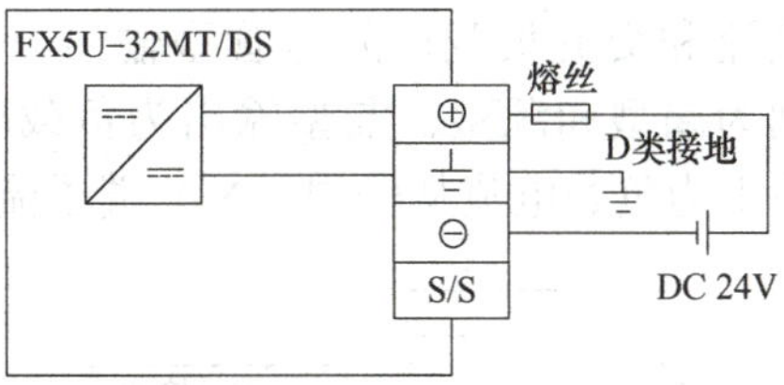

FX5U-32MT/DS
熔丝
D类接地
S/S
DC 24V

图 1-25　直流线路连接

学习笔记

讨论：源型输入和漏型输入的区别是什么？

2. 输入接线

FX5U 系列 PLC 输入线路的连接方式主要分为漏型和源型两种方式，当 DC 输入信号从公共（S/S）端流入，从输入（X）端子流出时，称为漏型输入；当 DC 输入信号从输入（X）端子流入，从公共（S/S）端流出时，称为源型输入。

在 AC 电源时，漏型输入是将 [24V] 端子和 [S/S] 端子连接，如图 1-26 所示；源型输入是将 [0V] 端子和 [S/S] 端子连接，如图 1-27 所示。

在 DC 电源时，漏型输入是将 [+] 端子和 [S/S] 端子连接，如图 1-28 所示；源型输入是将 [–] 端子和 [S/S] 端子连接，如图 1-29 所示。

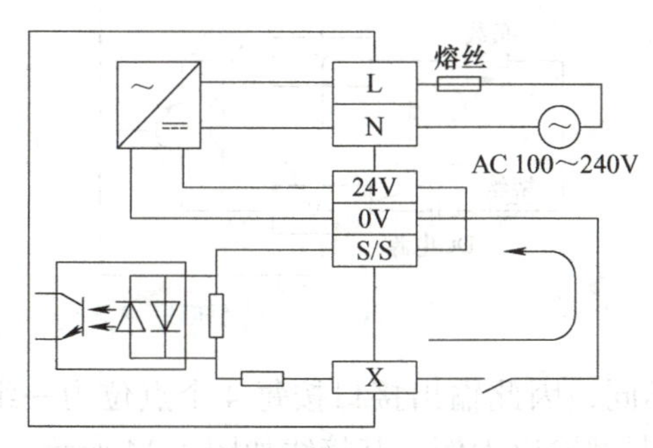

图 1-26　AC 电源漏型输入接线

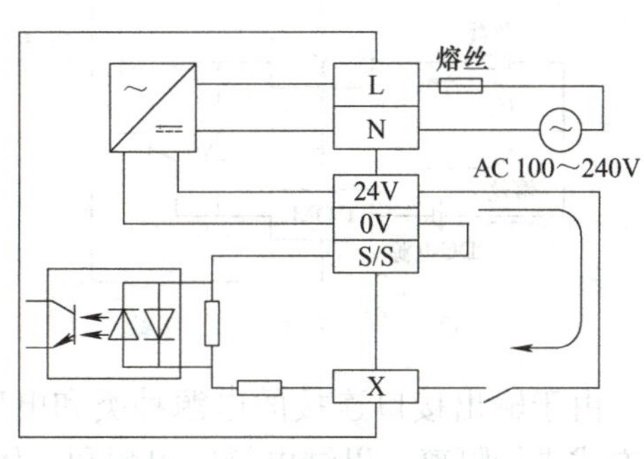

图 1-27　AC 电源源型输入接线

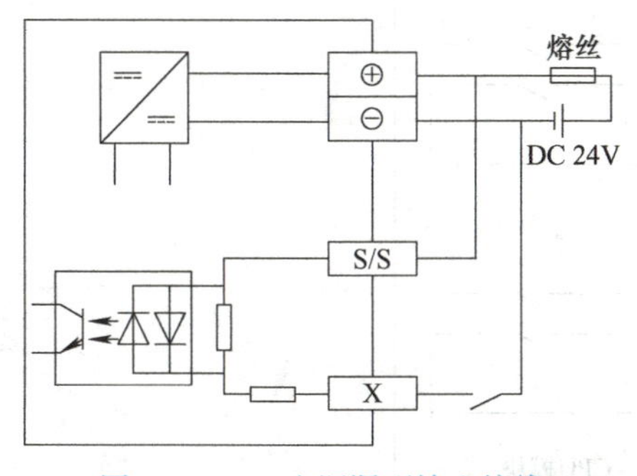

图 1-28　DC 电源漏型输入接线

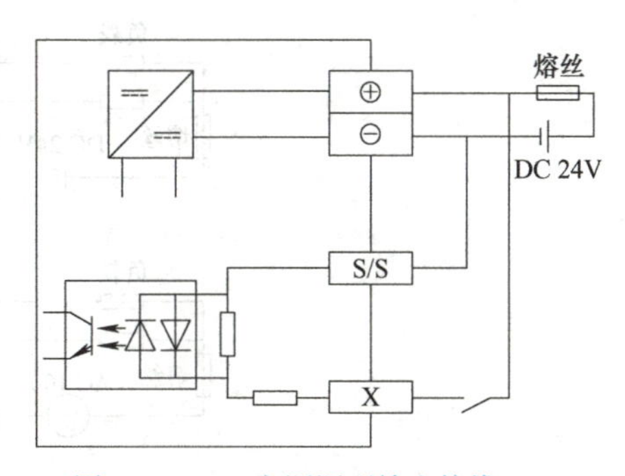

图 1-29　DC 电源源型输入接线

下面以 AC 电源的 NPN 型和 PNP 型两种三线制传感器输入接线进行示例，NPN 型传感器接线如图 1-30 所示，PNP 型传感器接线如图 1-31 所示。

讨论：源型输出和漏型输出的区别是什么？

3. 输出接线

FX5U 系列 PLC 的常用输出类型有继电器型和晶体管型，继电器型输出可以驱

学习笔记

动直流和交流负载；晶体管型输出只能驱动直流负载，但有两种类型的输出方式，分别为漏型和源型，漏型输出为负载电流流到输出（Y）端子，如图 1-32 所示；源型输出为负载电流从输出（Y）端子流出，如图 1-33 所示。

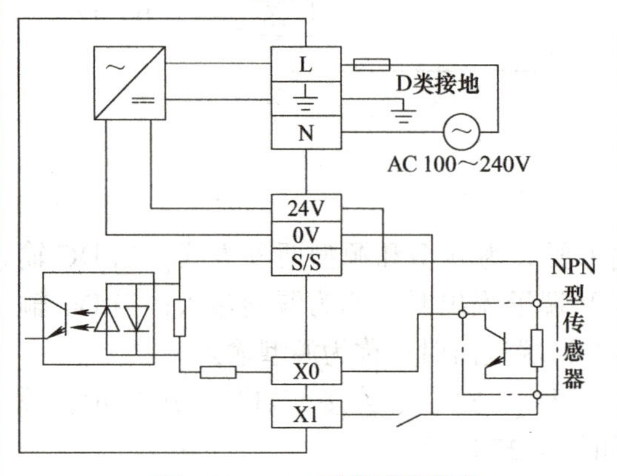

图 1-30　NPN 型传感器接线

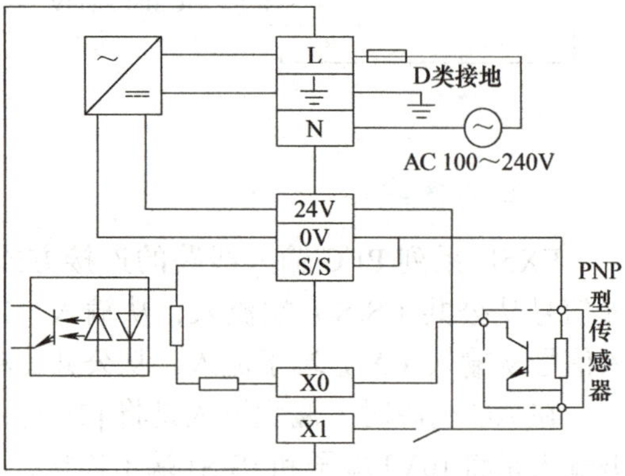

图 1-31　PNP 型传感器接线

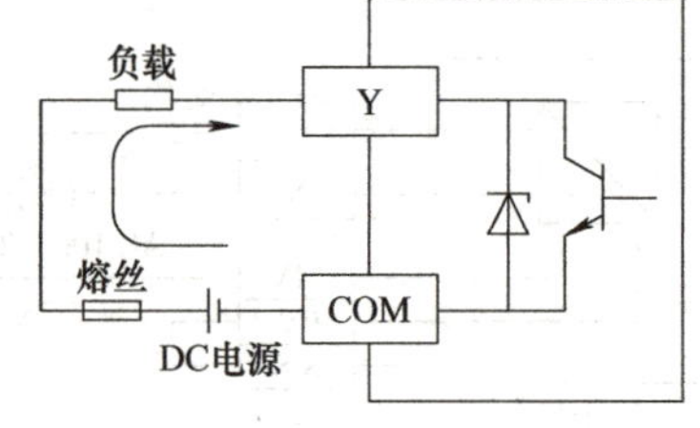

图 1-32　晶体管漏型输出接线

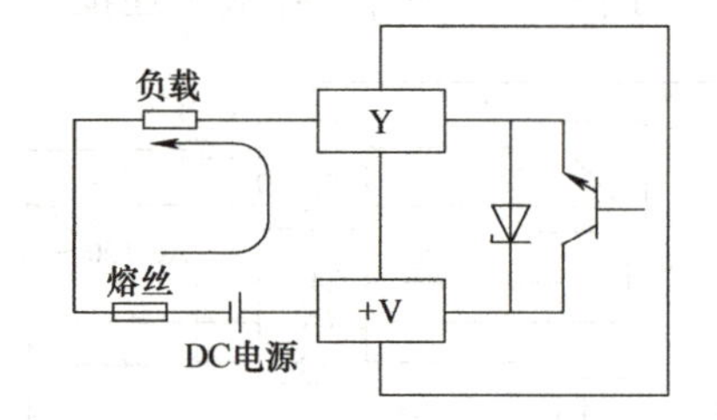

图 1-33　晶体管源型输出接线

由于输出接口连接的电源种类和电压不同，因此输出接口按每 4 个点位为一组的方式进行隔离，以继电器输出型和晶体管漏型输出为例，其接线如图 1-34 所示。

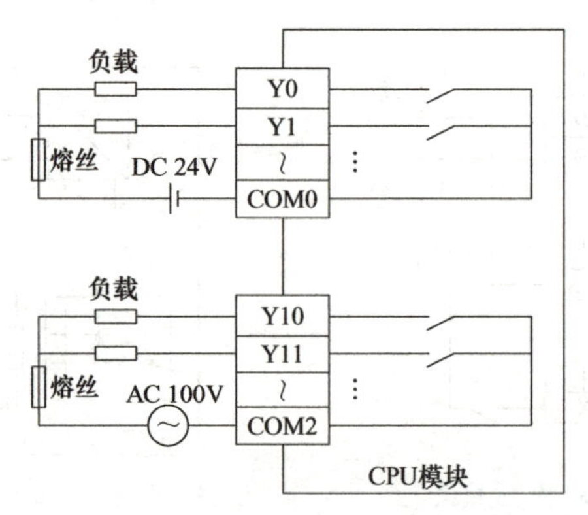

图 1-34　继电器输出型和晶体管漏型输出接线

4. PLC 线路连接实例

完成 FX5U-32MT/ES 电源、1 个按钮、1 个行程开关、1 个 NPN 型三线式接近开关、1 个 DC 24V 指示灯的线路连接，如图 1-35 所示。

学习笔记

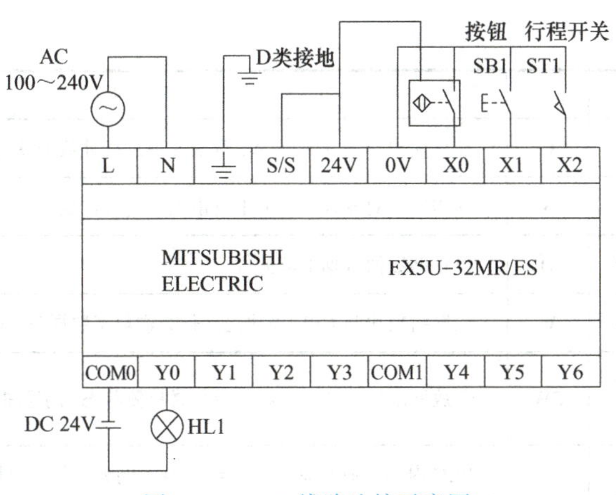

图 1-35　PLC 线路连接示意图

三、三菱 FX5U 系列 PLC 编程资源

PLC 内部有许多不同功能的器件，这些器件可以作为 PLC 指令的操作数地址，这些器件被称为 PLC 编程软元件。PLC 内部的软元件按照数据结构可以分为位元件、字元件和双字元件。位元件只能够处理 ON/OFF 两种状态，字元件和双字元件分别可以处理 16 位和 32 位的数据。下面对 PLC 常用软元件进行简要介绍，具体见表 1-8。

表 1-8　PLC 常用软元件及其说明

类型	软元件名称	符号	说明
位	输入	X	用于通过按钮 / 切换开关 / 限位开关 / 数字开关等外部设备，向 CPU 模块发出指令及数据的软元件
位	输出	Y	将程序的控制结果输出至外部的信号灯 / 数字显示器 / 电磁开关器（接触器）等的软元件
位	内部继电器	M	在 CPU 模块内部作为辅助继电器使用的软元件
位	缓存继电器	L	CPU 模块内部使用的可锁存（停电保持）的辅助继电器
位	链接继电器	B	在网络模块与 CPU 模块之间作为刷新位数据时的 CPU 模块侧软元件继电器
位	报警器	F	由用户创建的用于检测设备异常 / 故障的程序中使用的内部继电器
位	链接特殊继电器	SB	存放网络模块的通信状态及异常检测状态
位	步进继电器	S	进行工序步进控制的软元件
位 / 字	定时器	T	定时器的线圈变为 ON 时开始计测，当前值超过设定值时，触点将变为 ON 的软元件
位 / 字	累计定时器	ST	累计定时器的线圈为 ON 时开始计测，当前值与设定值一致（时限到）时，累计定时器的触点将变为 ON。即使累计定时器的线圈变为 OFF，也将保持当前值及触点的 ON/OFF 状态。线圈再次变为 ON 时，从保持的当前值开始重新计测

学习笔记

（续）

类型	软元件名称	符号	说明
位 / 字	计数器	C	在程序中对输入条件的上升沿次数进行计数的软元件（16 位）
位 / 双字	长计数器	LC	在程序中对输入条件的上升沿次数进行计数的软元件（32 位）
字	数据寄存器	D	可存储数值数据的软元件
字	链接寄存器	W	在网络模块与 CPU 模块之间作为刷新字数据时，CPU 模块侧的软元件
字	链接特殊寄存器	SW	存放网络模块的通信状态及异常检测状态的字数据信息
位	特殊继电器	SM	PLC 内部具有特殊功能的继电器，例如提供时钟脉冲、设定 PLC 的运行方式、模拟量控制、定位控制等
字	特殊寄存器	SD	用来存放一些特定的程序，例如，PLC 状态信息、错误信息、模拟量采集数据
字	模块访问软元件	G	从 CPU 模块直接访问连接在 CPU 模块上的智能功能模块的缓冲存储器的软元件
字	变址寄存器	Z	软元件的变址修饰中使用的变址寄存器
双字	长变址寄存器	LZ	软元件的变址修饰中使用的长变址寄存器
—	嵌套	N	在主控指令（MC/MCR 指令）中使用，用于将动作条件通过嵌套结构进行编程的软元件
—	指针	P	跳转指令（CJ 指令）及子程序调用指令（CALL 指令等）中使用的软元件
—	中断指针	I	在中断程序起始处作为标签使用的软元件
—	SFC 块软元件	BL	在指定 SFC 程序的块的情况下使用的软元件
—	SFC 转换软元件	TR	
—	十进制常数	K	在程序中指定十进制数据的软元件，例如：K1234
—	十六进制常数	H	在程序中指定十六进制数据的软元件，例如：H1234
—	实数常数	E	在程序中指定实数的软元件，例如：E1.234
—	字符串常数	—	可以将字符串用单引号（'）或者双引号（"）括起来进行指定，例如："ABCDE"

任务实施

实物演示

分析图 1-1 所示三相笼型异步电动机全压起动单向运转电气原理图可看出共有 2 个输入点、1 个输出点，分别对应 1 个起动按钮、1 个停止按钮、1 个 AC 220V 输出线圈，可得到 PLC I/O 外部接线图如图 1-36 所示。

学习笔记

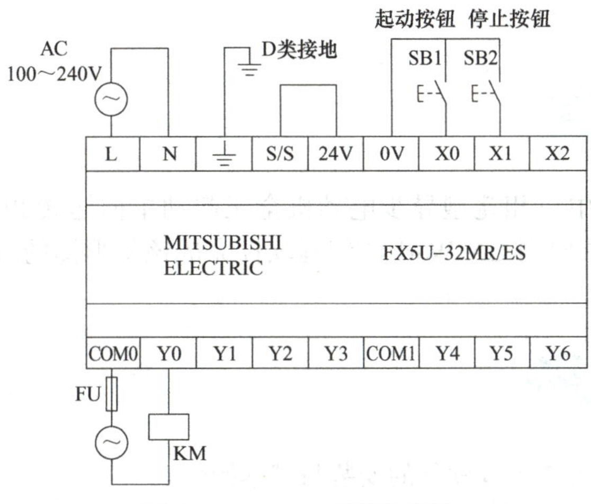

图 1-36　PLC I/O 外部接线图

任务评价

本任务主要考核学生对 PLC 线路连接的掌握情况，具体考核内容涵盖知识掌握、线路连接和职业素养 3 个方面。考核采取自评、互评和师评相结合的方法，具体考核内容与配分情况见表 1-9。

表 1-9　任务评价

考核项目	考核内容	考核标准	自评（30%）	互评（30%）	师评（40%）	得分
职业素养 40 分	分工是否合理、有无制订计划、是否严谨认真	无分工、无组织、无计划、不认真，扣 10 分				
	团队合作、交流沟通、互相协作	学生独自实施任务、未完成，扣 10 分				
	遵守行业规范、现场 6S 标准	现场混乱、未遵守行业规范等，扣 20 分				
PLC 控制系统设计 60 分	线路设计	线路连接错误、不按照线路图连接，扣 30 分				
	线路连接工艺	工艺差、走线混乱、端子松动，每处扣 5 分				
	安全文明操作	违反安全操作规程，扣 10～20 分				
合计						

恭喜你，完成了任务评价，并掌握了如何对 FX5U 系列 PLC 进行线路连接。

学习笔记

任务三　三菱 GX Works3 编程软件及使用

任务要求

本项目任务一中三相笼型异步电动机全压起动单向运转 PLC 控制的梯形图如图 1-18c 所示。要求使用 GX Works3 编程软件完成该梯形图的编写、运行和监控等操作。

任务目标

1. 掌握 GX Works3 编程软件的安装与基本操作。
2. 掌握 GX Works3 编程软件的主要功能，并可以采用 GX Works3 进行梯形图编写。
3. 鼓励学生自己查找资料并安装文件，充分发挥学生的主观能动性。

任务分析

使用 GX Works3 编程软件调试图 1-18c 所示的梯形图，首先必须了解 GX Works3 软件编程的运行环境、主要功能和软件的基本操作；其次掌握梯形图的编写方法；最后进行程序的下载、调试和运行。

知识链接

一、GX Works3 编程软件介绍

三菱 FX5U 系列 PLC 使用的编程软件为 GX Works3，该软件可实现以工程为单位，对每个 CPU 模块进行程序及参数的管理，具有程序创建、参数设置、对 CPU 模块的写入 / 读取、监视 / 调试、诊断等功能。与 GX Works2 相比，GX Works3 的功能更为丰富，更易于操作和使用。

GX Works3 编程软件支持梯形图（LD）、功能块图 / 梯形图（FBD/LD）、顺序功能图（SFC）和结构化文本（ST）等多种语言进行程序编写，能够进行程序的线上修改、监控及调试，具有异地读写 PLC 程序功能。该编程软件具有丰富的工具箱和可视化界面，既可联机操作也可脱机编程，支持仿真功能，可以完全保证设计者进行 PLC 程序的开发与调试工作。

GX Works3 编程软件主要功能如下。

1. 程序创建功能

GX Works3 软件中，FX5U 系列 PLC 的 CPU 支持使用梯形图（LD）、功能块图（FBD）和结构化文本（ST）3 种语言编写程序，而且支持混合使用；可以在梯形图编程时内嵌 ST 程序和调用 FUN/FB。用户可以根据需要选择使用 LD 或 ST 等更合适的语言进行编写。

2. 参数设置功能

在 GX Works3 中，可以在软件中组态与实际使用系统相同的系统配置，并在模块配置图中配置模块部件（对象）；GX Works3 的模块配置图中可以创建的范围为系统中的 CPU 模块和其他的所有功能模块；可以设置 CPU 模块、输入 / 输出及智能模块的参数，使程序编写更加简洁。

3. 对 CPU 模块的写入 / 读取功能

通过“写入至可编程控制器”与“从可编程控制器读取”功能，可以对 CPU 写入或读取创建的程序。此外，通过“RUN 中写入”功能，可以在 CPU 模块为运行（RUN）状态时更改顺控程序。

4. 监视 / 调试功能

该功能可以将创建的顺控程序写入 CPU 模块中，并对运行时的软元件数值进行在线监视，实现程序的监控和调试。即使未与实体 CPU 模块连接，也可使用虚拟 PLC（模拟功能）来仿真调试编写的程序。

5. 诊断功能

该功能可以对系统运行中的模块配置及各模块的详细信息进行监视；在出现错误时，确认错误状态，并对发生错误的模块进行诊断；可进行网络信息的监视以及网络状态的诊断、测试；可以通过事件履历功能显示模块的错误信息、操作履历及系统信息履历；可以对 CPU 模块、网络当前的错误状态及错误履历等进行诊断。通过诊断功能可以快速锁定故障原因，缩短恢复作业的时间。

二、GX Works3 编程软件的使用

1. GX Works3 编程软件的安装

（1）下载 GX Works3 编程软件　在三菱电机自动化（中国）有限公司官方网站下载 GX Works3 编程软件，网址为 http：//cn.mitsubishielectric.com/fa/zh/download/。本任务安装的 GX Works3 编程软件版本号为 GX Works3 Ver 1.090U。

（2）GX Works3 编程软件的安装　安装 GX Works3 编程软件前，要结束所有运行的应用程序并关闭杀毒软件。如果在其他应用程序运行的状态下进行安装，有可能导致产品无法正常运行。安装 GX Works3 编程软件至个人计算机时，需要以管理员身份或具有管理员权限的用户进行登录。

软件下载完成后，进行解压缩，然后右击软件安装包的 Disk1 文件夹下的“setup.exe”运行文件，在弹出的快捷菜单中选择“以管理员身份运行”命令，如图 1-37 所示，单击后开始安装过程。

学习笔记

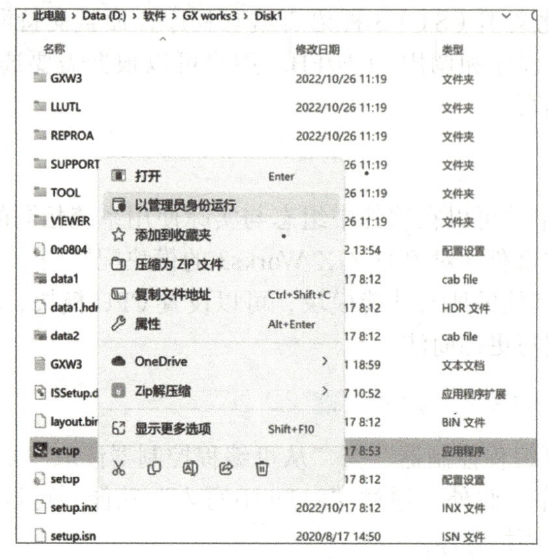

图 1-37　以管理员身份运行文件

小提示

GX Works3 编程软件安装前，需要安装微软 .net Framework 框架程序的运行库，若已安装，则需要在 Windows 操作系统的功能选项中启用该功能。

1）开始安装前会弹出如图 1-38 所示对话框，提醒结束安装程序以外的全部应用程序，并切断 USB 连接机器的电源或拔掉 USB 电缆；按要求操作后单击“确定”按钮，进入如图 1-39 所示界面，单击“下一步”按钮，开始安装 GX Works3 编程软件。

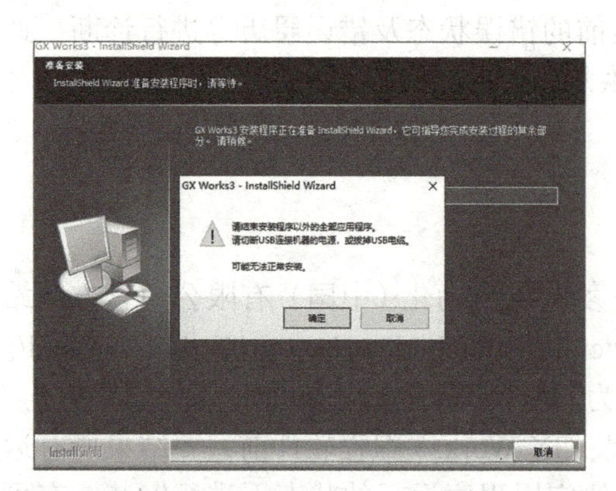

图 1-38　提示关闭应用程序对话框

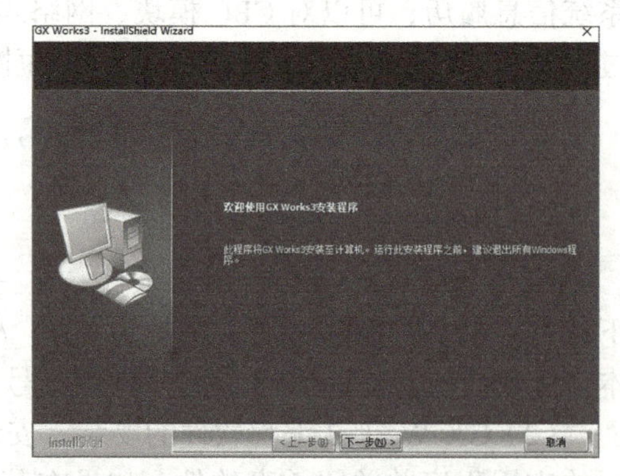

图 1-39　GX Works3 编程软件安装界面

2）在弹出的“用户信息”对话框（图 1-40）中输入姓名、公司名以及产品 ID，其中产品 ID 记录在随产品附带的“授权许可证书”中，是一串以 3 位 -9 位格式组成的 12 位数字。输入完成后单击“下一步”按钮。

3）如图 1-41 所示，在“选择软件”对话框中，选择需要安装的软件，右侧说明栏会显示软件的版本号，然后单击“下一步”按钮。

学习笔记

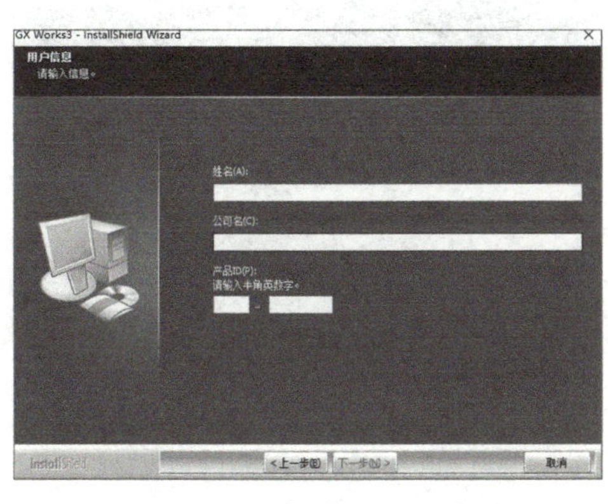

图 1-40 “用户信息”对话框

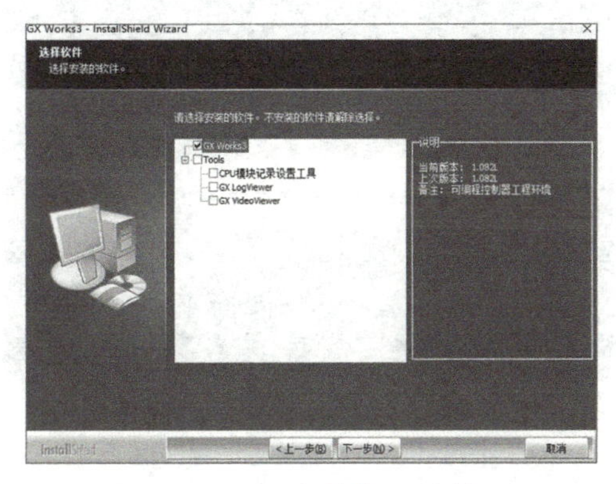

图 1-41 “选择软件”对话框

4）如图 1-42a 所示，在“选择安装目标”对话框中选择软件的安装路径。如果不许更改直接单击“下一步”按钮，若需更改单击“更改”按钮进行更改，完成后单击“下一步”按钮。如图 1-42b 所示，在弹出的“开始复制文件”对话框中核对用户信息及安装途径，确认无误后单击“下一步”按钮，开始复制文件到指定文件夹中。

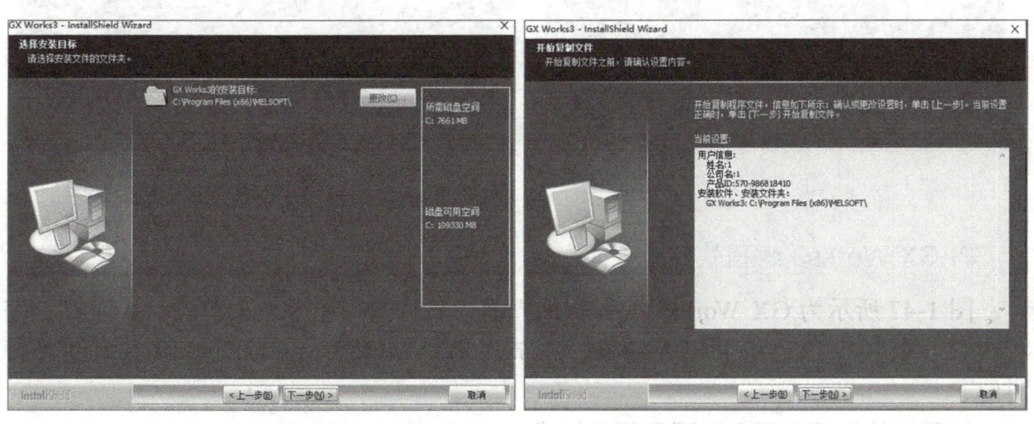

a)“选择安装目标”对话框　　b)“开始复制文件”对话框

图 1-42 选择安装目标以及核对用户信息

5）如图 1-43 所示，软件开始安装，安装过程会持续 25 ～ 40min。

6）安装结束后，弹出图 1-44 所示的“安装状态确认”对话框，在对话框中显示已安装软件的版本号，单击“下一步”按钮；如图 1-45 所示，在“桌面快捷方式”对话框中设置是否在桌面显示软件快捷方式，勾选相关复选按钮后，单击“确定”按钮完成安装。

7）如图 1-46 所示，弹出配置文件提示界面，阅读后单击“确认”按钮，软件安装完成后，选择是否重启计算机，计算机重启之后，GX Works3 编程软件便可以正常使用了。

学习笔记

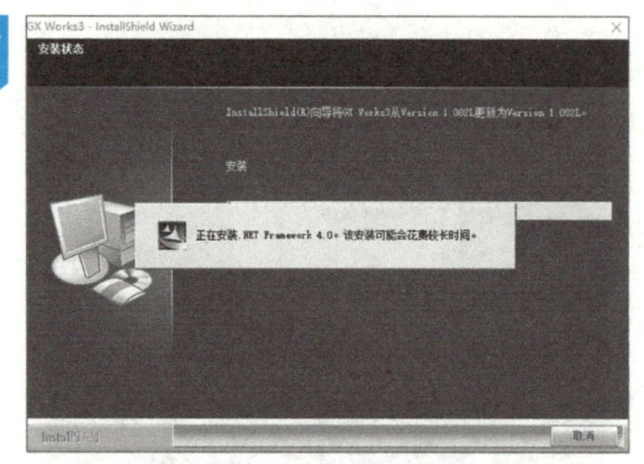

图 1-43 “安装状态”对话框

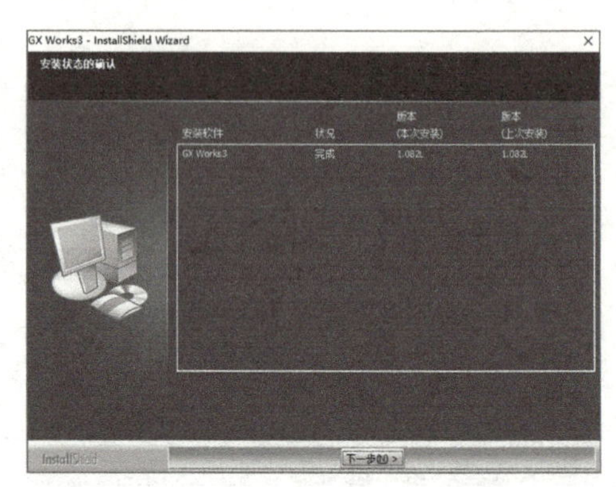

图 1-44 “安装状态确认”对话框

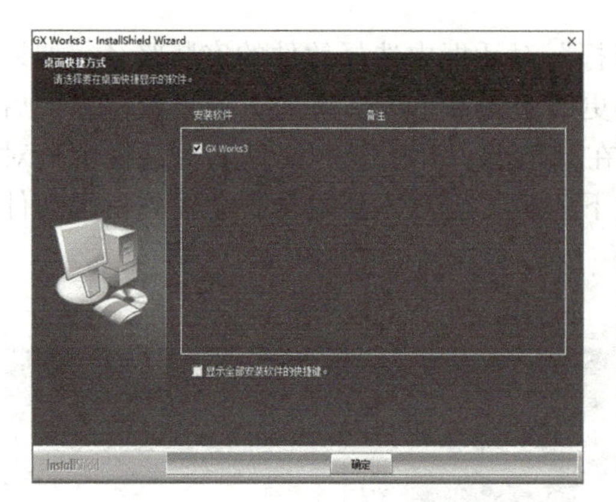

图 1-45 “桌面快捷方式”对话框

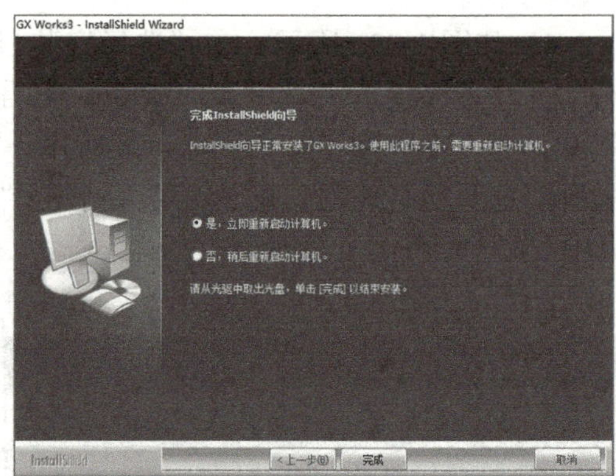

图 1-46 配置文件提示界面

2. GX Works3 编程软件的使用

图 1-47 所示为 GX Works3 编程软件界面，软件界面主要由菜单栏、导航栏、编程窗口、监视窗口、指令栏等构成。本节以 GX Works3 Ver 1.090U 版本为例进行讲解。

编程软件界面主要由以下几部分组成。

1）菜单栏，用于显示执行各功能的菜单。

2）导航栏，可快速导航至相关功能。

3）编程窗口，用于进行编程、参数设置与监视等操作的主要界面。

4）监视窗口，可选择性查看程序中的部分软元件或标签，监看运行数据。

5）指令栏，可进行 CPU 相关指令、部件选择。窗口若意外关闭，可在菜单栏中的“视图”选项中找到对应窗口，勾选后则会重新显示。

（1）创建新工程　如图 1-48a 所示，在软件启动界面上，选择菜单栏中的“工程”→“新建”命令，可以创建一个新工程；图 1-48b 为单击 PLC 系列下拉按钮，选择所使用的 PLC 的 CPU 系列，本项目选用的是 FX5CPU，接下来选择机型、程序语言，单击“确定”按钮，进入编辑界面。

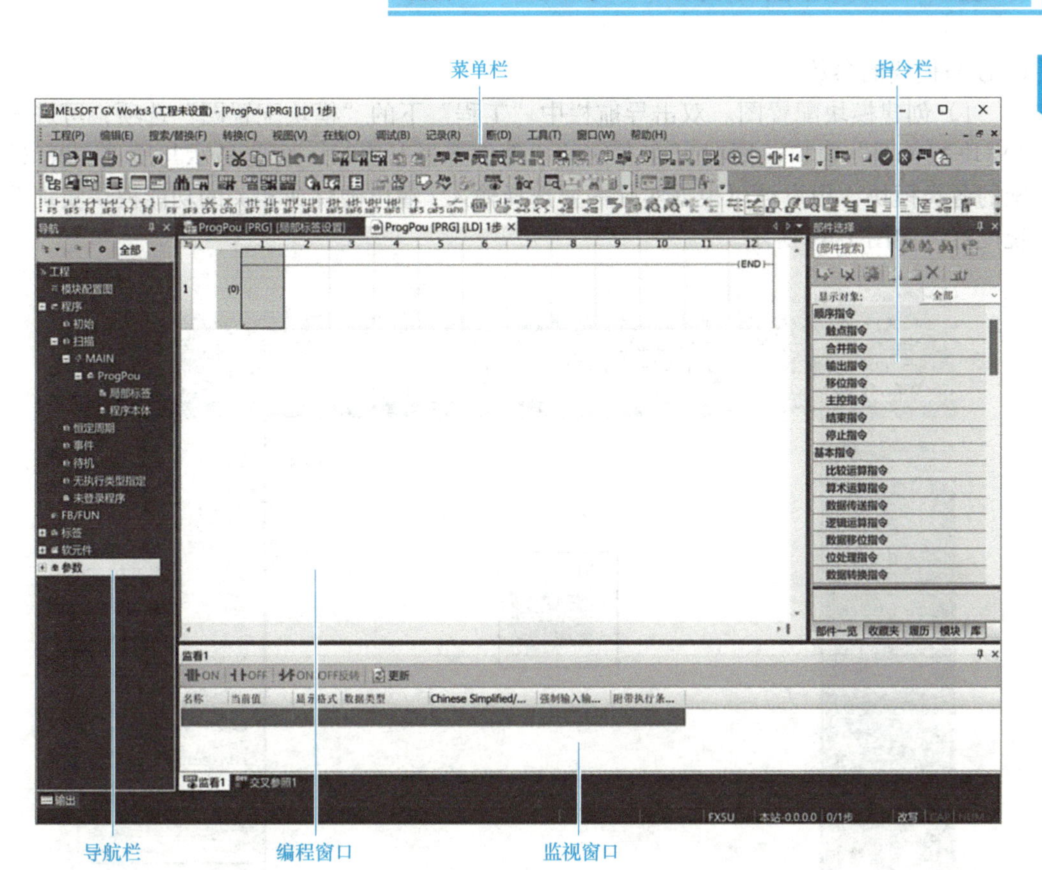

图 1-47　GX Works3 编程软件界面

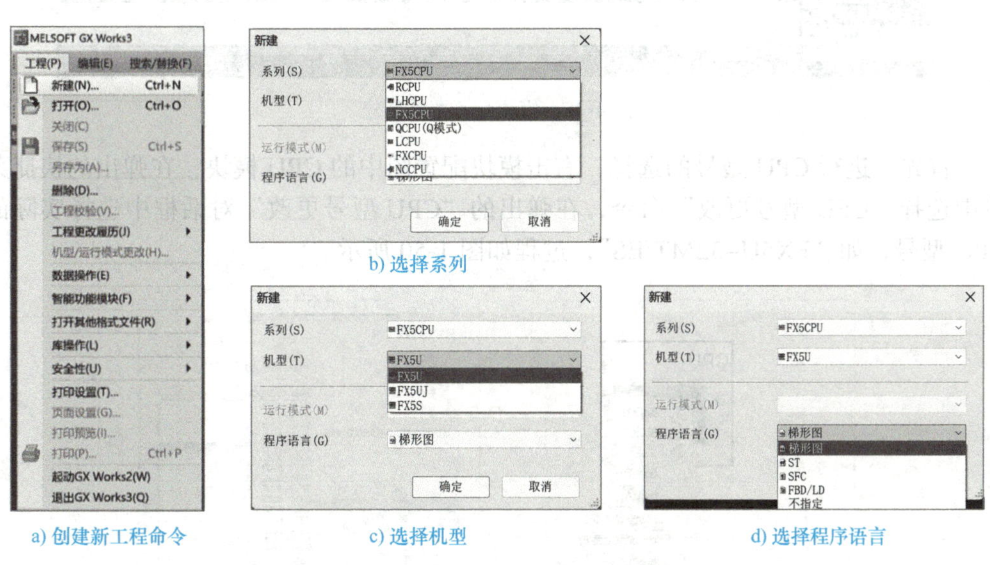

图 1-48　创建新工程

（2）模块配置与程序编辑　在 GX Works3 编程软件中，可以通过模块配置图的方式设置 CPU 和扩展模块的参数，即按照与系统实际使用相同的硬件，在模块配置图中配置各模块部件（对象）及其参数。通过模块配置图，可以更方便地设置和管理

学习笔记

CPU 与模块的参数。

1）创建模块配置图。双击导航栏中“工程”下的“模块配置图”选项，可进入“模块配置图”窗口，同时可在右侧的“部件选择”窗口，智能显示与所选 CPU 适配的各类模块，用户可以根据实际需要选择输入 / 输出硬件或相关的功能模块实现系统配置，如图 1-49 所示。

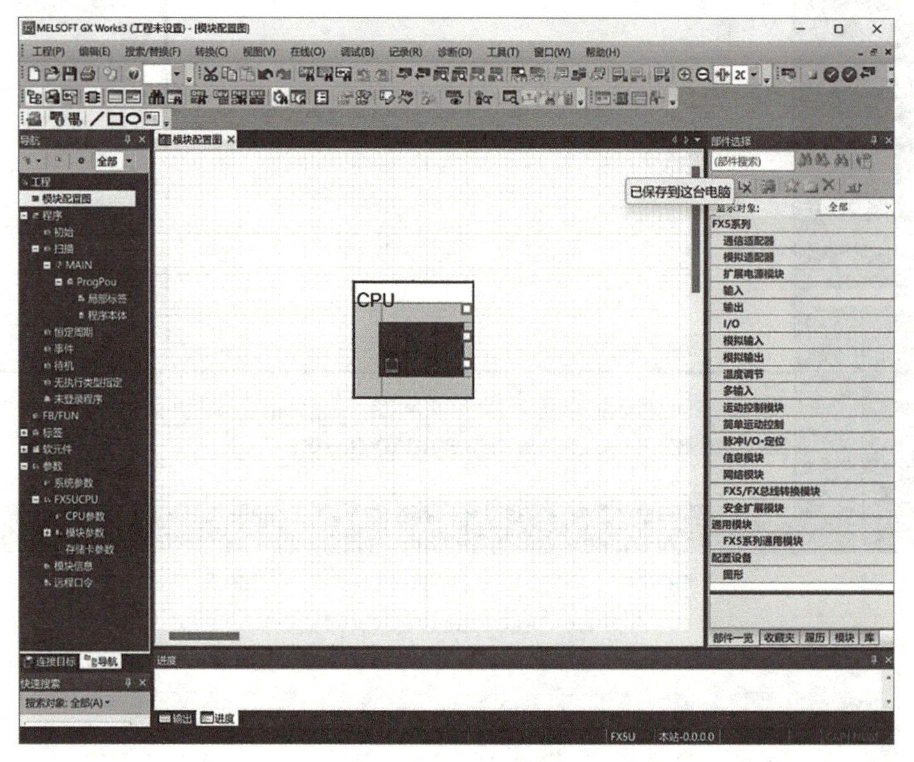

图 1-49　模块配置图的创建

首先，进行 CPU 型号的选择，右击模块配置图中的 CPU 模块，在弹出的快捷菜单中选择“CPU 型号更改”命令，在弹出的“CPU 型号更改”对话框中选择实际的 CPU 型号，如“FX5U-32MT/ES”，过程如图 1-50 所示。

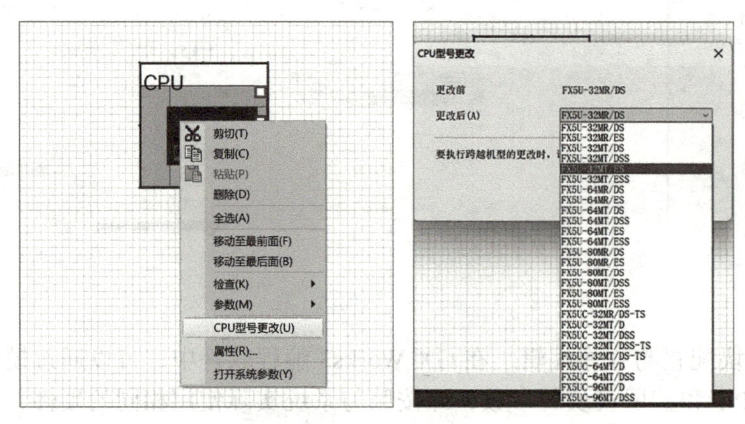

图 1-50　CPU 型号的选择

学习笔记

然后，根据项目实际情况进行扩展模块的添加，可从“部件选择”窗口，通过单击并拖动所选择的模块，拖拽到工作窗口 CPU 对应位置处松开鼠标，完成模块的配置，如图 1-51 所示。

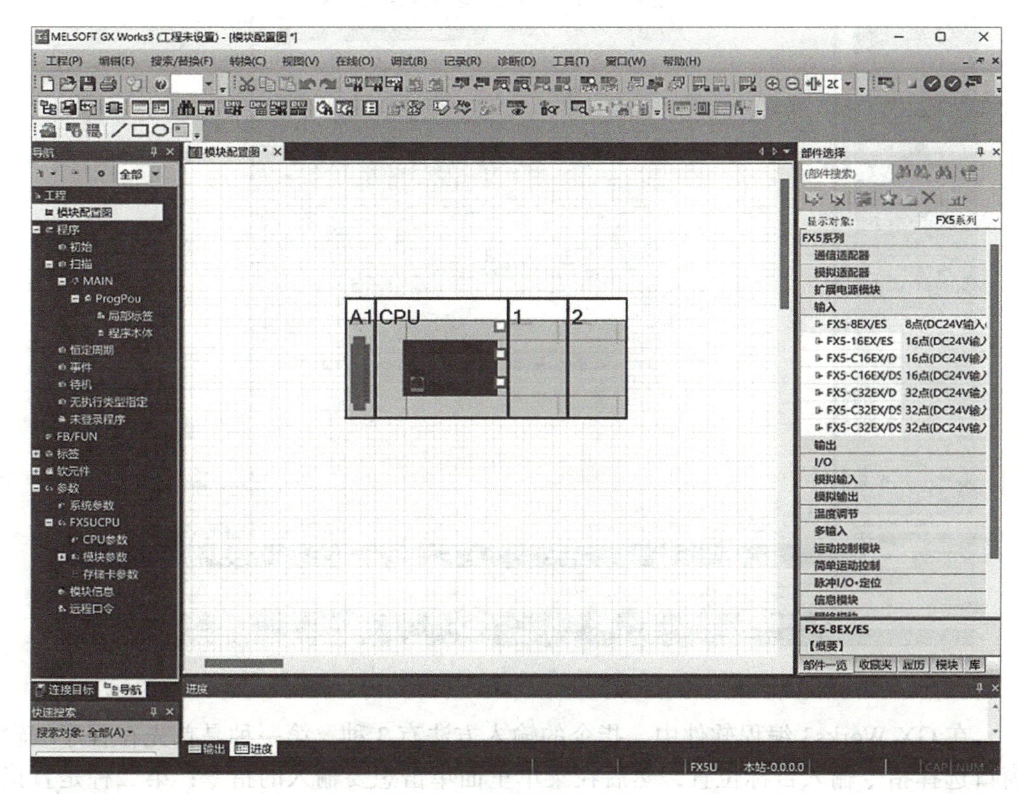

图 1-51　扩展模块的添加

2）参数设置。模块配置完成后，就可以通过模块配置图设置和管理 CPU 与模块的参数。

参数设置时，首先选择需要编辑参数的模块；可以通过左侧导航栏中的“参数”→“模块参数”命令，选择已配置的对应模块，并在弹出的配置详细信息输入窗口中，进行参数设置和调整。本例以适配器（FX5-4AD-ADP）模块参数配置为例，配置窗口如图 1-52 所示。

（3）程序的编辑　在 GX Works3 编程软件中，FX5U 系列 PLC 可以使用梯形图、结构化文本语言进行程序编写。一般情况下，多采用梯形图编程。由于梯形图编程支持语言的混合使用，可以在梯形图编辑时，采用插入内嵌结构化文本框的方式使用结构化文本编程语言。也可以通过程序部件插入的方式，创建和使用功能块。

编写梯形图，首先将编辑模式设定为写入模式。当梯形图内的光标为蓝边空心框时为写入模式，即可以对梯形图进行编辑；当光标为蓝边实心框时为读出模式，只能进行读取、查找等操作。可以通过在菜单栏中选择“编辑”→“梯形图编辑模式”命令，通过选择“读取模式”或“写入模式”命令进行切换，或用工具栏上的快捷键操作。

学习笔记

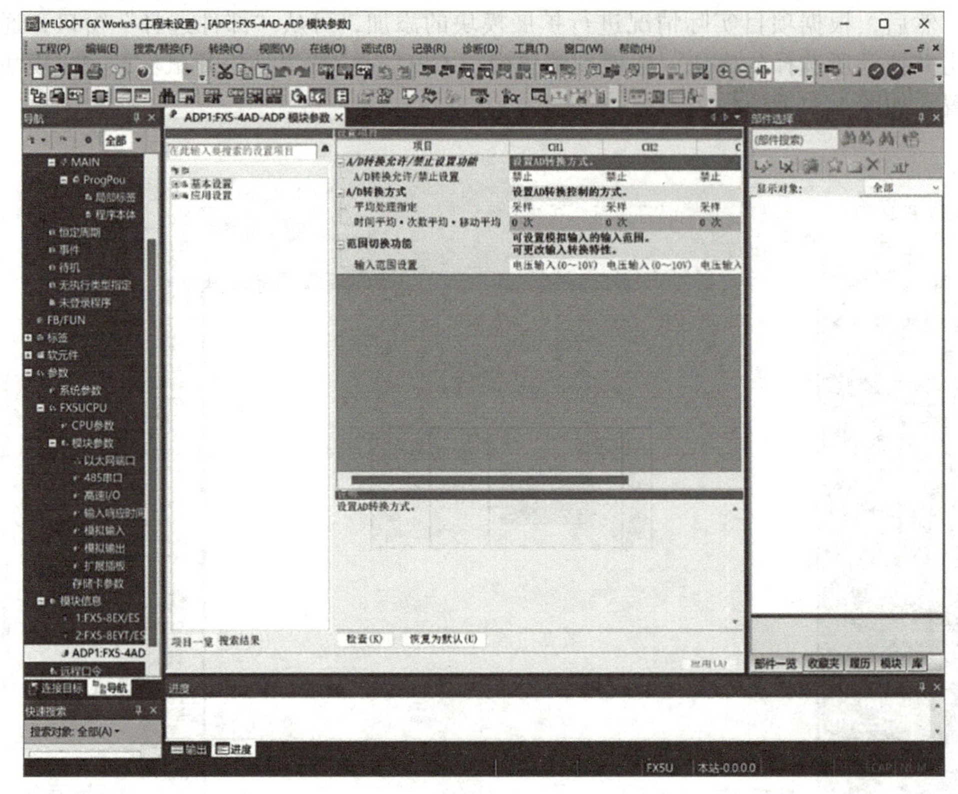

图 1-52 模块参数配置窗口

在 GX Works3 编程软件中，指令的输入方法有 3 种。第一种是首先在程序编辑窗口选择指令输入目标位置，然后在菜单里面单击想要输入的指令；第二种是直接在指令输入目标位置双击，然后在对话框里面输入；第三种是在部件选择栏选择相关指令，然后拖至指令输入目标位置。

1）指令输入文本框。在梯形图编辑窗口，将光标放置在需编辑的单元格位置，双击或直接通过键盘输入指令，则会弹出指令输入文本框，按此法依次输入需编辑的指令和元件参数，输入方法如图 1-53 所示。

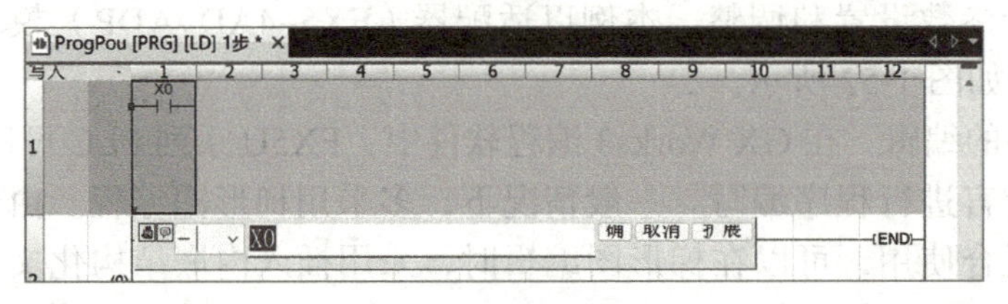

图 1-53 文本框输入

2）菜单命令 / 工具栏按钮 / 快捷键。菜单命令 / 工具栏按钮 / 快捷键输入法是采用菜单命令、工具栏按钮或相应快捷键输入程序。程序编辑时，先将光标放置在需编辑的位置，然后单击菜单命令、工具栏按钮或相应快捷键选择输入的指令，在弹出的输入文本框中输入元件号、参数等，完成程序编辑。常用工具栏按钮及相应快捷键见表 1-10。

表 1-10　常用工具栏按钮及相应快捷键

快捷键	图标	意义
F5	─┤├─	输入常开触点
SF5	└┤├┘	输入并联常开触点
F6	─┤/├─	输入常闭触点
SF6	└┤/├┘	输入并联常闭触点
F7	─( )─	输入线圈
F8	─[ ]─	输入功能指令
F9	──	输入直线
SF9	│	输入竖线

3）“部件选择”窗口。可在编辑窗口右侧的“部件选择”栏中，单击需要编辑的触点、线圈或指令，并将其拖放到梯形图编辑器上；指令插入后，单击插入指令，在弹出的对话框中编辑指令的参数，如图 1-54 所示。

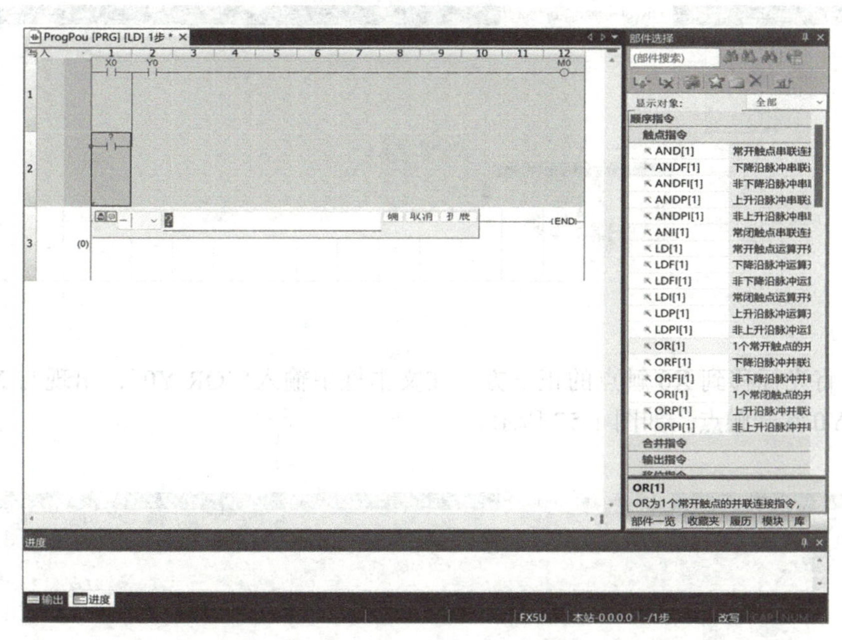

图 1-54　在“部件选择”栏插入指令

4）转换已创建的梯形图。已创建的梯形图需要经过转换处理才能进行保存和下载。选择菜单栏中的“转换”→“转换”命令或单击工具栏中的按钮，也可以直接按功能键 <F4> 进行转换。转换后可看到编程内容由灰色转变为白色显示；若转换中有错误出现，出错区域将继续保持灰色，可在下方的输出窗口中，寻找到程序错误语句，检查并修改正确后可再次转换。

5）梯形图的修改。GX Works3 编程软件提供了多种梯形图修改工具，用户可根据需要合理使用，主要包括插入、改写功能，剪切、复制功能及划线功能等。

学习笔记

对梯形图的插入或改写，可使用软件的插入、改写功能，该功能显示在软件界面的右下角，可通过计算机键盘上的<Insert>键进行调整；剪切、复制功能可删除或移动部分程序；划线和划线删除功能可调整程序结构和各元件的连接关系。

（4）梯形图编程实例介绍　下面以图1-55所示梯形图为例，介绍梯形图的编写步骤。

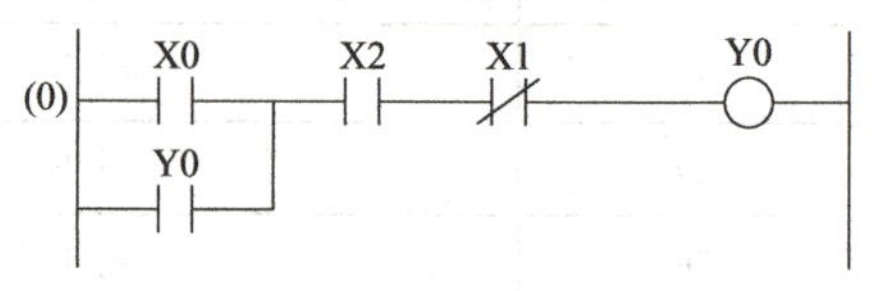

图1-55　梯形图示例

梯形图的编写步骤如下：

1）打开GX Works3编程软件，选择菜单栏中的“工程”→“新建”命令，创建一个新工程。需要注意CPU的系列选择“FX5CPU”，机型选择“FX5U”，程序语言选择“梯形图”。

2）选择菜单栏中的“编辑”→“写入模式”命令，将光标放至编程区的程序起始位置，用键盘输入“LD X0”（梯形图输入窗口同时打开），按<Enter>键或单击“确定”按钮，则X0常开触点以灰色状态显示。指令录入时，软件会自动提示与录入指令相近的指令，如图1-56所示。

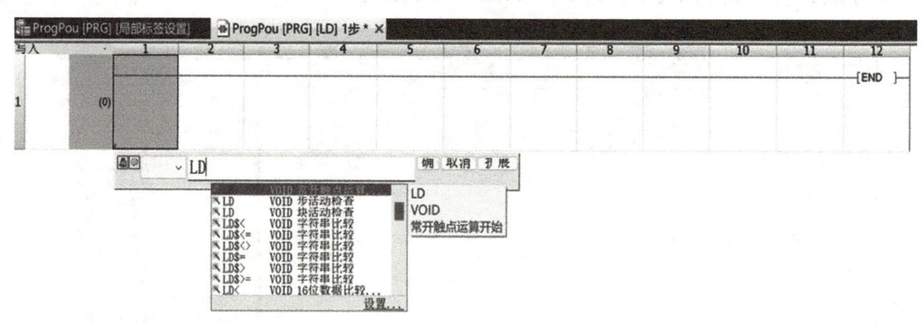

图1-56　用键盘输入LD指令

3）将光标移到X0触点的正下方，在文本框中输入“OR Y0”，出现与X0触点并联的Y0常开触点，如图1-57所示。

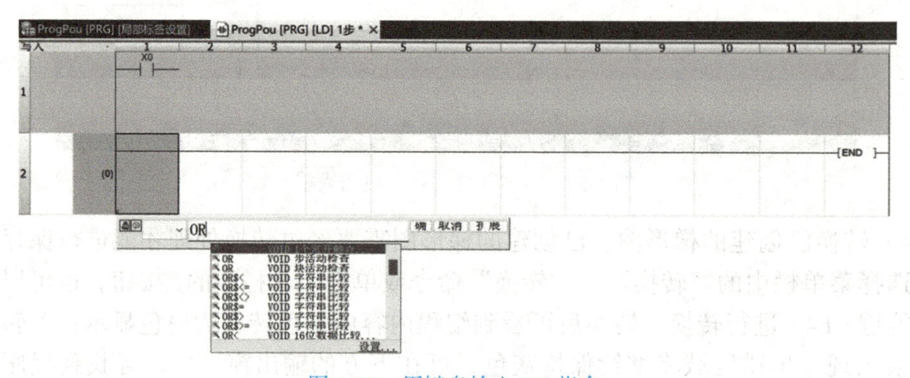

图1-57　用键盘输入OR指令

4）移动光标至X0触点右侧，在文本框中输入“AND X2”，按<Enter>键，出现与之串联的X2常开触点，如图1-58所示。

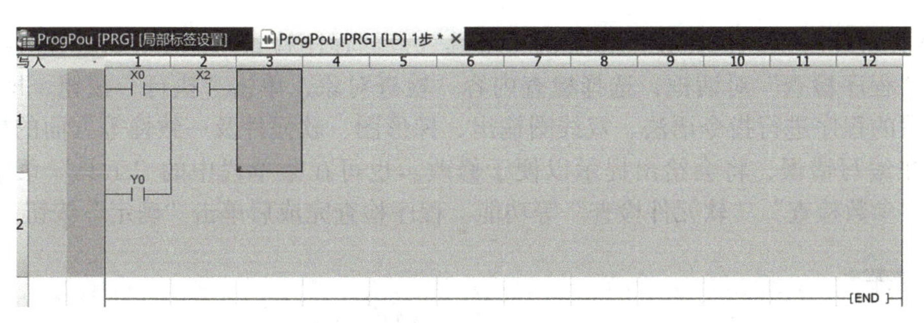

图 1-58　用键盘输入 AND 指令

5）继续将光标移至 X2 触点右侧，在文本框中输入“ANI X1”，按 <Enter> 键，出现与之串联的 X1 常闭触点，如图 1-59 所示。

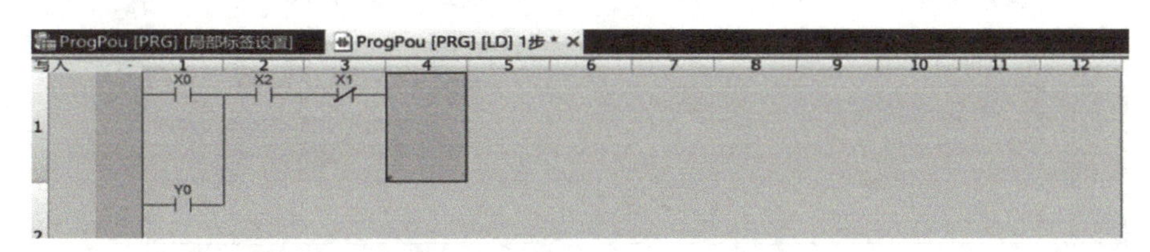

图 1-59　用键盘输入 ANI 指令

6）将光标继续移至 X1 触点右侧，在文本框中输入“OUT Y0”，按 <Enter> 键，所有程序输入完成，如图 1-60 所示。

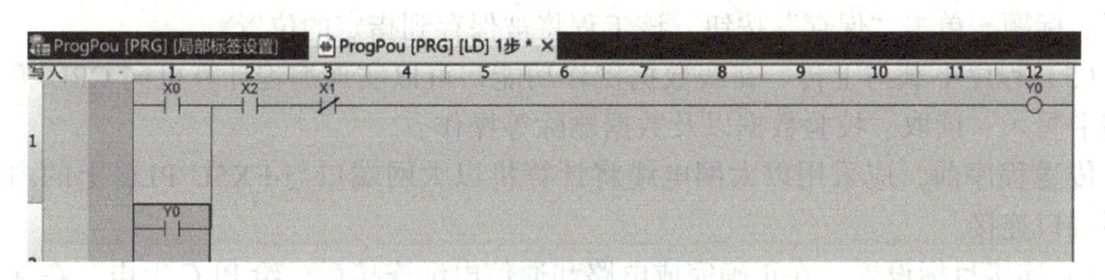

图 1-60　用键盘输入 OUT 指令

7）程序转换。程序转换是对新建或已更改的程序进行转换及程序检查，确保程序语法逻辑符合要求；程序输入完成后，需进行转换处理才能进行保存和下载至 PLC 中。选择菜单栏中的“转换”命令或单击工具栏中的按钮，也可直接按功能键 <F4> 进行转换。

如图 1-61 所示，编写好的程序转换后，编程内容由灰色转变为白色显示，此时转换完成。若无法转换，则表明梯形图有输入错误，此时光标将停留在出错的位置，且有错误提示对话框弹出，按要求修改后再次转换。

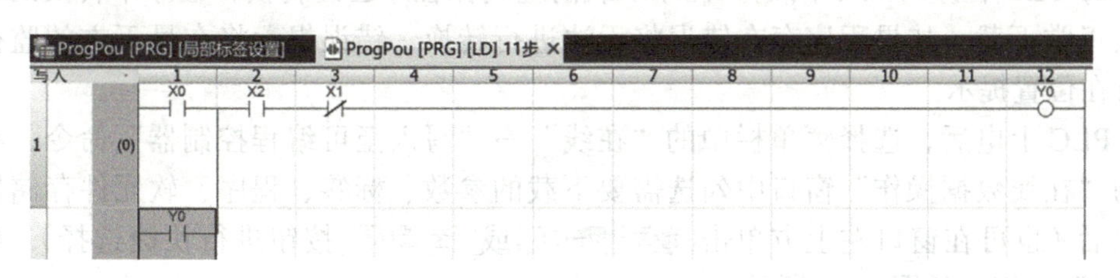

图 1-61　程序转换

学习笔记

8）程序检查。选择菜单栏中的“工具”→“程序检查”命令，弹出图1-62所示的“程序检查”对话框，选择检查内容、检查对象，单击“执行”按钮，即可对已编写的程序进行指令语法、双线圈输出、梯形图、软元件及一致性等方面的检查；若存在编写错误，将会给出提示以便于修改。也可在菜单栏中的“工具”菜单下，调用“参数检查”“软元件检查”等功能。程序检查完成后单击“确定”按钮。

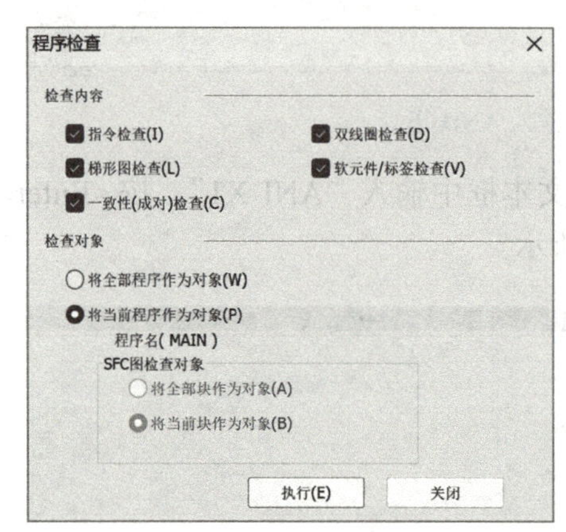

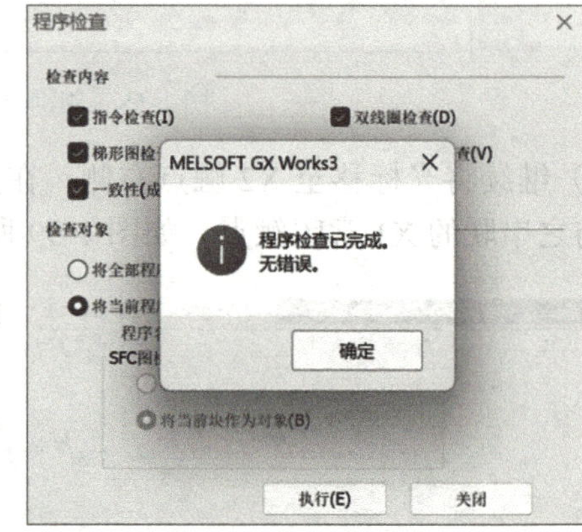

图1-62　程序检查

9）程序保存。程序的转换完成后，选择菜单栏中的“工程”→“保存工程”命令，或直接在工具栏中单击“保存”按钮，弹出“另存为”对话框，输入文件名、类型、标题，单击“保存”按钮，该工程将被保存到指定的位置。

（5）程序下载与上传　在线数据操作功能，可以实现编程计算机向CPU模块或存储卡写入、读取、校验数据以及数据删除等操作。

传送程序前，应采用以太网电缆将计算机以太网端口与FX5U PLC上的内置以太网端口连接。

1）连接目标设置。在正确完成电路和通信电缆连接后，给PLC上电，在导航栏中选择“连接目标”，然后双击“Connection”，勾选“直接连接设置”和“以太网”复选按钮后单击通信测试按钮，当显示与FX5U连接成功，则表示已经成功连接至CPU，如图1-63所示单击“确定”按钮退出界面。

小提示

连接CPU前应使用通信线（网线）建立CPU与计算机之间的连接，连接成功后CPU模块的LAN-SD/RD指示灯亮起闪烁，表示通信连接成功。

2）PLC程序写入（下载）。程序下载前应确保程序已经转换，程序未转换的话将无法正常下载，如果程序存在错误将无法进行转换，错误提示将在最下方的监视窗口所在位置提示。

PLC上电后，选择菜单栏中的“在线”→“写入至可编程控制器”命令，在弹出的“在线数据操作”窗口中勾选需要下载的参数、标签、程序、软元件存储器等选项后（也可在窗口左上方单击[参数+程序(F)]或[全选(A)]按钮进行快捷选择），单击“执行”按钮，如图1-64所示。

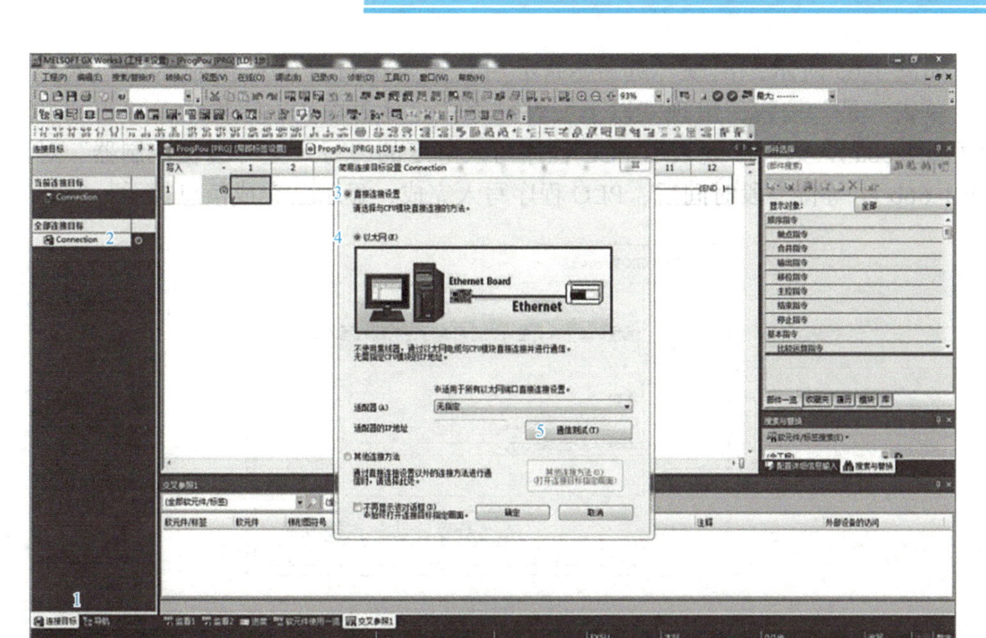

图 1-63　计算机与 PLC 通信的建立

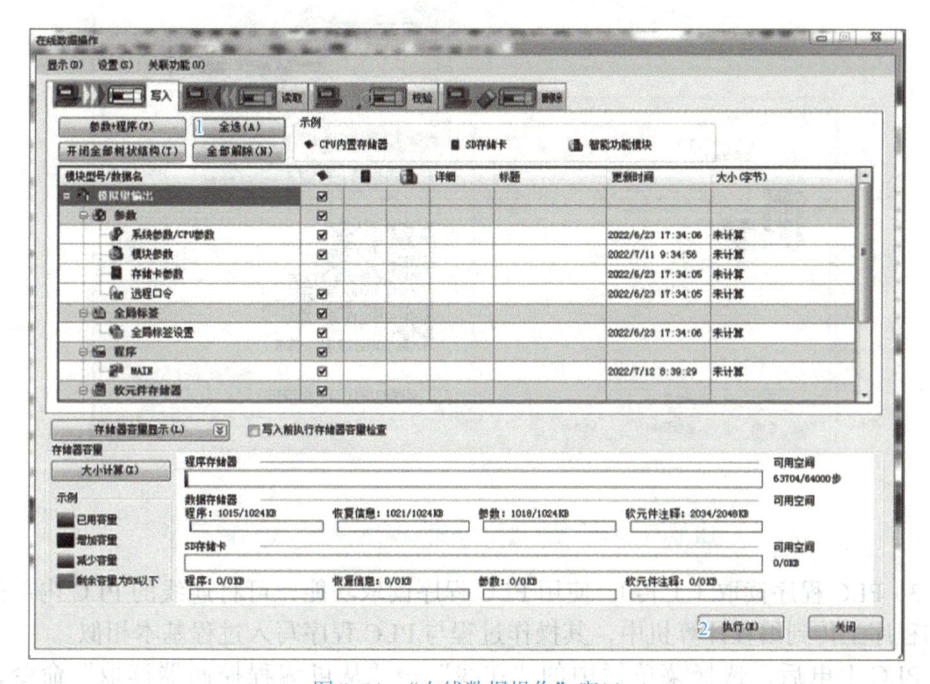

图 1-64　“在线数据操作”窗口

小提示

程序下载完成后可能需要重启 CPU，根据提示操作即可。CPU 正常运行状态时，PWR 灯和 P.RUN 灯常亮，其余灯不亮。如果 CPU 内没有程序，或者 CPU 处于非运行状态，相关提示界面将不再提示。

学习笔记

如图 1-65 所示，出现“远程 STOP 后，是否执行可编程控制器的写入？”提示，单击“是”按钮，出现“以下文件已存在。是否覆盖？”提示，单击“是”按钮（图 1-66a），则会出现表示 PLC 程序写入进度的“写入至可编程控制器”对话框（图 1-66b），等待一段时间后，PLC 程序写入完成，显示已完成信息提示。

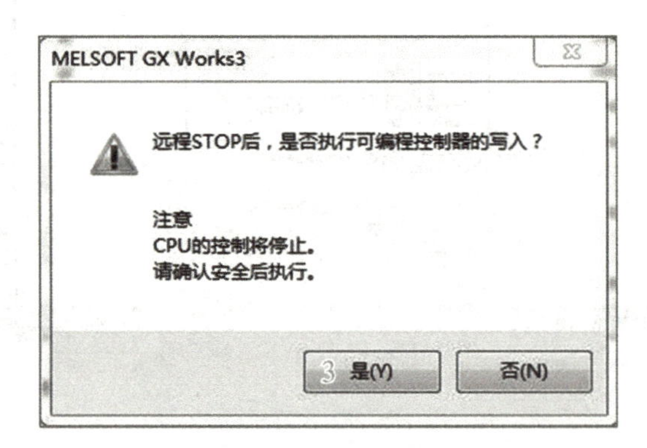

图 1-65　信息提示对话框

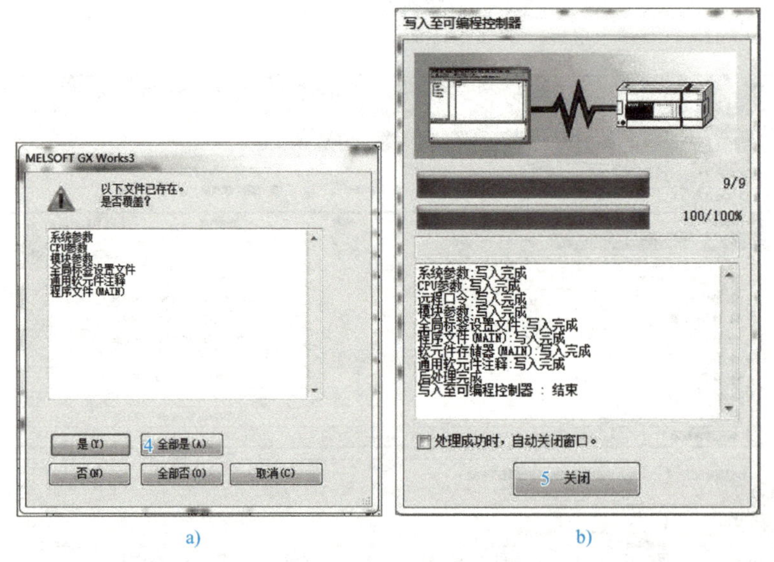

a)　　　　　　　　　　b)

图 1-66　覆盖文件“写入至可编程控制器”对话框

3）PLC 程序读取（上传）。使用 PLC 程序读取功能，可将连线的 PLC 内部的参数和程序上传到编程计算机中，其操作过程与 PLC 程序写入过程基本相似。

PLC 上电后，选择菜单栏中的“在线”→“从可编程控制器读取”命令，在弹出的“在线数据操作”窗口，勾选需要读取的参数、标签、程序、软元件存储器等选项后（也可在窗口左上方单击 参数+程序(F) 或 全选(A) 按钮进行快捷选择），单击“执行”按钮，出现“以下文件已存在。是否覆盖？”提示，单击“是”按钮（图 1-67a），则会出现提示 PLC 数据读取进度的“从可编程控制器读取”对话框（图 1-67b），等待一段时间后，PLC 数据读取完成，单击“关闭”按钮，则 PLC 内部的参数和程序等数据已被读取出来。

学习笔记

a)

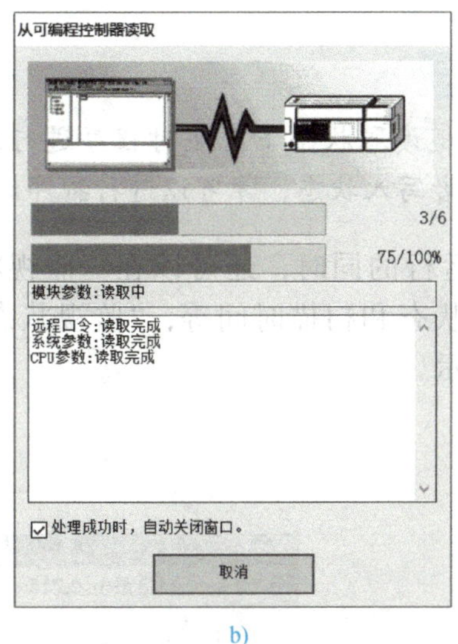

b)

图 1-67　PLC 程序的读取

（6）程序的运行及监控　成功下载程序后可以使用监视功能对软元件的状态、寄存器的数值等进行监视或者更改。

1）程序运行。程序下载完成后，应将 CPU 模块调整为运行（RUN）状态以执行写入的程序。

CPU 模块的动作状态可通过 PLC 本体左侧盖板下的 RUN/STOP/RESET 开关进行调整。将 RUN/STOP/RESET 开关拨至 RUN 位置可执行程序，拨至 STOP 位置可停止程序，拨至 RESET 位置并保持超过 1s 后松开，可以复位 CPU 模块。

通过手动调整 PLC 本体的 RUN/STOP/RESET 开关至 RUN 位置，或选择菜单栏中的“在线”→“远程操作”命令，可将 PLC 设定为运行模式，此时 PLC 运行指示灯（RUN）点亮。

2）程序监视。PLC 运行后，选择菜单栏中的“在线”→“监视”→“监视模式”命令，可实现梯形图的在线监控。在监视读取状态下，“接通”的元件显示为蓝色，定时器、计数器的当前值显示在软元件下方，如图 1-68 所示。选择监视（写入模式）时，在程序监控的同时还可进行程序的在线编辑修改；选择菜单栏中的“在线”→“监视”→“监视停止”命令，即可停止监控。若想要改变当前软元件的状态，首先在程序编辑窗口选中想要更改的目标，然后在菜单栏中单击当前值更改按钮，单击当前值更改按钮一次，则当前值更改一次，即 1→0，或者 0→1。

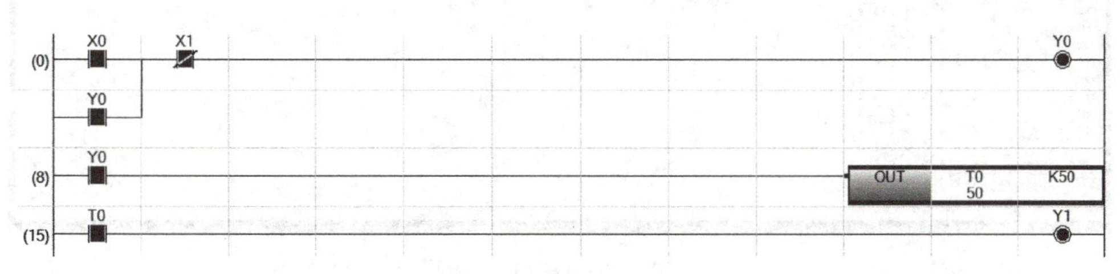

图 1-68　程序的监视界面

学习笔记

小提示

在监视读取状态下无法对程序进行编辑，需要通过 F3/F2 切换，选择监视读取状态或者写入状态，才可以进行程序编辑。

程序运行的同时，还可以在“监视状态”栏显示监控状态，包括连接状态、CPU 运行状态和扫描时间等，“监视状态”栏位于编辑窗口上方的工具栏中，如图 1-69 所示。

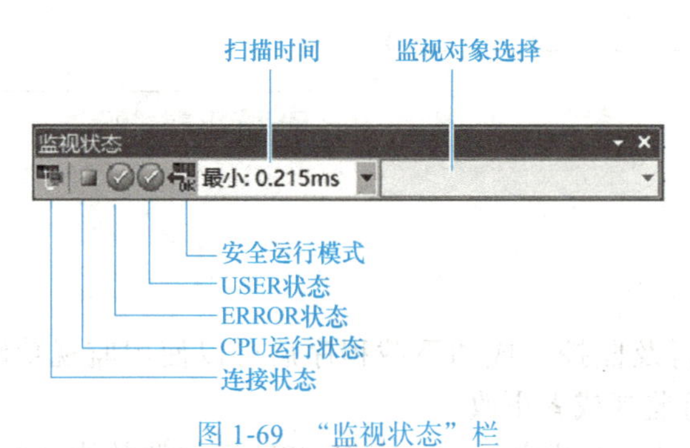

图 1-69 “监视状态”栏

监视模式下，还可进行软元件和缓冲存储器的批量监视。

选择菜单栏中的“在线”→“监视”→“软元件 / 缓冲存储器批量监视”命令，即可进入监视窗口，应用软元件和缓冲存储器的批量监视时，只能对某一种类的软元件或某个智能模块进行集中监控，设置时可输入需要监控的软元件起始号、智能模块号及地址和显示格式等。需要监控多种类型的软元件时，可根据需要同时打开多个监视窗口。软元件批量监视窗口如图 1-70 所示。

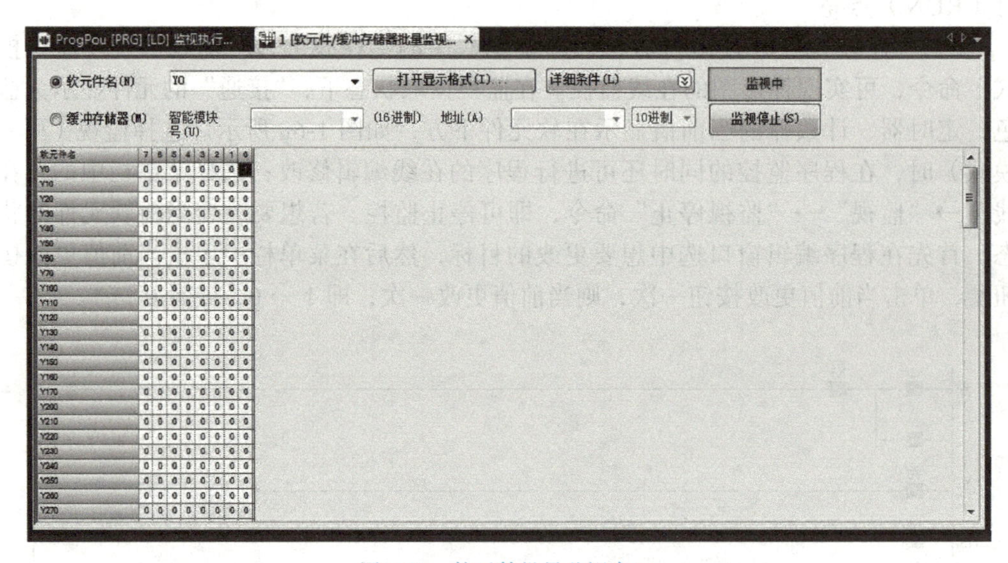

图 1-70 软元件批量监视窗口

3）监看功能。若需监看并修改不同种类的软元件或标签的数值，可通过监看功能实现。GX Works3 软件中，具有 4 个监看窗口。单击菜单栏中的“在线”→“监看”→“登录至监看窗口”命令，即可选择性打开监看窗口。

在窗口“名称”项目下，依次录入需要监控的软元件或标签，并可修改软元件显示格式和数据类型等参数；设置完成后，即自动更新并显示实际运行情况，如图 1-71 所示。

在监看窗口，可通过 ON、OFF 按钮修改选择的位元件状态；可通过“当前值”文本框修改数据软元件或数据标签的当前值。

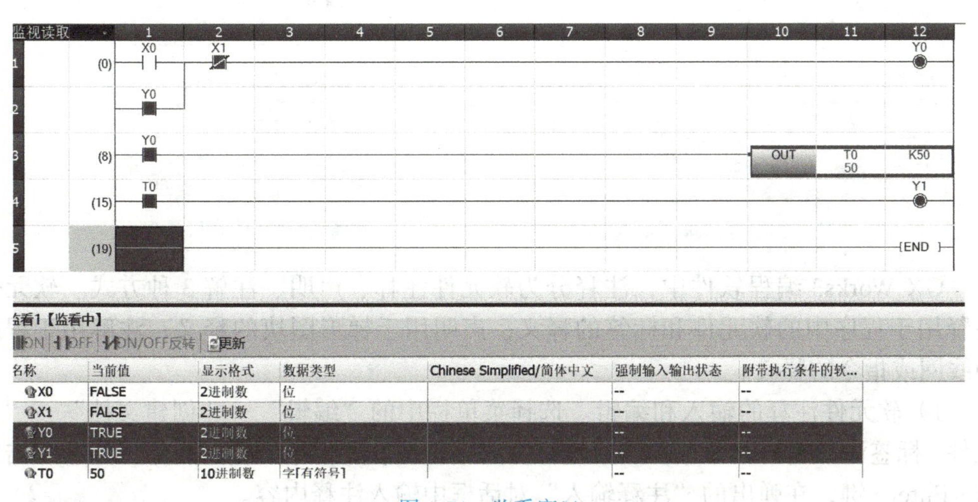

图 1-71　监看窗口

4）程序的模拟调试。GX Works3 编程软件附带了一个仿真软件包 GX Simulator3，该仿真软件可以实现不连接 PLC 的仿真模拟调试。程序模拟仿真功能与真实 CPU 功能类似，用软件自带的模拟器模拟真实的 CPU，可进行程序模拟运行，查看程序是否符合控制要求，提前进行诊断、调试。

下面简单介绍 GX Simulator3 仿真软件的使用。

① 程序编辑完成后，选择菜单栏中的“调试”→“模拟”→“模拟开始”命令，或直接单击按钮，启动模拟调试。

② 模拟启动后，程序将写入虚拟 PLC 中，并显示写入进度，如图 1-72 所示；写入完成后，GX Simulator3 仿真窗口中 PLC 运行指示灯转为“RUN”，程序开始模拟运行，仿真操作界面如图 1-73 所示。

此时可进入程序监视和监看模式，查看并调试程序运行状态，具体过程与实体 PLC 监控过程一致。在对程序模拟测试结束后，可选择菜单栏中的“调试”→“模拟”→“模拟停止”命令，或直接单击按钮，退出模拟运行状态。

（7）梯形图注释　梯形图注释即程序描述，主要用于标明程序中梯形图块的功能、各软元件和标签、线圈和指令的意义和应用。通过添加注释，使程序更便于阅读和交流。

学习笔记

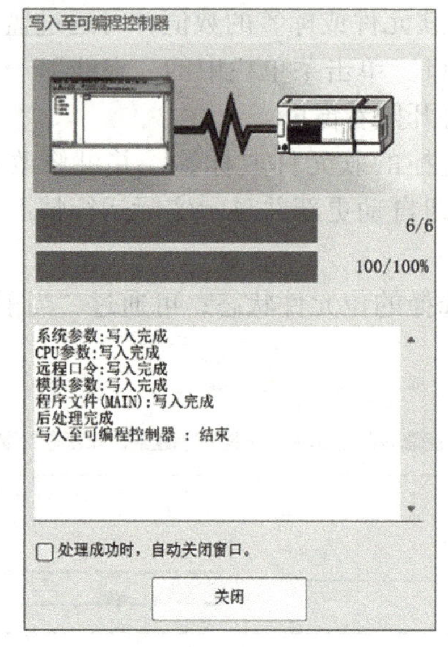

图 1-72 程序写入虚拟 PLC

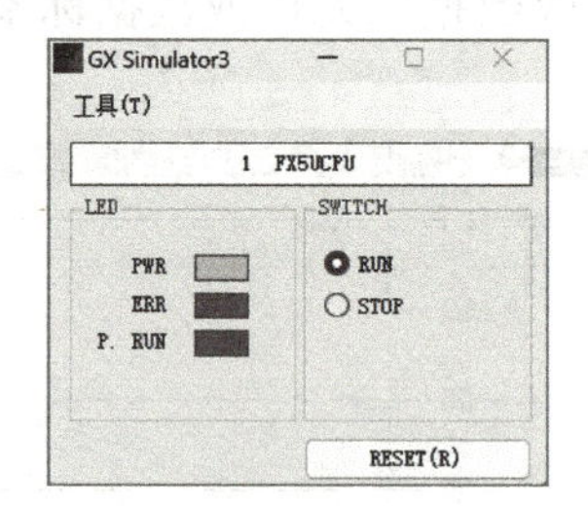

图 1-73 仿真操作界面

GX Works3 编程软件中，注释分为软元件注释、声明、注解 3 种方式。软元件注释用于程序中的软元件和标签的释义；声明用于梯形图块的释义；注解用于程序中线圈或指令的释义。

1）软元件注释的输入和编辑。选择菜单栏中的“编辑”→“创建文档”→“软元件 / 标签注释编辑”命令，然后选择需要编辑的软元件单元格，在单元格中双击或按 <Enter> 键，在弹出的“注释输入”对话框中输入注释内容。

2）声明和注解的输入和编辑方法与软元件注释基本相同。只要选择菜单栏中的“编辑”→“创建文档”命令下对应的内容即可。图 1-74 为注释后电动机顺序起动控制梯形图。

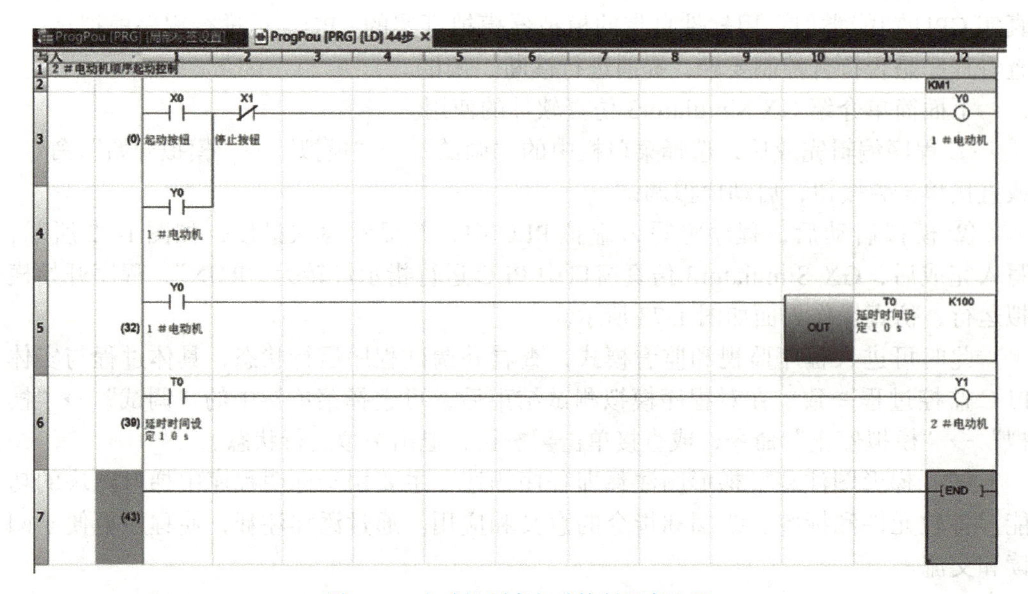

图 1-74 电动机顺序起动控制程序注释

1. PLC 程序的编写

参照图 1-75 所示示例程序，在 GX Works3 编程软件中完成程序编写。

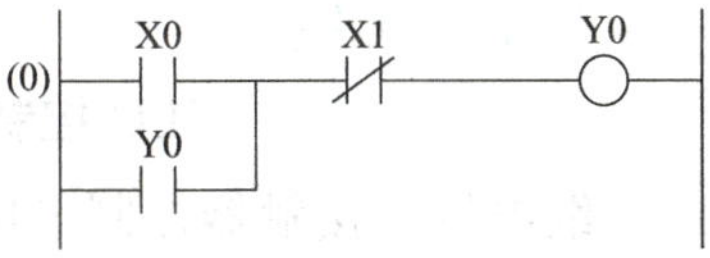

(0) X0 X1 Y0
Y0

图 1-75　示例程序

2. PLC 的线路连接

任务二已经完成，在此不再赘述。

3. 线路调试

按照接线图完成线路连接后，按下起动按钮 X0，面板上 Y0 指示灯点亮；按下停止按钮 X1，面板上 Y0 指示灯熄灭。若上述调试现象与控制要求一致，则说明本案例任务功能实现。

恭喜你，完成了任务实施。

本任务主要考核学生对 GX Works3 编程软件使用的掌握情况，具体考核内容涵盖知识掌握、程序编写和职业素养 3 个方面。考核采取自评、互评和师评相结合的方法，具体考核内容与配分情况见表 1-11。

表 1-11　任务评价

考核项目	考核内容	考核标准	自评（30%）	互评（30%）	师评（40%）	得分
职业素养 40 分	分工是否合理、有无制订计划、是否严谨认真	无分工、无组织、无计划、不认真，扣 10 分				
	团队合作、交流沟通、互相协作	学生独自实施任务、未完成，扣 10 分				
	遵守行业规范、现场 6S 标准	现场混乱、未遵守行业规范等，扣 20 分				
PLC 控制系统设计 60 分	程序编写	未能按照示例正确编写梯形图，不注意区分输入与输出符号，每处扣 5 分				
	监控仿真 实物演示	未能将编写的梯形图进行监控仿真，并且不能按照接线图正确连接实物，每处扣 5 分				
	安全文明操作	违反安全操作规程，扣 10 ~ 20 分				
合计						

恭喜你，完成了任务评价，并掌握了如何使用 GX Works3 编程软件。

拓展提高

【知识拓展】

PLC 控制与继电器–接触器控制电路的区别

继电器–接触器控制采用硬件接线实现，它通过选用合适的分立元件、主令电器、各类继电器等，按照控制要求采用导线将触点相互连接，从而实现既定的逻辑控制；若控制要求改变，则硬件构成及接线都需做出相应调整。

PLC 控制采用程序来实现，其控制逻辑以程序方式存储在内存中，控制任务是通过执行存放在存储器中的程序来实现的；若控制要求改变，硬件电路连接可不用调整或简单改动，主要通过改变程序即可，故称“软接线”。简而言之，PLC 可以看成是一个由成百上千个独立的继电器、定时器、计数器及数据存储器等单元组成的智能控制设备，但这些继电器、定时器等单元并不存在，而是 PLC 内部由程序模拟的功能模块。

两者的区别主要体现在以下 4 个方面。

1. 组成器件

继电器–接触器控制电路是由各种真正的硬件继电器组成，硬件继电器触头易磨损。而 PLC 由许多所谓软继电器组成。这些软继电器实质上是存储器中的每一位触发器，可以置“0”或置“1”，且软继电器无磨损现象。

2. 工作方式

继电器–接触器控制电路工作时，电路中硬件继电器都处于受控状态，凡符合条件可吸合的硬件继电器都处于吸合状态，受各种制约条件不应吸合的硬件继电器都同时处于断开状态，属于“并行”的工作方式。PLC 中各软继电器都处于周期循环扫描工作状态，受同一条件制约的各个软继电器的线圈工作和其触点的动作并不同时发生，属于“串行”的工作方式。

3. 元件触点数量

继电器–接触器控制电路的硬件触点数量是有限的，一般只有 4 ～ 8 对。PLC 中软继电器的触点数量无限，在编程时可无限次使用。

4. 控制电路实施方式

继电器–接触器控制电路是依靠硬线接线来实施控制功能，其控制功能通常是不变的。当需要改变控制功能时必须重新接线。继电器–接触器控制随着实现的功能的复杂程度接线也更为复杂。PLC 控制电路是采用软件编程来实现控制，可在线修改程序，控制功能可根据实际要求灵活实施。PLC 用于复杂的控制场合，功能的繁简与接线数量无关。

下面以电动机星－三角减压起动控制为例，分别采用继电器－接触器控制、PLC 控制方式来实现电动机的起动功能，对比、分析和总结两种控制方式的异同点。继电器－接触器控制方式如图 1-76 所示，主电路、控制电路中导线通过分立元件各端子互连，其控制逻辑包含于控制电路中，通过硬接线实现控制功能。

PLC 控制方式如图 1-77 所示，其主电路不变，控制电路由 PLC 接线图和程序两部分实现，其控制逻辑是通过软件编写相应程序来实现的。

PLC 控制与继电器－接触器控制的异同点总结如下：

1）PLC 控制系统与继电器－接触器控制系统的输入 / 输出部分基本相同，输入部分都由按钮、开关、传感器等组成；输出部分都由接触器、执行器、电磁阀等部件构成。

2）PLC 控制系统采用软件编程取代了继电器－接触器控制系统中大量的中间继电器、时间继电器、计数器等器件，此系统拥有体积小、安装方便、接线简易的优点，可以有效减少系统维修工作量并提高工作可靠性。

3）PLC 控制系统不仅可以替代继电器－接触器控制系统，而且当生产工艺、控制要求发生变化时，只要修改相应程序或配合程序对硬件接线做很少的变动就可以。

4）PLC 控制系统除了可以完成传统继电器－接触器控制系统所具有的功能外，还可以实现模拟量控制、高速计数、开环或闭环过程控制以及通信联网等功能。

PLC 控制不是自动控制的唯一选择，还有继电器－接触器控制和计算机控制等方式，每一种控制方式都具有其独特的优势，根据控制要求的不同、使用环境的不同等可以选择适合的控制方式。随着 PLC 价格的不断降低、性能的不断提升及系统集成的需求，PLC 控制的优势越来越明显，应用范围越来越广。

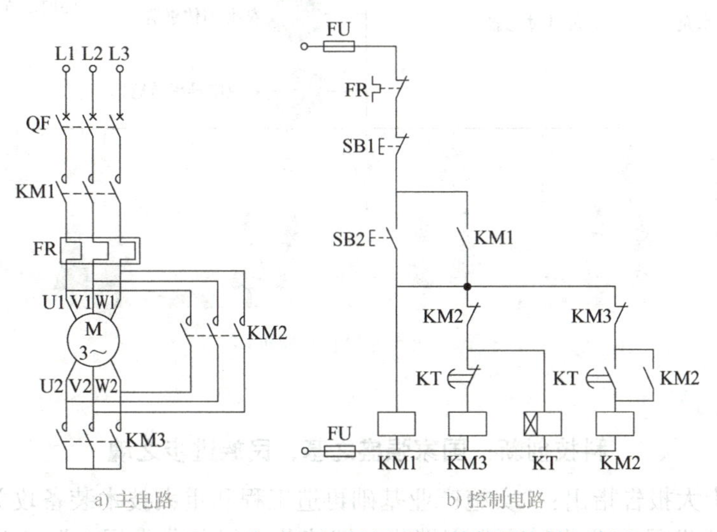

a) 主电路　　b) 控制电路

图 1-76　星－三角减压起动继电器－接触器控制电路图

学习笔记

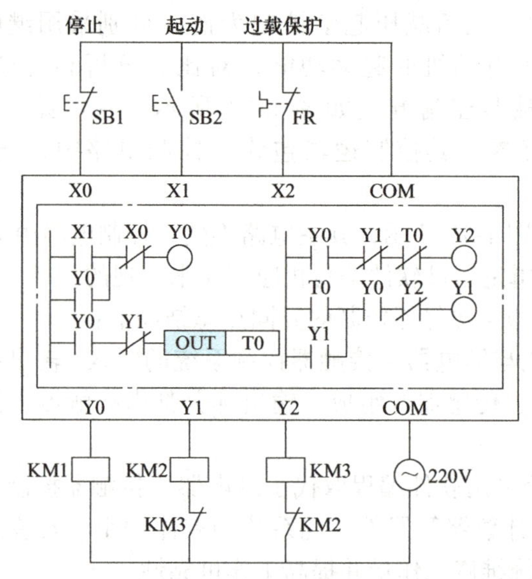

图 1-77　星－三角减压起动 PLC 控制接线图

【任务拓展】

科技兴则民族兴，科技强则国家强。图 1-78 为智慧农业原理图，请同学们看看有哪些科学技术？

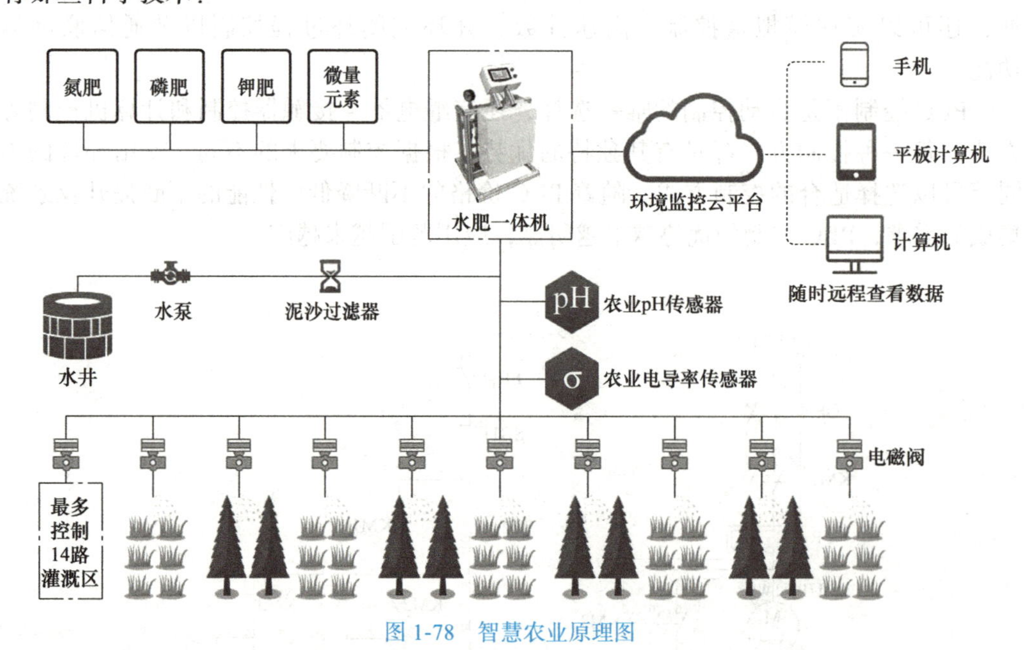

图 1-78　智慧农业原理图

【视野拓展】

科技创新：国家强盛之基，民族进步之魂

党的二十大报告指出：“实施产业基础再造工程和重大技术装备攻关工程，支持专精特新企业发展，推动制造业高端化、智能化、绿色化发展。”这为加快推进制造业高质量发展，推动中国制造向中国创造、“中国智造”转变，指明了方向。

嫦娥五号（图 1-79）首次实现我国地外天体采样返回；天问一号（图 1-80）在国际上首次一步实现火星探测“绕、着、巡”；羲和号探日实现破冰之旅；五轴联动数控机床填补空白，时速 350km“复兴号”动车组批量投入运营，跑遍神州大地；超声影像等高端医学影像装备处于国际领先水平；8 万 t 模锻压力机投入使用；高端芯片设计、制造工艺水平加快提升；高性能纤维、超硬材料、石墨烯材料等研制取得突破；轨道交通、高技术船舶等领域基础材料实现国内生产……一件件“大国重器”彰显着科技创新的实力。这启示我们，必须坚持创新在我国现代化建设全局中的核心地位，加快实现高水平科技自立自强，坚决打赢关键核心技术攻坚战，为制造业高质量发展注入源源动力。

学习笔记

讨论：“十四五”以来最亮的“科技成果之星”是什么？

图 1-79　嫦娥五号

图 1-80　天问一号

项目小结

可编程控制器（Programmable Logic Control，PLC）与机器人技术、CAD/CAM 技术一起被公认为现代工业自动化的三大支柱。本项目通过继电器 – 接触器控制与 PLC 控制在实际应用中的比较，引出了 PLC 的定义、特点、应用、发展等。通过 3 个任务，详细介绍了 PLC 的组成结构、工作原理、编程软件 GX Works 3 的使用、硬件电路的连接等内容，可为以后的学习打下基础。

思政 · 铸魂

民族自强　爱国敬业

“功崇惟志，业广惟勤”。只有在自尊、自信基础上依靠自身力量，爱国敬业，创新突破，拥有核心技术、优质产品，才能真正实现国家富强、民族振兴、人民幸福。

思考与练习

一、判断题

1. 目前 PLC 的整机平均无故障工作时间一般可以达到 2 万～ 5 万 h。　（　　）
2. PLC 的扫描时间主要取决于程序的长短和扫描速度。　（　　）

3. PLC 的抗干扰能力高于微型计算机、单片机，低于工控机。（　　）
4. PLC 的所有软元件全部采用十进制编号。（　　）
5. PLC 的输入 / 输出端口都采用光电隔离。（　　）

二、选择题

1. FX5U CPU 系统可扩展（　　）个输入 / 输出点。
A. 512　　B. 256　　C. 128　　D. 64
2. FX5U PLC 使用高速脉冲输入 / 输出模块时，最多可连接（　　）台。
A. 1　　B. 2　　C. 3　　D. 4
3. 下列不属于 FX5U CPU 扩展模块的是（　　）。
A I/O 模块　　B. 智能功能模块　　C. 通信模块　　D. 扩展电源模块
4. FX 系列 PLC 是（　）公司的产品。
A. 德国西门子　　B. 日本欧姆龙
C. 美国 HONEYWELL　　D. 日本三菱
5. PLC 的基本工作原理有一个很重要的工作特点：采用（　　）扫描。
A. 固定　　B. 逐次　　C. 循环　　D. 单个

三、填空题

1. PLC 是在________控制系统上发展而来的。
2. PLC 主要由________、________、________和________组成。
3. PLC 输出接口电路一般有________、________和________等几种类型，其中________既可驱动交流负载又可驱动直流负载。
4. FX5U CPU 按照输入回路电流的方向可分为________输入接线和________输入接线。
5. 输入继电器的状态只取决于对应的________的通断状态，因此在梯形图中不能出现输入继电器的________。

四、简答题

1. PLC 具有什么特点？主要应用在哪些方面？
2. 整体式 PLC 与模块式 PLC 各有什么特点？
3. 三菱公司主要的 PLC 产品有哪些？西门子公司主要的 PLC 产品有哪些？
4. 同 FX3U 相比，FX5U PLC 具有哪些亮点？
5. 说明 FX5U-64MT/DS 型号中 64、M、T、DS 的意义。

项目二

循环运料小车控制系统的编程与实现

学习笔记

项目导读

运料小车广泛应用在煤矿、仓库、港口、车站等行业中，是工业生产过程中的重要设备之一。在工业系统中，运料小车的自动控制贯穿整个控制系统，并且通常采用典型的 PLC 控制系统，克服了传统继电器控制系统接线繁多、易故障、维修不便等不足，从而提高生产效率，实现自动化生产，达到速度快、精度高、安全可靠的目标。

本项目主要介绍用于控制系统的 PLC 软元件和基本指令，通过设计以 PLC 为核心控制的循环运料小车项目，介绍软元件、基本指令的特点以及应用，能熟练地运用 GX Works3 编程软件完成控制程序的编写，并将程序写入 PLC 中进行调试运行。

项目描述

在自动生产线、冶金、煤矿、码头等行业，运料小车的主要任务是运输生产物料。某小车运料控制系统如图 2-1 所示。运料小车在“仓库”处装料，并在“1 号工位”和“2 号工位”处卸料。小车由电动机拖动，电动机正转小车前进，电动机反转小车后退；运料小车前、后终端位置均由限位开关控制。

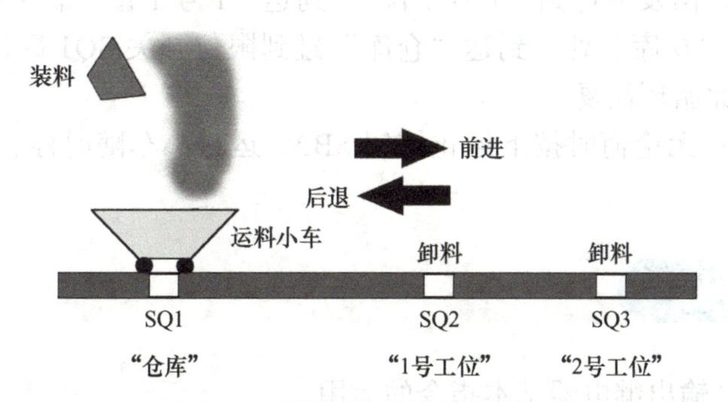

图 2-1 循环运料小车控制系统

学习目标

【知识目标】

※ 掌握 FX5U 系列 PLC 软元件。

※ 掌握基本指令的功能及使用方法。

※ 掌握 PLC 地址的分配以及外部接线图的设计与连接方法。

※ 熟练设计并调试运行循环运料小车控制的相关任务。

【技能目标】

※ 能够根据控制要求进行 PLC 端口的配置并设计 PLC 的输入 / 输出接口电路。

※ 能够理解 FX5U 系列 PLC 软元件以及基本指令的功能和用法。

※ 能根据控制要求进行编程并能熟练使用 GX Works3 编程软件实现任务。

【素质目标】

※ 培养学生勇于探索、敢于创新的科学精神。

※ 借助 GX Works3 编程软件反复练习，强化规范操作意识和安全意识。

※ 通过学习定时器，让学生理解精准定时，教育学生在日常生活中发扬精益求精的严谨作风。

※ 通过运料小车自动装卸料的延时任务，让学生懂得欲速则不达，工欲善其事必先利其器的道理，在人生道路中适当的停顿和延时有助于更好地前行。

任务一　循环运料小车正反转控制系统的编程与实现

任务要求

1. 限位开关状态：SQ1、SQ2 分别为“仓库”和“1 号工位”的检测位置开关，这些位置开关初始状态均为 OFF。当小车抵达相应位置后，相应位置开关闭合。

2. 运动检测状态：按下起动按钮 SB1，运行指示灯 HL1 以 1Hz 的频率闪烁。小车从原点“仓库”出发前进到“1 号工位”，到达“1 号工位”后碰到限位开关 SQ2，小车后退到原点“仓库”处。到达“仓库”碰到限位开关 SQ1 后，小车又向“1 号工位”运动，如此循环往复。

3. 停止状态：无论何时按下停止按钮 SB2，运料小车随时停止，所有指示灯全部熄灭。

任务目标

1. 掌握输入 / 输出继电器基本指令的运用。

2. 熟悉梯形图的编程原则，培养规则意识。

3. 能够在 GX Works3 编程软件中编写运料小车正反转控制系统程序并进行调试运行。

4. 强化小组合作意识，培养学生自主学习的能力和专业创新意识，增强团队凝聚力。

5. 通过设计与实现运料小车前进后退的任务，学会以退为进的道理，懂得退让是一种智慧。

学习笔记

1. 控制要求的分析

本任务中运料小车的前进和后退采用电动机的正反转来实现。按下起动按钮，小车向右持续前进即电动机保持正转状态，直到限位开关 SQ2 按下，小车才向左后退，此时电动机反转。为了让小车保持前进的持续动作，通常利用“自锁”来实现。利用自身的常开触点使线圈持续保持通电即 ON 状态的功能称为“自锁”。图 2-2 为具有典型自锁功能梯形图。其中 SB1 为起动按钮，SB2 为停止按钮，与交流接触器常开触点组成自锁控制。在梯形图中，X0 和 X1 为输入信号，分别对应起动和停止；Y0 为输出，对应控制交流接触器 KM1。当按下起动按钮 X0，Y0 线圈通电，同时常开触点 Y0 闭合，对 X0 自锁。若断开起动按钮，Y0 线圈依旧保持 ON 状态。

分组讨论并根据任务要求绘制出流程图。

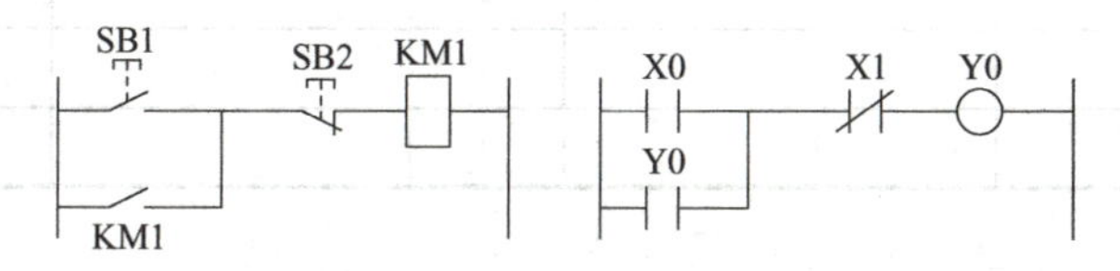

图 2-2 典型自锁功能的梯形图

此外在电路控制中，两个或两个以上控制回路之间经常需要彼此制约，不允许同时运行。例如本任务中运料小车前进、后退的动作，为保证小车能够安全运行，通常使用“互锁”手段。利用两个或多个常闭触点来保证线圈不会同时通电的功能称为“互锁”。图 2-3 为典型互锁电路的电气原理图，图中 KM1、KM2 常闭触点串接在对方线圈电路中，形成相互制约的控制。

头脑风暴：在工业控制中，“互锁”应用在哪些领域？“互锁”的作用是什么？

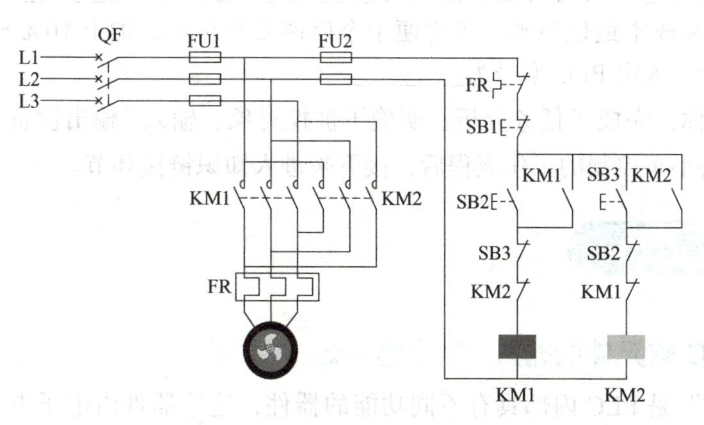

图 2-3 典型互锁电路的电气原理图

思考

请同学们想一下机械互锁和电气互锁的区别是什么？

2. I/O 设备的确定

通常与 PLC 输入 / 输出端子连接的外部器件或设备有按钮、开关、交流接触器、电磁阀、信号灯、传感器、变送器、变频器等，这些器件或设备，统称为 I/O 设备。对于运料小车任务的实施，较为重要的是确定 PLC 控制任务的输入 / 输出元器件。所谓 PLC 输入元器件是指发出指令的元器件，例如按钮、开关等；PLC 输出元器件是指执行动作的元器件，如指示灯、接触器等。请同学们分析本任务的输入 / 输出设备，完成表 2-1 的填写。

表 2-1　运料小车正反转控制系统的 I/O 设备

输入设备			输出设备		
序号	元器件名称	符号	序号	元器件名称	符号
1			1		
2			2		
3			3		
4			4		

小提示

同学们，区分输入 / 输出设备的原则是看元器件是发出指令还是执行动作，你找对了吗？

3. PLC 型号的选择

根据运料小车 PLC 控制系统的控制要求，通过 I/O 设备的确定，可知需要的输入点数为________，需要的输出点数为________，总点数为________。根据电源类型、I/O 点数和成本最低原则，考虑便于今后调整和扩充，加上 10% ～ 15% 的备用量，根据手册，确定 PLC 型号为________。

恭喜你，完成了任务分析。明确了被控对象、输入 / 输出设备、PLC 型号的选择以及运料小车控制的工作流程后，接下来进入知识链接环节。

一、PLC 软元件的输入 / 输出继电器

“软元件”是 PLC 内部具有不同功能的器件，这些器件由电子电路、寄存器和存储单元组成。如输入继电器、输出继电器、定时器等都属于“软元件”。这些“软

元件”是虚拟器件，以软件形式存在而不是物理意义上的实物继电器。PLC 的编程软元件有无数对常开、常闭触点，并且可以无限次使用。线圈与触点均属于“软元件”，其符号如图 2-4 所示。

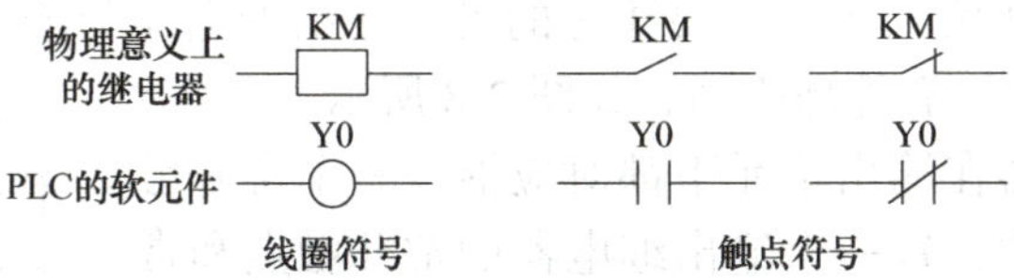

物理意义上的继电器　KM　KM　KM
PLC的软元件　Y0　Y0　Y0
线圈符号　触点符号

图 2-4　线圈以及触点符号

“软元件”只有两种状态，即 ON 和 OFF。它们是 PLC 内部存储单元中某一位的状态，用“0”和“1”来表示。“0”表示继电器断开，“1”表示继电器导通。“软元件”命名方式为大写的字母加数字，分别表示元件的类型和元件号。如图 2-5 所示，X5 的 X 用来表示元件类型，为输入继电器；数字 5 用来表示元件号。

1. 输入继电器（X）

输入继电器与 PLC 的输入端子连接，它是专门用于接收 PLC 输入端子送入的外部开关信号，其符号为 X。PLC 通过光电耦合电路，将外部输入信号的状态（“1”或“0”）读入并存储在输入映像寄存器中。输入端子可以接常开触点、常闭触点、电子传感器等。此外输入继电器只能由输入信号驱动，不能用程序驱动。外部输入信号决定着输入继电器的状态，因此在梯形图中绝对不能出现输入继电器的线圈，如图 2-6 所示。输入继电器可提供无数的常开、常闭触点，这些触点在 PLC 内可以自由使用，如图 2-7 所示。

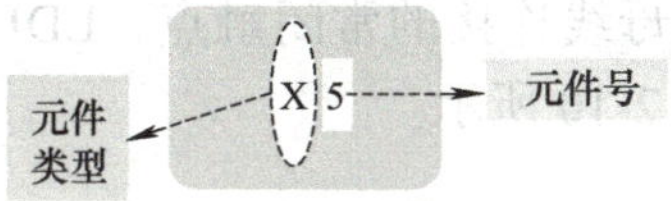

图 2-5　元件命名举例 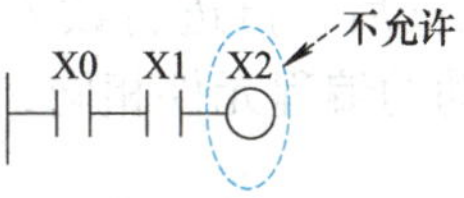　　　　图 2-6　输入继电器错误使用

FX5U 系列 PLC 输入继电器（X）按八进制进行编号，最多可达到 1024 点。输入继电器与外部对应的输入端子编号是相同的，例如 X10 ～ X17，代表 8 种输入继电器，而外接输入端子定义也为 X10 ～ X17。

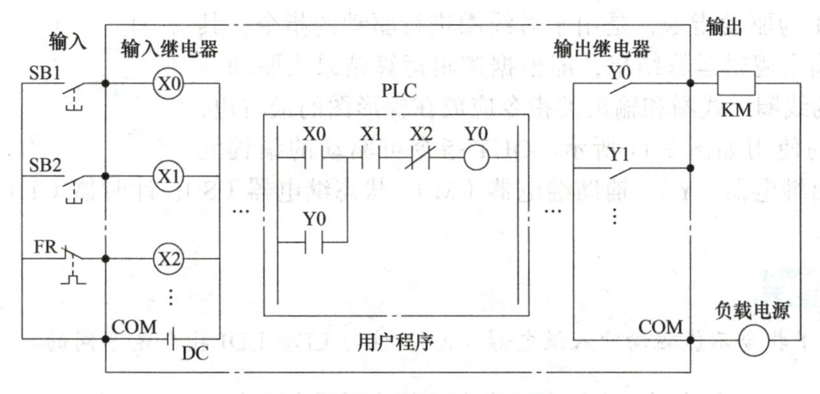

图 2-7　输入 / 输出继电器的使用

学习笔记

讨论：对于指示灯、电磁阀、电动机等输出元件可用什么符号表示？

2. 输出继电器（Y）

输出继电器用来将程序执行结果传给外部负载，是PLC向外部负载发送信号的窗口，它与PLC输出端子连接，表示符号为Y。当输出线圈“通电”，对应的输出模块接通，外部负载开始工作，需要注意的是，输出继电器与输入继电器不同，它只能由程序驱动，不能依靠外部驱动，如图2-8所示。

每个输出继电器在输出单元中都对应惟一一个常开触点，但是在梯形图中，每一个输出继电器的常开触点和常闭触点都可以多次使用。

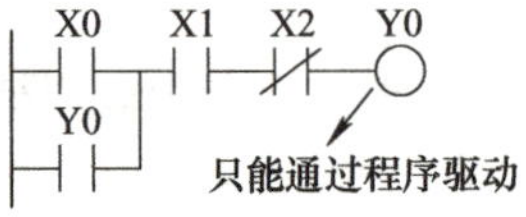

X0 X1 X2 Y0
Y0
只能通过程序驱动

图2-8 输出继电器的使用

FX5U系列PLC输出继电器（Y）与输入继电器（X）一样，同样是按八进制进行编号，最多也可达到1024点。输出继电器的编号与外部接线端子的编号一致。

二、触点类指令

1. LD指令

LD（Load）为取指令，表示常开触点开始，用来读取指定触点的ON/OFF状态。它是用于与母线连接的常开触点。LD指令可以驱动的编程元件有输入继电器（X）、输出继电器（Y）、辅助继电器（M）、状态继电器（S）、计时器（T）等，其梯形图描述如图2-9所示。

2. LDI指令

LDI（Load Inverse）为取反指令，表示常闭触点开始，用来将指定触点的ON/OFF状态取反后，再进行读入操作。它是用于与母线连接的常闭触点，LDI指令与LD指令驱动的编程元件相同，其梯形图描述如图2-10所示。

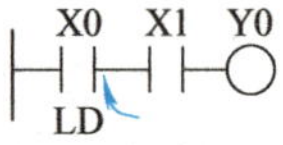

X0 X1 Y0
LD

图2-9 取指令的表示

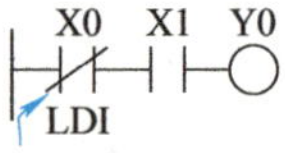

X0 X1 Y0
LDI

图2-10 取反指令的表示

3. OUT指令

OUT为驱动指令，是用于对线圈进行驱动的指令，其功能是输出逻辑运算结果，即根据逻辑运算结果去驱动一个指定的线圈。线圈和输出类指令应放在梯形图的最右边，该指令的使用如图2-11所示。OUT指令可驱动的编程元件有输出继电器（Y）、辅助继电器（M）、状态继电器（S）、计时器（T）、计数器（C）等。

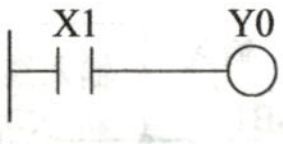

X1 Y0

a) 梯形图

LD X1
OUT Y0

b) 语句表

图2-11 OUT指令的使用

小提示

OUT指令不能驱动输入继电器（X），这与LD、LDI指令是不同的。

对于以上3条使用频率较高的指令，其使用要素见表2-2。

学习笔记

表 2-2　LD、LDI、OUT 指令使用要素

名称	助记符	功能	可驱动元件
取	LD	常开触点开始	X、Y、M、S、T 等
取反	LDI	常闭触点开始	X、Y、M、S、T 等
输出	OUT	线圈驱动	Y、M、S、T、C 等

LD、LDI、OUT 这 3 条指令用法实例：X0 表示与输入左母线相连的常开触点，采用 LD 指令；X1 表示与输入左母线相连的常闭触点，采用 LDI 指令；Y0、Y1、M1 是由 OUT 指令驱动的输出线圈，其梯形图表示如图 2-12 所示。

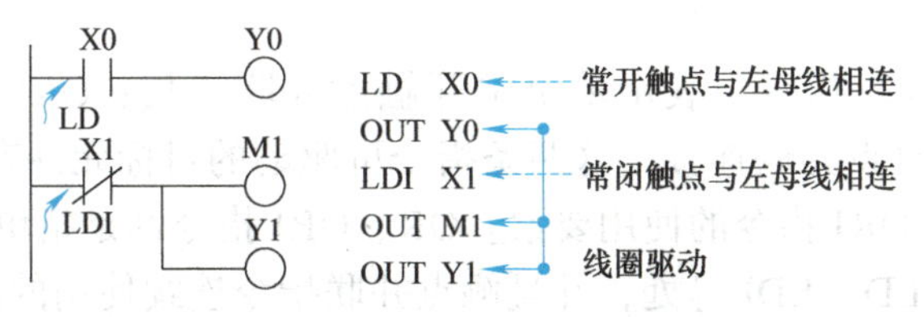

图 2-12　LD、LDI、OUT 指令的应用

点拨

1）LD、LDI 指令可用于将触点与左母线连接，还可以与后续介绍的块操作（ANB、ORB）指令相配合，用于分支电路的起点；与主控指令配合，用于主控程序段电路开始处。

2）并联输出 OUT 指令可连续使用任意次。

3）OUT 指令用于 T 和 C，其后须跟常数 K，K 为延时时间的设定值或计数次数。

4. 触点串联（AND、ANI）指令

AND 指令为“与”指令，表示单个常开触点串联连接；ANI 指令是“与非”指令，表示单个常闭触点串联连接。表2-3为AND、ANI指令的使用要素。在梯形图上AND、ANI 符号是从左母线起的第二个接点开始，AND、ANI 允许多条件信号输入，如果所有条件信号都为“1”，则该程序行会被执行。

表 2-3　AND、ANI 指令的使用要素

名称	助记符	功能	可驱动元件
与	AND	常开触点串联连接	X、Y、M、S、T 等
与非	ANI	常闭触点串联连接	X、Y、M、S、T 等

小提示

AND 与 ANI 都是一个程序步指令，串联触点的个数没有限制，这两条指令可以多次重复使用。

AND、ANI 两条指令的应用如图 2-13 所示，常开触点 X0、X1 为串联关系，采

学习笔记

用AND指令来实现“与”功能，OUT指令驱动输出线圈Y0；X3是常闭触点，采用ANI指令来实现与X2串联，OUT指令驱动输出线圈Y1。

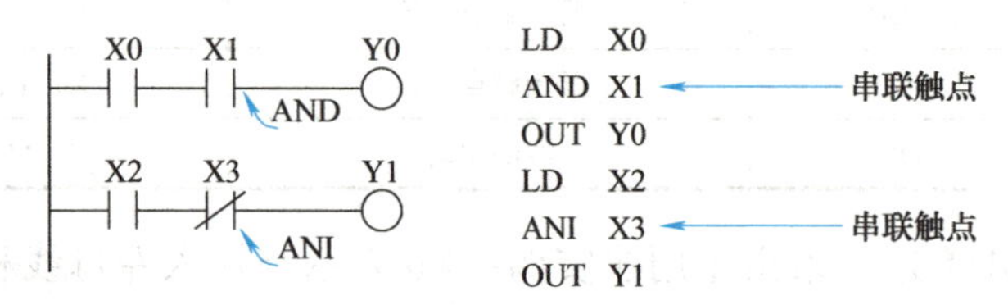

图2-13 AND、ANI指令的应用

5. 触点并联（OR、ORI）指令

OR指令为“或”指令，表示单个常开触点并联连接；ORI指令是“或非”指令，表示单个常闭触点并联连接。这两条指令可驱动的目标元件有X、Y、M、S、T等，表2-4为OR、ORI指令的使用要素。OR、ORI指令都是指单个触点的并联，并联触点的左端接到LD、LDI等处，并且触点并联指令连续使用的次数不限。

表2-4 OR、ORI指令的使用要素

名称	助记符	功能	可驱动元件
或	OR	常开触点并联连接	X、Y、M、S、T等
或非	ORI	常闭触点并联连接	X、Y、M、S、T等

小提示

OR和ORI是用于并联连接单个触点的指令，并联连接多个串联的触点不能用此指令。

OR、ORI两条指令的应用如图2-14所示，常开触点X0、常闭触点X2、常开触点X3为并联关系，其中常闭触点X2与常开触点X0用ORI指令连接，X3为常开触点所以采用OR指令连接。然后采用AND指令来实现与X1串联，用OUT指令驱动输出线圈Y0。

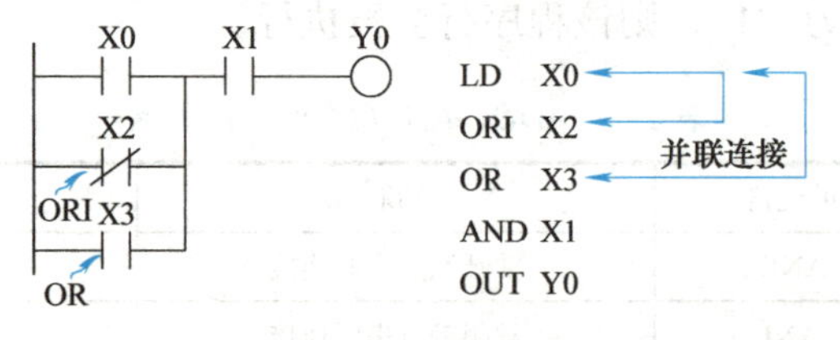

图2-14 OR、ORI指令的应用

6. 电路块（ORB、ANB）指令

ORB指令为“块或”指令，表示为串联电路块的并联，是指并联一个逻辑块，适用于两个或两个以上触点串联连接电路块的并联连接。串联电路块并联时，各电路块分支用LD或LDI指令开始，结尾用ORB指令。ORB指令的应用如图2-15所

学习笔记

示，首先对前两个支路进行编程，然后采用 ORB 指令产生结果，继续编写再用 ORB 指令产生结果，ORB 指令使用次数不受限制。

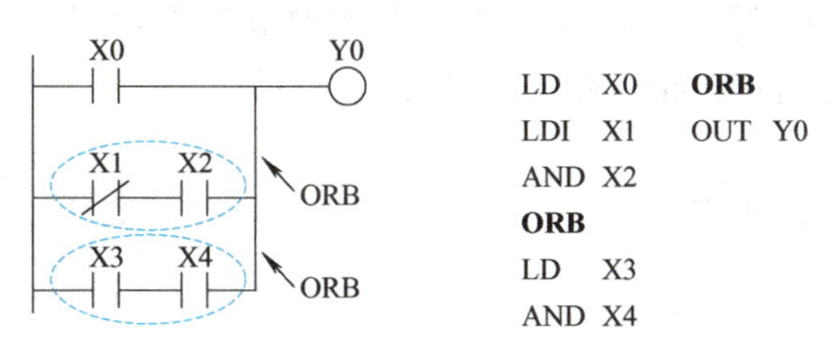

图 2-15　ORB 指令的应用

小提示

对于分散使用 ORB 指令时，并联电路的个数没有限制；对于集中使用 ORB 指令时，电路块并联的个数不能超过 8 个，并且 ORB 指令后无操作目标元件。

ANB 指令为“块与”指令，表示为并联电路块的串联，是指串联一个逻辑块，适用于两个或两个以上触点并联连接电路块的串联连接。并联电路块串联时，各电路块分支用 LD 或 LDI 指令开始，并联电路块结束后，使用 ANB 指令与前面电路串联。表 2-5 为 ORB、ANB 两条指令的表示。

表 2-5　ORB、ANB 指令的表示

名称	助记符	梯形图表示
块或	ORB	
块与	ANB	

ANB 指令的应用如图 2-16 所示，可以将每一组并联看成一个块，先写完一个分支编程，最后再用 ANB 指令实现，需要注意的是，与 ORB 指令一样，ANB 指令集中使用时，电路块串联的个数不超过 8 个。

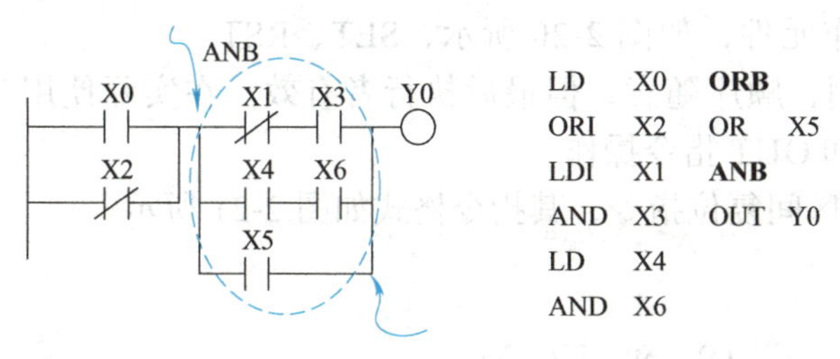

图 2-16　ANB 指令的应用

三、基本控制指令——置位、复位

SET 指令为置位指令，指令格式如图 2-17 所示，其中（d）为可操作的目标元件。

学习笔记

置位指令：当触发信号接通时，指定的目标元件导通并保持状态为“1”。即使触发信号断开变为“0”，输出状态仍然保持为“1”状态。SET 指令可操作的目标元件为输出继电器（Y）、辅助继电器（M）、状态继电器（S）等。

RST 指令为复位指令，指令格式如图 2-18 所示。

图 2-17　置位指令格式　　图 2-18　复位指令格式

复位指令：当触发信号接通时，指定的目标元件断开复位为“0”并保持此状态。此时即使有能流流过线圈，也不起作用，并且指定目标元件的状态保持不变。RST 指令可操作的目标元件为输出继电器（Y）、辅助继电器（M）、状态继电器（S）、定时器（T）等。SET、RST 指令的使用要素见表 2-6。

表 2-6　SET、RST 指令的使用要素

名称	助记符	功能	目标元件
置位	SET	驱动目标元件并保持	Y、M、S 等
复位	RST	操作元件断开并保持	Y、M、S、T 等

点拨

1）在梯形图中，置位指令和复位指令放在最右面的位置，而不能放在逻辑串的中间位置。

2）对于位元件，一旦它被置位，就保持在导通状态，除非对它复位。而一旦被复位就保持在断开状态，除非再对它置位。

SET、RST 指令用法实例：如图 2-19 所示，当 X1 由“0”变为“1”时，Y0 线圈导通，状态被置位为“1”，且当 X1 断开时，Y0 的状态仍然为“1”状态；当 X2 由“0”变为“1”时，Y0 的状态被复位为“0”，且当 X2 断开时，Y0 的状态仍然为“0”状态。

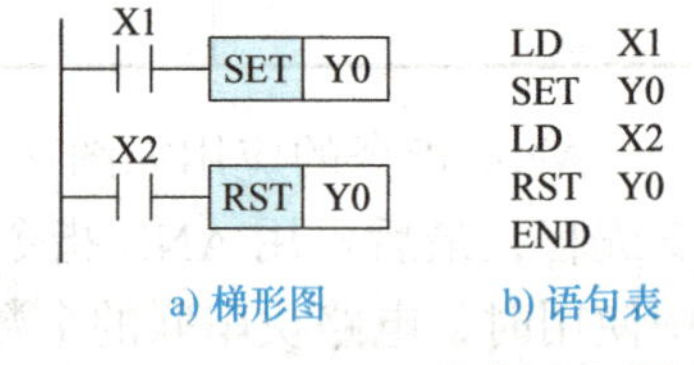

图 2-19　SET、RST 指令用法实例

对于同一操作元件，如图 2-20 所示，SET、RST 指令可以多次使用，顺序随意，但最后执行者有效。在实际使用时，最好不要对同一元件进行 SET 和 OUT 指令操作。

ZRST 指令为区间复位指令，其指令格式如图 2-21 所示。

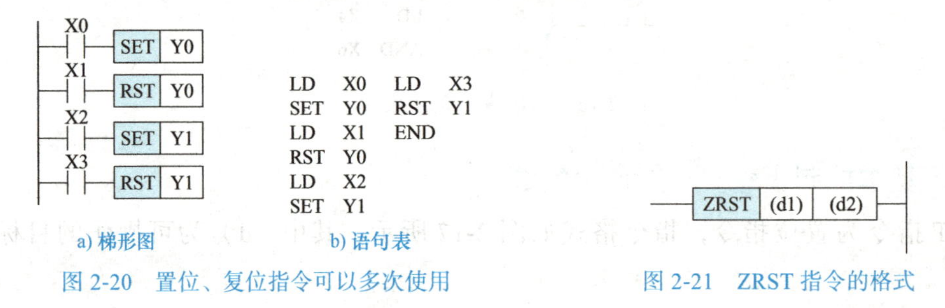

图 2-20　置位、复位指令可以多次使用　　图 2-21　ZRST 指令的格式

ZRST 指令的具体参数见表 2-7。

表 2-7　ZRST 指令的表示

操作数	内容
d1	批量复位的起始位 / 字软元件编号
d2	批量复位的最终位 / 字软元件编号

该指令的功能是将指定的元件号范围内的同类元件成批复位，目标操作数可取 T、C、D 或 Y、M、S 等。

（d1）的元件号应小于（d2）的元件号。需要注意的是，区间复位的为连续地址。例如“ZRST　Y0　Y4”表示为将 Y0 到 Y4 的地址状态全部复位。如果（d1）的元件号大于（d2）的元件号，则只有（d1）指定的元件被复位。例如“ZRST　Y4　Y0”表示为只将 Y4 地址状态复位。

【应用举例】

用置位、复位指令实现电动机的正反转，其控制要求是按下电动机正转按钮，电动机正转；按下电动机反转按钮，电动机反转；按下停止按钮，电动机停止。梯形图表示如图 2-22 所示。

四、辅助继电器（M）

在 PLC 中，辅助继电器是应用最多的一种继电器，它相当于继电器控制系统中的中间继电器，既可以起到扩充接触点数量的作用，也可以作为逻辑运算的中间变量，实现电路的简化。辅助继电器的编号是 M，采用十进制进行编号。线圈状态由程序来驱动，但与外部信号无直接联系。在 PLC 内部进行编程时，辅助继电器作为触点可以反复使用，但作为线圈出现时只允许使用一次。辅助继电器的符号如图 2-23 所示，若线圈 M0 通电，则触点动作，即 M0 常开触点闭合，M0 常闭触点断开；线圈 M0 断电，触点恢复常态。

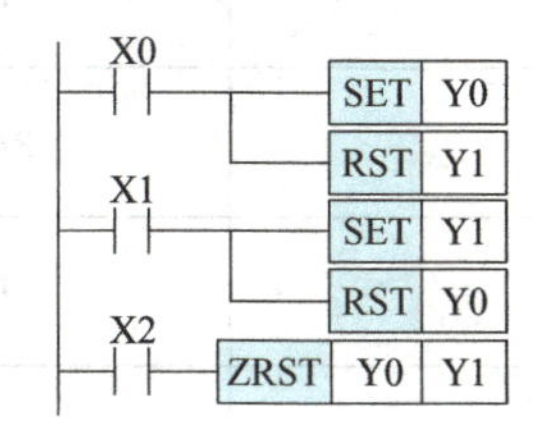

图 2-22　用置位、复位指令实现电动机的正反转

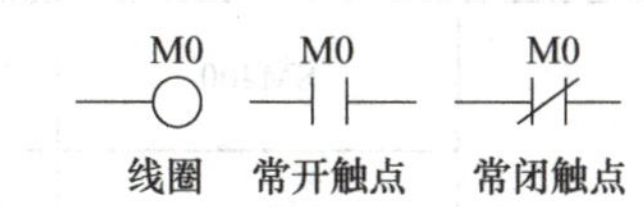

图 2-23　辅助继电器的符号

小提示

辅助继电器没有硬触点，不能直接驱动外部负载，外部负载只能由输出继电器（Y）触点进行驱动操作。

FX5U 系列 PLC 内部继电器为 M0 ～ M7679，共 7680 个点。若对辅助继电器（M）进行以下操作，则继电器全部为 OFF：CPU 模块的电源 OFF 变为 ON；复位；锁存清除。FX5U 系列 PLC 可以设置锁存范围，若设置锁存范围为 100 ～ 600，则在

此范围内的内部继电器为断电保持辅助继电器，即使 CPU 模块的电源 OFF 或超过允许瞬停时间断电，仍能保持各数据不变并持续进行控制。

此外，FX5U 系列 PLC 有专门的锁存继电器（L）用来锁存运算结果（ON/OFF）。

五、特殊继电器（SM）

特殊继电器（SM）是 PLC 内部具有特定功能的辅助继电器。系统程序已经对这类辅助继电器进行了定义，具备了某一特定功能。它通过设置某些特殊标志继电器位来实现某种功能或作为监控继电器状态反映系统的运行情况，表 2-8 列举了 FX5U 系列 PLC 常用特殊继电器。例如，SM402 代表初始化脉冲，SM400 代表始终为 ON，SM401 代表始终为 OFF。

FX5U 系列 PLC 中 SM409 ～ SM413 代表时钟脉冲，这些特殊时钟继电器可以提供定时控制，如闪烁功能。如图 2-24 所示，按下 X0，线圈 Y0 输出周期为 0.1s 的脉冲。

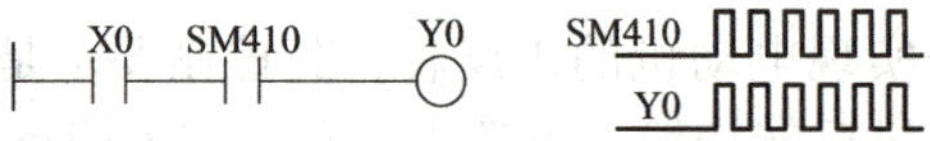

X0　SM410　Y0　　SM410　Y0

图 2-24　特殊时钟继电器实现闪烁电路

表 2-8　FX5U 系列 PLC 常用特殊继电器

用途	编号	功能	R/W
诊断信息	SM0	OFF：无出错 ON：有出错	R
	SM1	OFF：无自诊断出错 ON：有自诊断出错	R
	SM52	OFF：正常 ON：电池过低	R
	SM56	OFF：正常 ON：运算出错	R
	SM62	OFF：未检测出 ON：检测出	R/W
系统时钟	SM400	ON：RUN 时 OFF：STOP 时	R
	SM401	OFF：RUN 时 ON：STOP 时	R
	SM402	初始化脉冲	R
	SM409	0.01s 时钟	R
	SM410	0.1s 时钟	R
	SM411	0.2s 时钟	R
	SM412	1s 时钟	R
	SM413	2s 时钟	R
	SM414	2ns 时钟	R

（续）

用途	编号	功能	R/W
指令相关	SM699	OFF：智能模块专用指令执行 ON：智能模块专用指令未执行	R/W
	SM700	OFF：进位 OFF ON：进位 ON	R
	SM703	OFF：升序 ON：降序	R/W
	SM704	OFF：有不一致 ON：全部一致	R

六、PLC 梯形图编程原则

前面介绍了 GX Works3 编程软件支持的编程方法，本部分介绍用 PLC 梯形图对控制要求编写时的基本原则。

1. 总体原则

程序编写顺序为先左后右，先上后下；每一行应该从左母线开始，到右母线为止，触点在“左边”，线圈在“最右边”，如图 2-25 所示。

2. 触点原则

1）编写时，允许多个触点串并联，并且触点数量不受限制。

2）编写梯形图时不允许交叉电路，如图 2-26 所示。

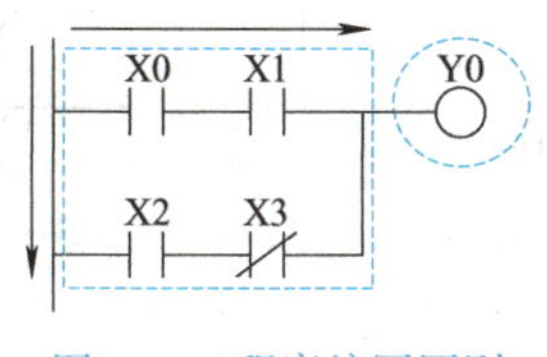

图 2-25　程序编写原则

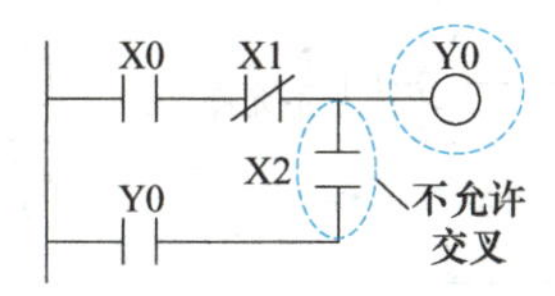

图 2-26　触点编写方法

3）串联触点支路并联时遵循“上重下轻”的原则，即串联多的支路应尽量放在上部，如图 2-27 所示。

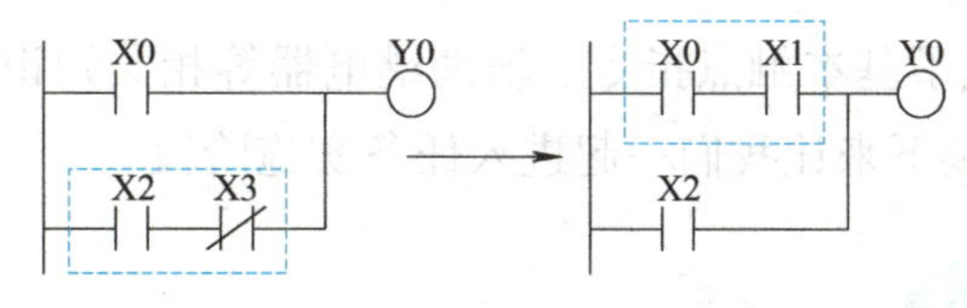

图 2-27　串联触点支路并联的编写原则

4）并联电路块串联时遵循“左重右轻”的原则，即并联多的支路应靠近左母线，如图 2-28 所示。

学习笔记

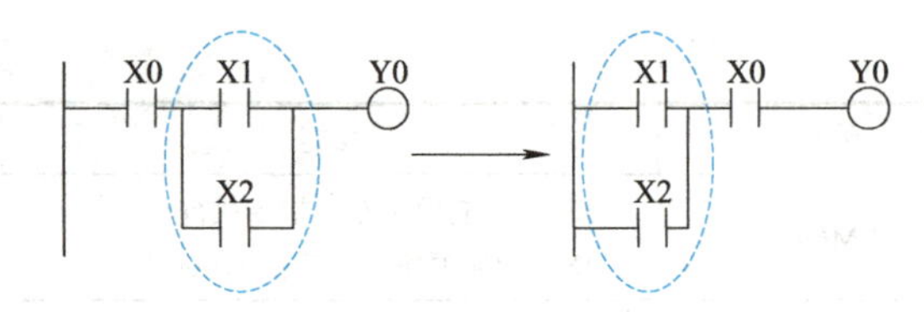

图 2-28　并联电路块串联的编写原则

3. 线圈原则

1）编程时，输出线圈不能直接与左母线连接，若需要，则可借助未用过元件的常闭触点或特殊标志位存储器（SM402）的常开触点，使左母线与线圈隔开，如图 2-29 所示。

2）在同一程序中，禁止使用“双线圈”，如图 2-30 所示。

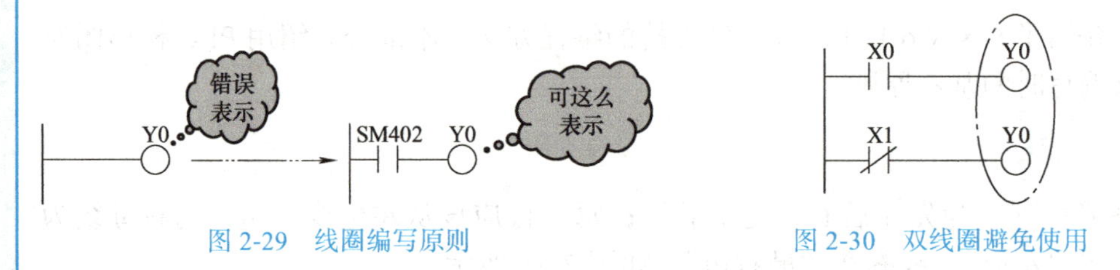

图 2-29　线圈编写原则　　图 2-30　双线圈避免使用

3）编程时，线圈的右侧不允许写触点，不允许串联输出，但允许多个线圈并联输出，如图 2-31 ～图 2-33 所示。

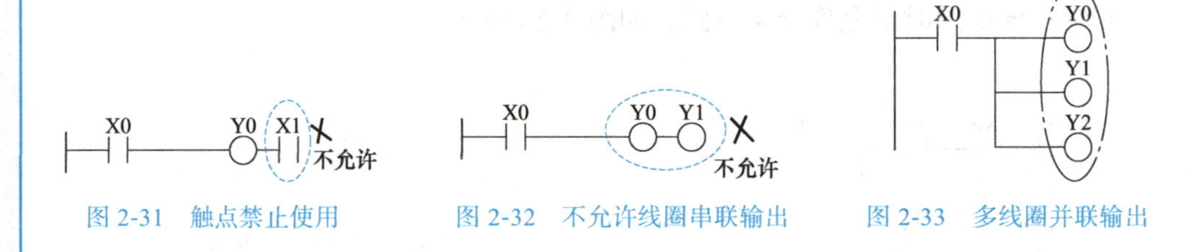

图 2-31　触点禁止使用　　图 2-32　不允许线圈串联输出　　图 2-33　多线圈并联输出

无规矩，不成方圆！

在用 PLC 梯形图编程时，需要遵守规则，培养规则意识。规矩是成事的前提条件。在做事时，一定要遵守规范，遵守职业标准，尊重职业的约束力。无规矩，不成方圆！

恭喜你，完成了基本触点指令、辅助继电器等相关知识的学习，并且学会了梯形图的编写原则，接下来让我们一起进入任务实施阶段。

任务实施

1. PLC 的 I/O 地址分配

根据控制要求确定本任务的输入 / 输出设备，可知控制系统的输入有起动按钮、停止按钮、两个限位开关以及过载保护，共 6 个输入点。输出有接触器 KM1、接触器 KM2 以及指示灯，共 3 个负载。I/O 地址分配见表 2-9。

表 2-9　运料小车正反转控制系统的 I/O 地址分配

输入设备			输出设备		
元件名称	符号	输入地址	元件名称	符号	输出地址
起动按钮	SB1	X0	交流接触器	KM1	Y0
仓库限位开关	SQ1	X1	交流接触器	KM2	Y1
1 号工位限位开关	SQ2	X2	指示灯	HL1	Y2
停止按钮	SB2	X3			
过载保护	FR	X4			

2. I/O 硬件接线设计

根据任务分析中 PLC 型号选择以及 PLC 的 I/O 地址分配表，设计绘制 PLC 的 I/O 外部接线图，如图 2-34 所示。

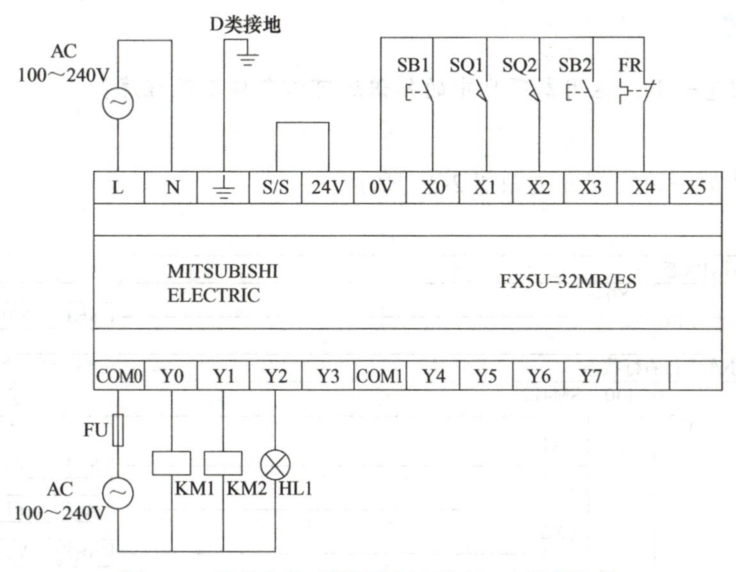

图 2-34　运料小车正反转控制系统的 I/O 外部接线

讨论：什么是起保停经验设计法？

思考

请同学们想一下，在图 2-34 中，PLC 的电源范围为何如此？

3. PLC 程序编写

根据任务的控制要求，利用起保停经验设计法编写的梯形图如图 2-35 所示。

学习笔记

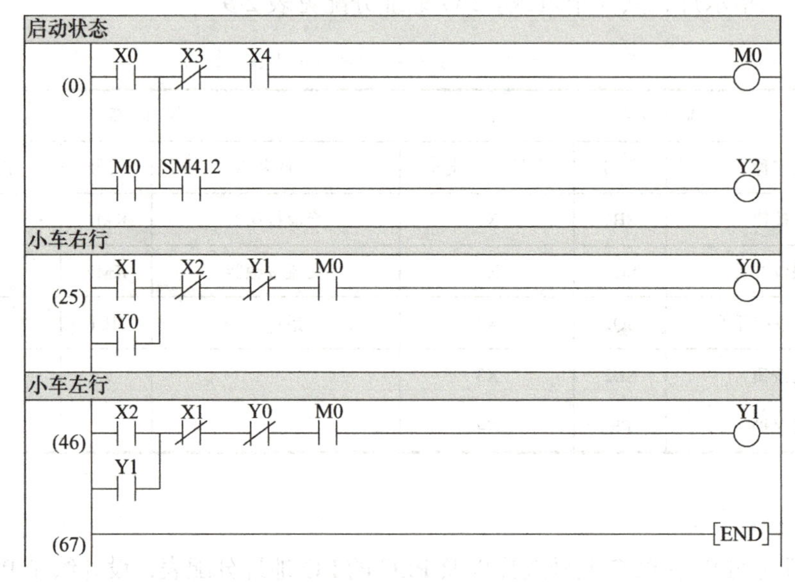

图 2-35　起保停经验设计法实现运料小车正反转的程序

思考

同学们想一下，运用本项目中的知识还可以怎样实现程序？

【举例】另一种实现方法如图 2-36 所示。

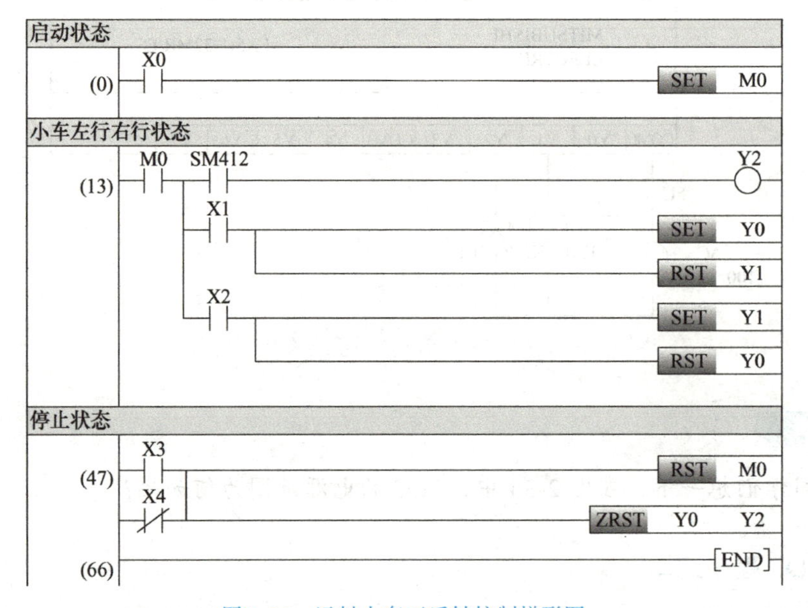

图 2-36　运料小车正反转控制梯形图

学习笔记

运料小车正反转程序仿真

4. 调试仿真

利用 GX Works3 编程软件在计算机上写入程序，将调试好的用户程序以及设备组态分别下载到 CPU 中，按下起动按钮 X0，Y2 以 1Hz 频率闪烁，且小车右行（Y0 得电），当触碰到限位开关 SQ2 后（按下 X2），小车左行（Y1 得电），触碰到限位开关 SQ1 后（按下 X1），小车再次右行（Y0 得电），重复此过程。若按下停止按钮 X3，小车停止前进并且 HL1 熄灭（Y2 失电）；按下复位按钮 X5，小车返回到“仓库”位。若上述调试现象与控制要求一致，则说明本案例任务功能实现。

5. 硬件接线，联机调试

使用网线将本地计算机与 PLC 连接，接通电源。然后单击工具栏中的下载按钮，将程序下载到真实 PLC 中，进行联机调试。根据控制要求，按下起动、停止按钮等，记录调试过程中出现的问题和解决措施，并填写表 2-10。

表 2-10　实施过程、实施方案或结果、出现异常原因及处理方法记录

序号	实施过程	实施要求	实施方案或结果	异常原因分析及处理方法
1	电路绘制	1）列出 PLC 控制 I/O 端口元件地址分配表		
		2）写出 PLC 类型及相关参数		
		3）画出 PLC I/O 端口接线图		
2	编写程序并下载	编写梯形图和指令程序		
3	运行调试	1）总结输入信号是否正常的测试方法，举例说明操作过程和显示结果		
		2）详细记录每一步操作过程中，输入 / 输出信号状态的变化，并分析是否正确，若出错，分析并写出原因及处理方法		
		3）举例说明某监控画面处于什么运行状态		

恭喜你，已完成任务实施，完整体验了实施一个 PLC 任务的过程。

运料小车正反转仿真视频

本任务主要考核学生对输入 / 输出继电器等触点的运用情况以及学生对小车正反转控制系统程序设计与操作的完成质量。具体考核内容涵盖知识掌握、程序设计和职业素养 3 个方面。考核采取自评、互评和师评相结合的方法，具体考核内容与配分情况见表 2-11。

学习笔记

表 2-11 任务评价

考核项目	考核内容	考核标准	自评（30%）	互评（30%）	师评（40%）	得分
职业素养 20 分	分工是否合理、有无制订计划、是否严谨认真	无分工、无组织、无计划、不认真，扣 5 分				
	团队合作、交流沟通、互相协作	学生独自实施任务、未完成，扣 10 分				
	遵守行业规范、现场 6S 标准	现场混乱、未遵守行业规范等，扣 5 分				
PLC 控制系统设计 40 分	I/O 分配与线路设计	I/O 线路连接错误 1 处扣 5 分，不按照线路图连接扣 10 ～ 15 分				
	线路连接工艺	工艺差、走线混乱、端子松动，每处扣 5 分				
PLC 程序设计 40 分	正确编写梯形图	程序编写错误酌情扣分				
	程序输入并下载运行	下载错误，程序无法运行，扣 20 分				
	安全文明操作	违反安全操作规程，扣 10 ～ 20 分				
合计						

恭喜你，完成了任务评价。通过一个简单的 PLC 控制项目，熟练掌握了第一个任务后，领会其精华，今后在处理每一个任务都会得心应手。

拓展提高

【知识拓展】

一、脉冲式触点指令

三菱 FX5U 系列 PLC 脉冲式触点指令分为上升沿触点指令和下降沿触点指令，其中上升沿触点指令包含 LDP、ANDP、ORP，表示在软元件状态由“0”变为“1”上升沿时接通一个扫描周期即上升沿有效，又称为上升沿微分指令，其表示方法为常开触点中间加一个向上的箭头。

下降沿触点指令包含 LDF、ANDF、ORF，表示在软元件状态由“1”变为“0”下降沿时接通一个扫描周期即下降沿有效，又称为下降沿微分指令。表示方法为常开触点中间加一个向下的箭头。

各触点指令的功能、助记符以及表示方法见表 2-12。

表 2-12　脉冲式触点指令

名称	助记符	功能	梯形图表示	目标元件
取上升沿检测	LDP	上升沿脉冲运算开始		X、Y、M、S 等
与上升沿检测	ANDP	上升沿检测串联连接		X、Y、M、S 等
或上升沿检测	ORP	上升沿检测并联连接		X、Y、M、S 等
取下降沿检测	LDF	下降沿脉冲运算开始		X、Y、M、S 等
与下降沿检测	ANDF	下降沿检测串联连接		X、Y、M、S 等
或下降沿检测	ORF	下降沿检测并联连接		X、Y、M、S 等

LDP、ANDP、ORP 指令的使用如图 2-37 所示，触点 X0、X1、X2 均在上升沿有效。

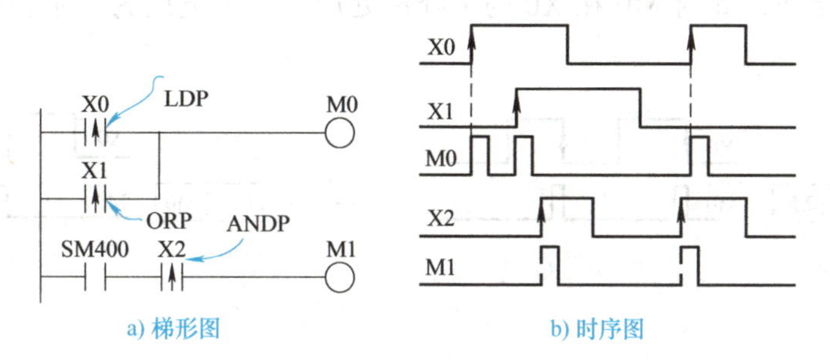

a) 梯形图　　b) 时序图

图 2-37　上升沿指令使用实例

LDF、ANDF、ORF 指令的使用如图 2-38 所示，触点 X0、X1、X2 均在下降沿有效。

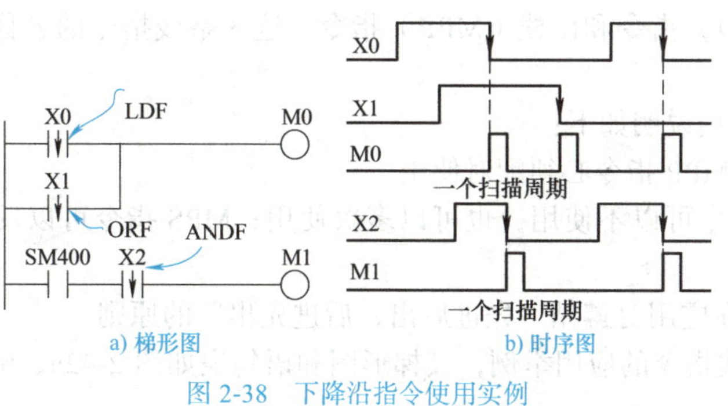

a) 梯形图　　b) 时序图

图 2-38　下降沿指令使用实例

学习笔记

讨论：什么是时序图？

学习笔记

二、脉冲微分输出指令

PLS 和 PLF 是脉冲输出指令。PLS 指令称为上升沿脉冲微分输出指令，当检测到输入脉冲的上升沿即由“0”变为“1”时，PLS 指令的操作元件 Y 或 M 的线圈得电，产生宽度为一个扫描周期的脉冲信号，其指令格式如图 2-39 所示。

PLF 指令称为下降沿脉冲微分输出指令，当检测到输入脉冲的下降沿即由“1”变为“0”时，PLF 指令的操作元件 Y 或 M 的线圈得电，产生宽度为一个扫描周期的脉冲信号，其指令格式如图 2-40 所示。

图 2-39 PLS 指令格式　　图 2-40 PLF 指令格式

这两条指令的功能以及表示方法见表 2-13。

表 2-13 PLS、PLF 指令

名称	助记符	功能	目标元件
上升沿脉冲微分输出	PLS	上升沿导通一个扫描周期	Y、M（不包括特殊辅助继电器）
下降沿脉冲微分输出	PLF	下降沿导通一个扫描周期	Y、M（不包括特殊辅助继电器）

PLS 指令的使用如图 2-41a、b 所示，常开触点 X0 接通，此时 M0 在 X0 的上升沿处产生一个宽度为一个扫描周期的脉冲信号；PLF 指令的使用如图 2-41c、d 所示，常开触点 X0 接通，此时 M0 在 X0 的下降沿处产生一个宽度为一个扫描周期的脉冲信号。

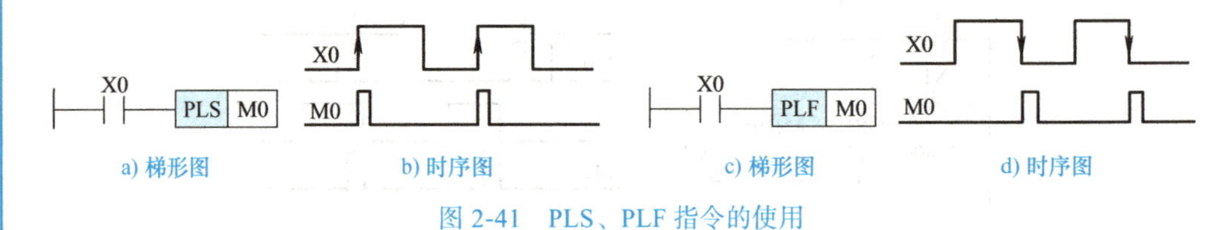

图 2-41 PLS、PLF 指令的使用

三、栈指令

堆栈指令用于多重输出电路，为编程带来便利，专门用来存储程序运算的中间结果，被称为栈存储器指令。栈存储器的操作对应有 3 个栈指令：进栈（MPS）指令、读栈（MRD）指令和出栈（MPP）指令。这 3 条栈指令的名称、功能、表示方法见表 2-14。

栈指令的使用说明如下：

1）MPS 和 MPP 指令必须配对使用。

2）MRD 指令可以不使用，也可以多次使用；MPS 指令可以反复使用，最多使用 11 次。

3）栈指令在应用时遵循“先进后出、后进先出”的原则。

图 2-42 为栈指令的应用举例，其梯形图和语句表如图 2-42a、b 所示。

学习笔记

表 2-14　栈指令的使用要素

名称	助记符	功能	梯形图表示
进栈	MPS	将运算结果送入栈存储器的第一个单元，同时将先前送入的数据依次移到栈的下一个单元	MPS
读栈	MRD	将栈存储器第一个单元的数据读出且该数据继续保存在栈存储器的第一个单元，栈内的数据不发生移动	MRD
出栈	MPP	将栈存储器第一个单元的数据读出且该数据从栈中消失，同时将栈中其他数据依次上移	MPP

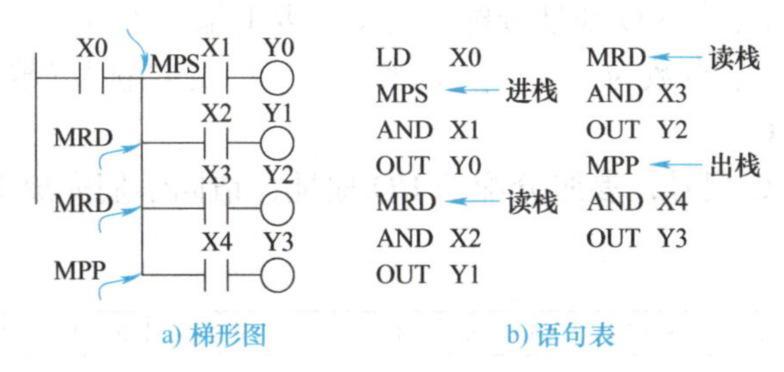

图 2-42　MPS、MRD、MPP 指令应用

【任务拓展】

1. 任务描述

设计用单按钮控制台灯两档发光亮度的控制系统，其控制要求如下：

1）台灯的单按钮 SB1 第一次合上时，台灯内灯珠 1 接通亮起。

2）台灯的单按钮 SB1 第二次合上时，台灯内灯珠 2 接通亮起。

3）台灯的单按钮 SB1 第三次合上时，台灯内灯珠 1 和灯珠 2 都断开。

2. 任务分析

1）根据任务控制要求，请同学们画出工作分析图。

2）分析本任务的 I/O 设备，完成表 2-15 输入 / 输出设备的填写。

单按钮控制台灯两档发光亮度仿真

表 2-15　单按钮控制两档系统的 I/O 设备

输入设备			输出设备		
序号	元件名称	符号	序号	元件名称	符号
1			1		
2			2		
3			3		
…			…		

3. 任务实施

1）PLC 的 I/O 地址分配见表 2-16。

表 2-16 单按钮控制两档系统的 I/O 地址分配

输入设备				输出设备			
序号	元件名称	符号	输入地址	序号	元件名称	符号	输出地址
1				1			
2				2			
3				3			
…				…			

2）选择 PLC 型号并设计 PLC 硬件接线图。根据单按钮控制台灯两档发光亮度的控制要求，通过以上的 I/O 地址分配，可知需要的输入点数为________，需要的输出点数为________，总点数为________，考虑给予一定的输入 / 输出点余量，选用型号为________的 PLC。

根据选择的 PLC 型号，参照分配的 I/O 地址，请同学们完成 PLC 硬件接线图的设计。

L	N	⏚	S/S	24V	0V	X0	X1	X2	X3	X4	X5			
MITSUBISHI ELECTRIC								FX5U-______/______						
COM0	Y0	Y1	Y2	Y3	COM1	Y4	Y5	Y6	Y7					

3）程序编写。根据单按钮控制台灯两档发光亮度的控制要求，编写此任务的梯形图。

4）程序调试与运行，总结调试中遇见的问题及解决方法。

任务二 循环运料小车自动装卸料控制系统的编程与实现

1. 初始状态：运料小车处于原点“仓库”处，运行指示灯 HL1 以 1Hz 的频率闪烁代表系统可正常起动。

2. 限位开关状态：SQ1、SQ2、SQ3 分别为“仓库”“1 号工位”“2 号工位”的检测位置开关，这些位置开关状态均为 OFF。当小车抵达相应位置后，相应位置开关闭合。

3. 运料小车工作流程：按下起动按钮后，运行指示灯 HL1 常亮。小车在“仓库”位置停留（装料）10s，装料完毕后小车开始送料至“1 号工位”。此时触碰限位开关 SQ2，小车停留（卸料）5s，卸完料后空车返回到“仓库”位置并触碰限位开关 SQ1，小车停留（装料）10s。在“仓库”位置装料完毕后，小车送料至“2 号工位”，经过限位开关 SQ2 不停留，继续向前，当到达“2 号工位”位置后触碰限位开关 SQ3，小车停留（卸料）8s，然后空车返回到“仓库”位置，触碰限位开关 SQ1，小车停留（装料）10s，之后再重新开始上述工作过程。

4. 停止状态：无论何时按下停止按钮 SB2，运料小车随时停止。

5. 复位状态：无论何时按下复位按钮 SB3，运料小车返回初始状态“仓库”处。

任务目标

1. 掌握定时器的类型以及其工作原理。

2. 熟悉定时器 T 和 ST 的功能及使用方法。

3. 能够在 GX Works3 编程软件编写运料小车自动卸料控制系统程序并进行调试运行。

4. 强化小组合作意识，培养学生自主学习能力和专业创新意识，增强团队凝聚力。

5. 通过运料小车自动装卸料的延时任务，让学生懂得欲速则不达，工欲善其事必先利其器的道理。

6. 通过学习定时器，让学生理解精准定时，教育学生在日常生活中发扬精益求精的严谨作风。

任务分析

1. 工艺流程的分析

运料小车自动装卸料控制系统是在实现任务一小车正反转基础上实现的，本任务较任务一增加了前进到“2 号工位”的动作以及循环小车装卸料定时的步骤，其控制流程图如图 2-43 所示。

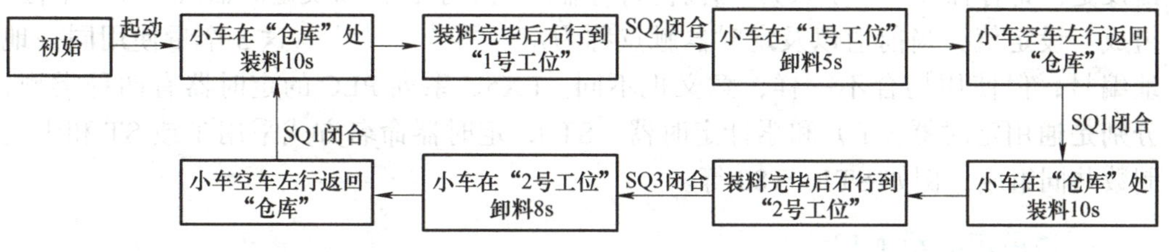

图 2-43　控制流程图

FX3U 与 FX5U 定时器区别

思考

同学们，对于小车装卸料的定时应该如何实现？

2. I/O 设备的确定

根据任务控制要求，请同学们分析本任务的输入 / 输出设备并完成表 2-17 的填写。

表 2-17　运料小车自动装卸料控制系统的 I/O 设备

输入设备			输出设备		
序号	元件名称	符号	序号	元件名称	符号
1			1		
2			2		
3			3		
…			…		

3. PLC 型号的选择

根据运料小车自动装卸料 PLC 控制系统的控制要求，通过 I/O 设备的确定，可知需要的输入点数为________，需要的输出点数为________，总点数为________。根据电源类型、I/O 点数和成本最低原则，考虑便于今后调整和扩充，加上 10% ～ 15% 的备用量，根据手册，确定 PLC 型号为________。

恭喜你，完成了任务分析，明确了被控对象、输入 / 输出设备、PLC 型号的选择以及循环运料小车自动装卸料系统的工作流程，接下来进入知识链接环节。

知识链接

一、定时器

在 PLC 控制系统中，定时器的作用相当于继电器控制系统中的时间继电器。但是 PLC 中的定时器是一种编程元件，用于时间的设定和控制，特别是延时控制，它们都需要驱动条件。PLC 中的定时器可以提供无限对常开、常闭延时触点，并且它由设定值寄存器（一个字长）、当前值寄存器（一个字长）以及定时器触点（一个位）组成。设定值、当前值以及定时器触点称为定时器的三要素。这 3 个量使用同一地址编号，但使用场合不一样，意义也不同。FX5U 系列 PLC 的定时器有两种类型，分别是通用定时器（T）和累计定时器（ST），定时器命名方式采用 T 或 ST 和十进制数共同组成，例如 ST1、T80 等。

1. 通用定时器（T）

通用定时器为普通型定时器，其工作原理为：定时器输入端由“0”变为“1”导通时，线圈通电，此时定时器开始计时，当前值从 0 开始增加，待当前值达到设定值后，定时器输出触点动作；若定时器输入端从“1”变为“0”断开时，定时器断开并且当前值会清零，定时器输出触点复位，如图 2-44 所示。按下常开触点 X0，定时器 T0 开始计时，当定时器达到 2s 后，定时器 T0 常开触点导通，输出线圈 Y0 得电导通；断开 X0，定时器当前值清零，输出线圈由导通变为不导通。

学习笔记

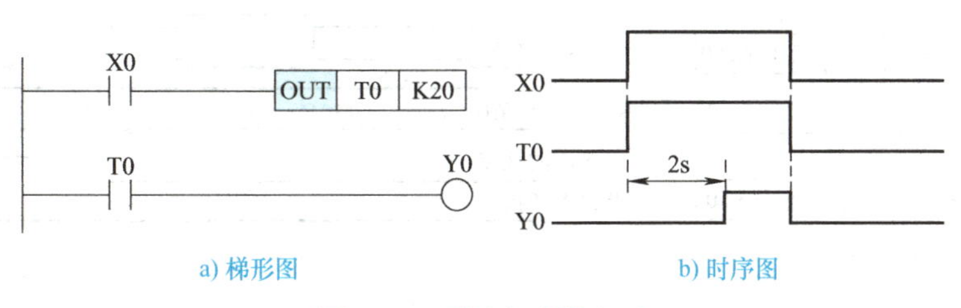

图 2-44　通用定时器（T）

小提示

输入再次导通时，通用定时器（T）的当前值会重新开始计量，这与下面介绍的累计定时器是不同的。

此外在 GX Works3 编程软件中，可以对通用定时器进行锁存设置，若对通用定时器 T100 ～ T200 设置锁存，则该定时器在断电时，里面的数据是可以锁存的。

【应用举例】

某照明灯在按下起动按钮（X0）后，照明灯（Y0）可发光 30s。如果 30s 内又有人按下按钮，则时间间隔从头开始计时。这样可确保在最后一次按完按钮后，灯光可维持 30s 的照明。

图 2-45 所示为照明灯控制的梯形图。按下起动按钮 X0，Y0 得电，同时定时器 T0 开始定时，30s 后 T0 常闭触点动作，切断 Y0 使 Y0 失电。如果 30s 内又有人按下起动按钮，则 X0 的常闭触点动作，切断 T0 线圈，使定时器 T0 的当前值清零。待松开按钮 X0 复位后 T0 线圈就会重新接通，时间从头计算。这样就能确保在最后一次按完按钮后，灯光维持 30s 的照明，满足控制要求。

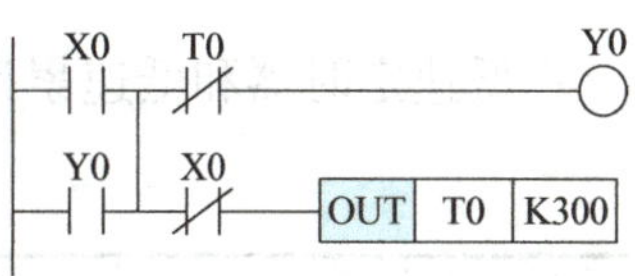

图 2-45　照明灯控制的梯形图

2. 累计定时器（ST）

累计定时器（ST）也称为断电保持型定时器，它用来累计线圈导通状态的时间。累计定时器的工作原理为：累计定时器的输入端由“0”变为“1”导通时，定时器开始计时，当前值开始从 0 增加，直到达到设定值，累计定时器输出触点动作；若定时器输入端从“1”变为“0”断开，与通用定时器不同的是其当前值保持不变，若此时输入端再次为“1”状态，定时器开始定时，定时时间会在当前值的基础上增加。当其增加到设定值后，累计定时器输出触点动作；若对累计定时器的当前值清除及其触点断开，此时通过 RST ST □指令实现。如图 2-46 所示。按下按钮 X0，累计定时器开始定时，当累计定时器达到 20s 后，累计定时器的常开触点闭合，线圈 Y0 得电。若此时，断开 X0，当前值保持不变；按下 X1，RST 指令接通，定时器当前值清零。

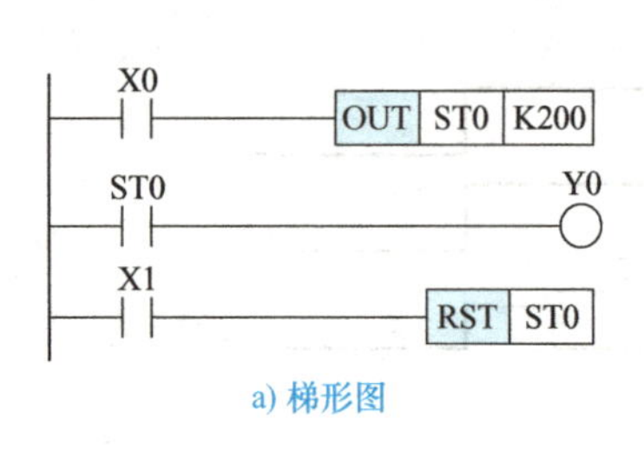

a) 梯形图

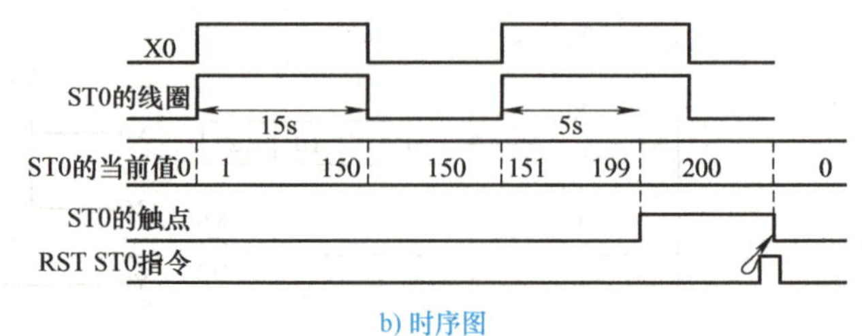

b) 时序图

图 2-46 累计定时器（ST）

小提示

如果想清除累计定时器的当前值和实现定时器触点的断开，需要用 RST 指令来完成。

3. 定时器指令

对于通用定时器（T）和累计定时器（ST），这两种定时器各有 3 种指令符号表示，即低速定时器 / 低速累计定时器输出指令 OUT、普通定时器 / 普通累计定时器输出指令 OUTH、高速定时器 / 高速累计定时器输出指令 OUTHS。低速定时器和低速累计定时器输出格式如图 2-47 所示。

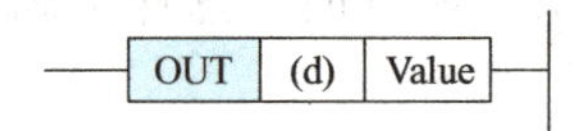

图 2-47 低速定时器和低速累计定时器指令符号

低速定时器和低速累计定时器的具体参数见表 2-18。

表 2-18 低速定时器和低速累计定时器输出的参数

操作数	内容	范围	数据类型	目标元件
低速定时器				
(d)	低速定时器编号	—	低速定时器	T
Value	低速定时器设定值	0 ～ 32767	无符号 BIN16 位	常数 K 或字元件
低速累计定时器				
(d)	低速累计定时器编号	—	低速累计定时器	ST
Value	低速累计定时器设定值	0 ～ 32767	无符号 BIN16 位	常数 K 或字元件

普通定时器和普通累计定时器输出格式如图 2-48 所示。

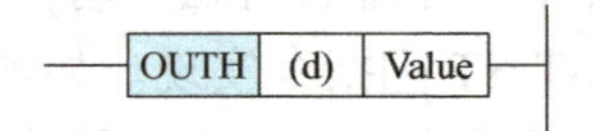

图 2-48 普通定时器和普通累计定时器指令符号

普通定时器和普通累计定时器输出的具体参数见表 2-19。

表 2-19　普通定时器和普通累计定时器输出的参数

操作数	内容	范围	数据类型	目标元件
普通定时器				
(d)	普通定时器编号	—	普通定时器	T
Value	普通定时器设定值	0 ～ 32767	无符号 BIN16 位	常数 K 或字元件
普通累计定时器				
(d)	普通累计定时器编号	—	普通累计定时器	ST
Value	普通累计定时器设定值	0 ～ 32767	无符号 BIN16 位	常数 K 或字元件

高速定时器 / 高速累计定时器输出格式如图 2-49 所示。

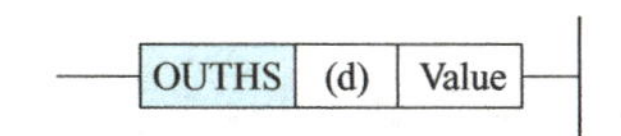

图 2-49　高速定时器和高速累计定时器指令符号

高速定时器 / 高速累计定时器输出的具体参数见表 2-20。

表 2-20　高速定时器和高速累计定时器输出的参数

操作数	内容	范围	数据类型	目标元件
高速定时器				
(d)	高速定时器编号	—	高速定时器	T
Value	高速定时器设定值	0 ～ 32767	无符号 BIN16 位	常数 K 或字元件
高速累计定时器				
(d)	高速累计定时器编号	—	高速累计定时器	ST
Value	高速累计定时器设定值	0 ～ 32767	无符号 BIN16 位	常数 K 或字元件

以上这 3 种低速、普通、高速定时器的指令分别是以 100ms、10ms、1ms 为时间基数。若对于累计定时器 ST0，低速累计定时器线圈（100ms）采用 OUT ST0 指令，累计定时器线圈（100ms）采用 OUTH ST0 指令，高速累计定时器线圈（100ms）采用 OUTHS ST0 指令。这些指令的定时时间可由图 2-50 表示，例如低速累计定时器指令的值为 K10，则其定时时间为 1s。

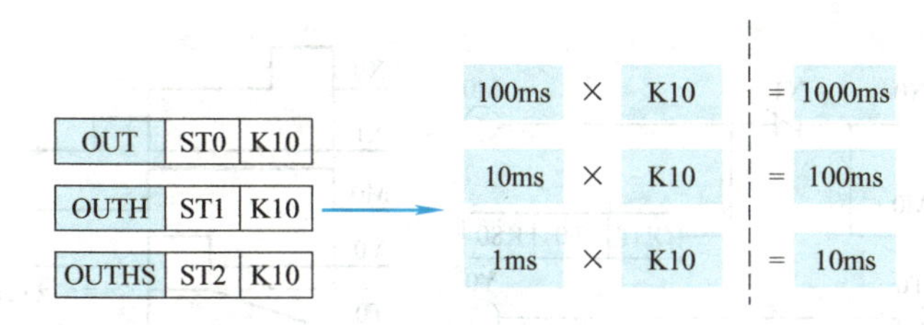

图 2-50　定时器设置时间

定时器设定值的范围为 1 ～ 32767，并且在不同时间基数下定时范围是不一样的，如低速定时器时间基数为100ms，定时范围其定时范围为0.1 ～ 3276.7s（0.1 × 1 ～ 32767 × 0.1s）。定时器输出指令的定时范围见表2-21。

表2-21 定时器输出指令的定时范围

名称	符号	定时范围
低速定时器	OUT T	0.1 ～ 3276.7s
低速累计定时器	OUT ST	
普通定时器	OUTH T	0.01 ～ 327.67s
普通累计定时器	OUTH ST	
高速定时器	OUTHS T	0.001 ～ 32.767s
高速累计定时器	OUTHS ST	

二、定时器的应用

1. 延时断电应用

如图2-51所示为定时器延时断电的案例，按下常开触点X0，线圈Y0得电导通，常开触点Y0自锁，定时器T0未被导通，没有进行计时操作。当松开常开触点X0，定时器T0开始定时，当前值到达设定值6s（100ms × 60=6s）后，定时器常闭触点动作，线圈Y0失电，常开触点Y0断开，同时定时器T0也断开。

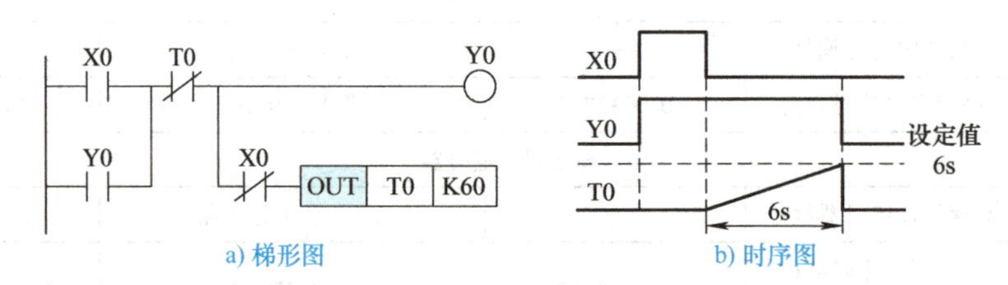

a) 梯形图　b) 时序图

图2-51 延时断电程序

2. 延时通电应用

延时通电的程序如图2-52所示，若按下常开触点X0，辅助继电器M0得电导通，定时器T0得电开始定时，当前值达到设定值8s（100ms × 80=8s）后，定时器T0输出触点动作，线圈Y0导通；若按下常闭触点X1，则辅助继电器M0失电，定时器T0常开触点断开，此时线圈Y0失电断开。

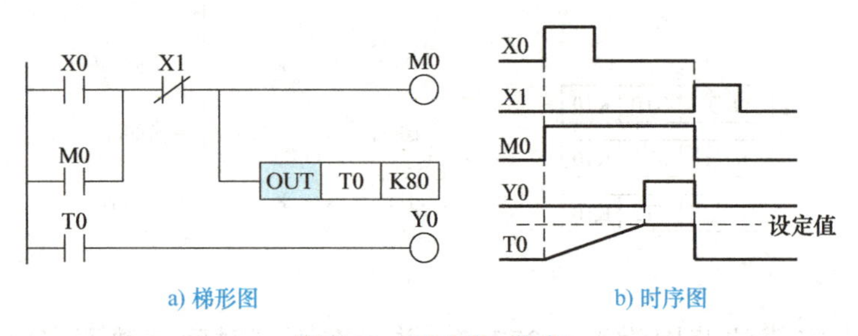

a) 梯形图　b) 时序图

图2-52 延时通电程序

学习笔记

3. 限时控制应用

在实际应用中，通常要求负载的工作时间需小于规定时间。限时控制的程序如图 2-53 所示，按下常开触点 X0，定时器 T0 开始计时同时输出线圈 Y0 得电导通，当定时器 T0 的当前值达到 10s 后，常闭触点 T0 断开，输出线圈 Y0 失电。此程序实现的功能是：线圈的工作时间为 10s 以内。

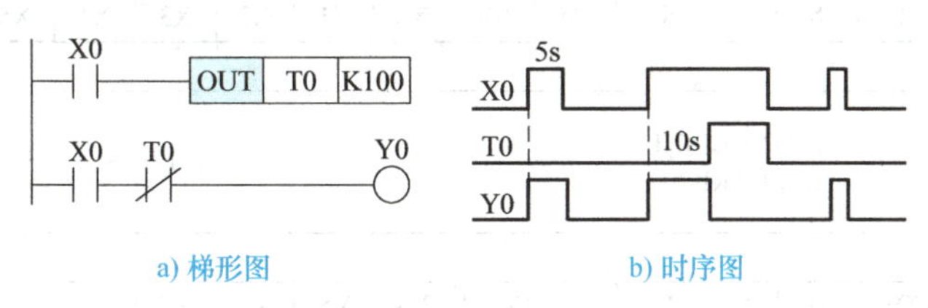

a) 梯形图　　b) 时序图

图 2-53　限时控制程序

1. PLC 的 I/O 地址分配

根据任务分析中确定的输入 / 输出设备，可知控制系统的输入有起动按钮、停止按钮、复位按钮、3 个限位开关以及过载保护，共 7 个输入点。输出有接触器 KM1、接触器 KM2、指示灯 HL1，共 3 个负载。I/O 地址分配见表 2-22。

表 2-22　循环运料小车自动装卸料控制系统的 I/O 地址分配

输入设备			输出设备		
元件名称	符号	输入地址	元件名称	符号	输出地址
起动按钮	SB1	X0	接触器	KM1	Y0
仓库限位开关	SQ1	X1	接触器	KM2	Y1
1 号工位限位开关	SQ2	X2	指示灯	HL1	Y2
2 号工位限位开关	SQ3	X3			
停止按钮	SB2	X4			
过载保护	FR	X5			
复位按钮	SB3	X6			

2. I/O 硬件接线设计

根据任务分析中 PLC 型号选择及 PLC 的 I/O 地址分配表，可得到 PLC 的 I/O 外部接线图，如图 2-54 所示。

学习笔记

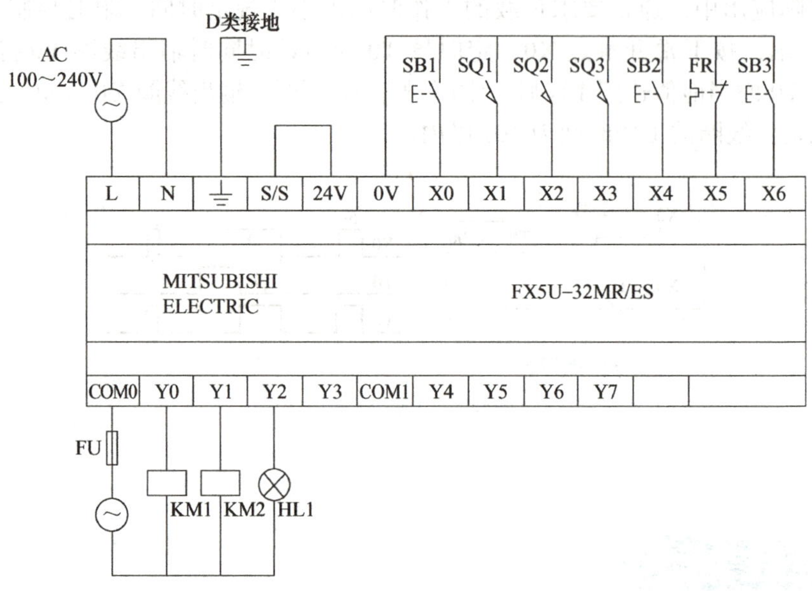

图 2-54　循环运料小车自动装卸料的 I/O 硬件外部接线图

3. PLC 程序编写

根据任务的控制要求，进行程序编写，如图 2-55 所示。

4. 调试仿真

运料小车自动装卸料仿真

利用 GX Works3 编程软件在计算机上输入图 2-55 所示的程序，将调试好的用户程序以及设备组态分别下载到 CPU 中，并连接线路。此时 Y2 以 1Hz 的频率闪烁，按下起动按钮 X0，Y2 一直得电，触碰到限位开关 SQ1（按下 X1），小车进行装料 10s。装料完毕，小车右行（Y0 得电），当触碰到限位开关 SQ2 后（按下 X2），小车卸料 5s。卸料完毕后，小车左行（Y1 得电），再次触碰到限位开关 SQ1 后（按下 X1），小车装料 10s，装料完毕后，小车再次右行（Y0 得电），经过限位开关 SQ2 不停留，继续向前。小车触碰到限位开关 SQ3（按下 X3）后，小车卸料 8s。卸料完毕后，小车左行（Y1 得电）返回到原点处，重复此过程。若按下停止按钮 X4，小车停止前进并且 HL1 熄灭（Y2 失电）；按下复位按钮 X6，小车返回到“仓库”位。若调试现象与控制要求一致，则说明本案例任务功能实现。

5. 硬件接线，联机调试

使用网线将本地计算机与 PLC 连接，接通电源。然后单击工具栏中的下载按钮，将程序下载到 PLC 中，进行联机调试。根据控制要求，按下起动按钮、停止按钮，记录调试过程中出现的问题和解决措施并填写表 2-23。

学习笔记

运料小车自动装卸料仿真

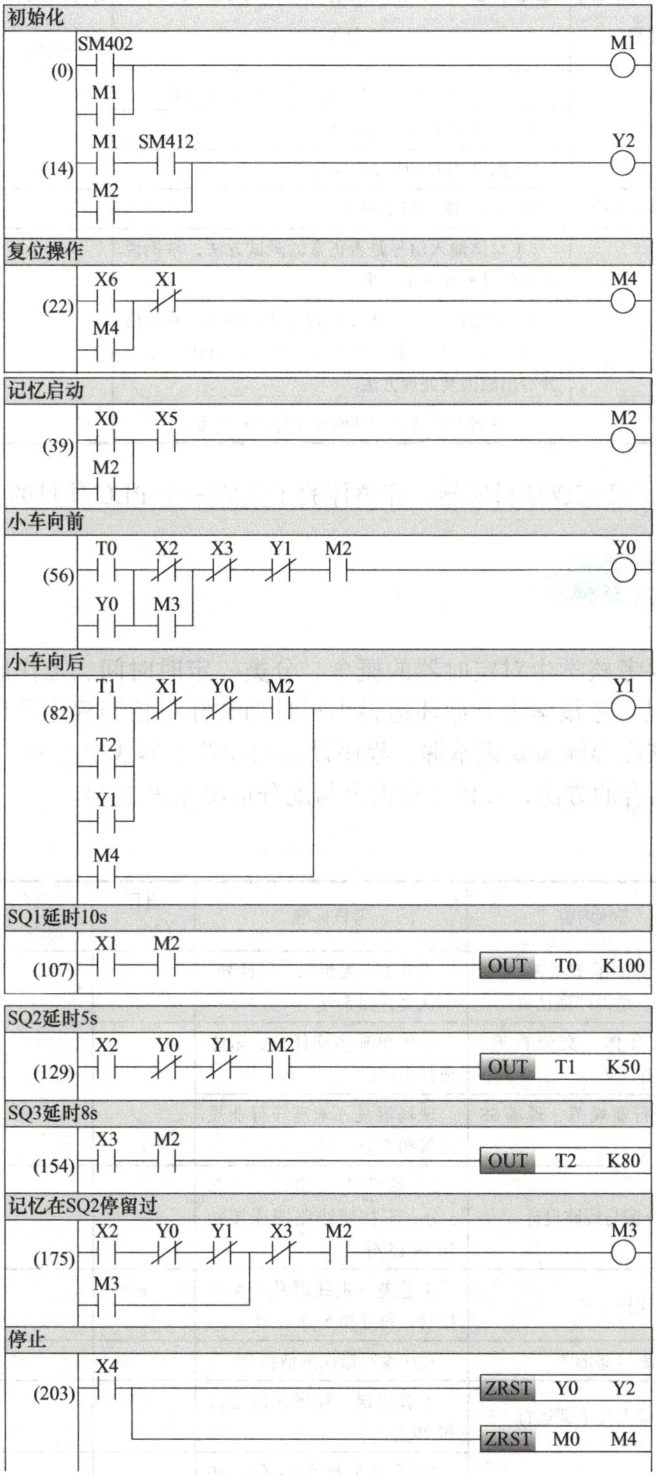

初始化

(0) SM402 M1 M1

(14) M1 SM412 M2 Y2

复位操作

(22) X6 X1 M4 M4

记忆启动

(39) X0 X5 M2 M2

小车向前

(56) T0 X2 X3 Y1 M2 Y0 Y0 M3

小车向后

(82) T1 X1 Y0 M2 Y1 T2 Y1 M4

SQ1延时10s

(107) X1 M2 OUT T0 K100

SQ2延时5s

(129) X2 Y0 Y1 M2 OUT T1 K50

SQ3延时8s

(154) X3 M2 OUT T2 K80

记忆在SQ2停留过

(175) X2 Y0 Y1 X3 M2 M3 M3

停止

(203) X4 ZRST Y0 Y2 ZRST M0 M4

图 2-55　运料小车自动装卸料的程序

表 2-23　实施过程、实施方案或结果、出现异常原因及处理方法记录

序号	实施过程	实施要求	实施方案或结果	异常原因分析及处理方法
1	电路绘制	1）列出 PLC 控制 I/O 端口元件地址分配表		
		2）写出 PLC 类型及相关参数		
		3）画出 PLC I/O 端口接线图		
2	编写程序并下载	编写梯形图和指令程序		
3	运行调试	1）总结输入信号是否正常的测试方法，举例说明操作过程和显示结果		
		2）详细记录每一步操作过程中，输入 / 输出信号状态的变化，并分析是否正确，若出错，分析并写出原因及处理方法		
		3）举例说明某监控画面处于什么运行状态		

恭喜你，已完成项目实施，完整体验了实施一个 PLC 项目的过程。

任务评价

本任务主要考核学生对定时器的概念、分类、定时时间、工作原理以及对程序编写的掌握情况，考核学生对循环运料小车自动装卸料控制程序设计与操作的完成质量。具体考核内容涵盖知识掌握、程序设计和职业素养 3 个方面。考核采取自评、互评和师评相结合的方法，具体考核内容与配分情况见表 2-24。

表 2-24　任务评价

考核项目	考核内容	考核标准	自评（30%）	互评（30%）	师评（40%）	得分
职业素养 20 分	分工是否合理、有无制订计划、是否严谨认真	无分工、无组织、无计划、不认真，扣 5 分				
	团队合作、交流沟通、互相协作	学生单独实施任务、未完成扣 10 分				
	遵守行业规范、现场 6S 标准	现场混乱、未遵守行业规范等扣 5 分				
PLC 控制系统设计 40 分	I/O 分配与线路设计	I/O 线路连接错误 1 处扣 5 分，不按照线路图连接扣 10 ～ 15 分				
	线路连接工艺	工艺差、走线混乱、端子松动，每处扣 5 分				
PLC 程序设计 40 分	正确编写梯形图	程序编写错误酌情扣分				
	程序输入并下载运行	下载错误，程序无法运行扣 20 分				
	安全文明操作	违反安全操作规程，扣 10 ～ 20 分				
合计						

恭喜你，完成了任务评价。

拓展提高

【知识拓展】

定时器除了基本的定时功能外，还有一些典型的应用。学习这些典型程序的原理和作用，熟记其结构组成，可以大大提高定时器应用程序的设计能力。

一、多定时器串级延时扩展电路

定时器在 PLC 内部占用两个字节，所以其设置范围最大为 32767，按照 100ms 的时间基数计算，定时器最长的定时时间为 3276.7s，定时时间不到 1h。但是在实际应用中，延时时间要求高于最长定时时间。因此就需要定时器串级延时扩展电路来实现，即用两个或者多个定时器串联定时。

若想实现 1h 的定时操作，可由图 2-56 进行表示，按下 X0，定时器 T0 开始定时，当达到 600s 后，T0 常开触点开始接通，定时器 T1 开始定时。待 3000s 后 T1 常开触点闭合，Y0 线圈导通。从 X0 常开触点闭合导通后到 Y0 线圈导通，此时间共经过了 3600s（1h）的延时操作。

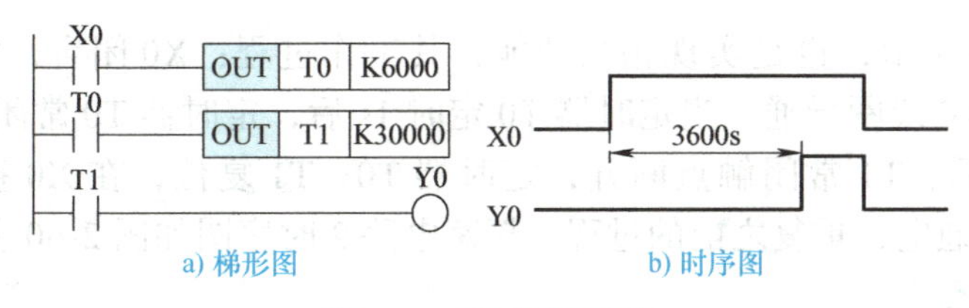

图 2-56　延时扩展电路

二、定时器振荡电路

振荡电路又称闪烁电路，闪烁电路实际上是时钟电路，它可以是等间断的通断，也可以是不等间断的通断，它可以产生特定的通断时序脉冲，此脉冲应用在脉冲信号源或闪光报警电路中。图 2-57 a 为定时器组成的振荡电路 1，实现灭 1s 亮 1s 的功能，其工作过程：X0 常开触点闭合，定时器 T0 开始定时，1s 后 T0 常开触点闭合，定时器 T1 开始定时且 Y0 线圈导通；当定时器 T1 定时时间达到 1s 后，T1 常闭触点断开，定时器 T0 断开，Y0 线圈失电。在随后的下一个扫描周期里，X0 常开触点闭合，重复之前的变化。

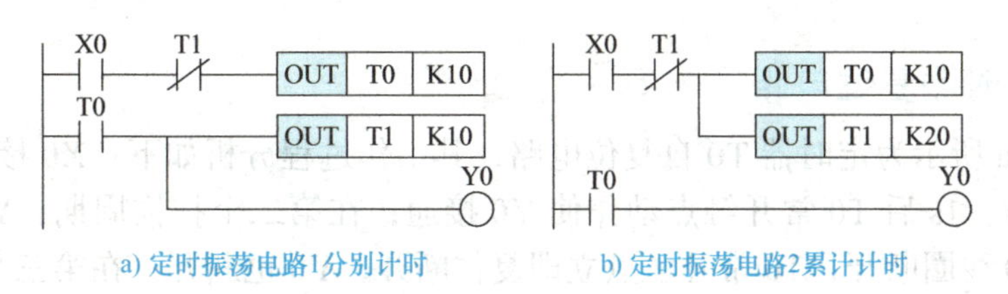

图 2-57　定时器组成的振荡电路 1

如图 2-57b 所示，也是实现相同功能，其工作过程：当 X0 常开触点接通，定时器 T0 和 T1 开始定时，当定时器 T0 的定时时间达到 1s 后，T0 常开触点闭合，Y0 线圈导通；当定时器 T1 的时间达到 2s 后，T1 常闭触点闭合，定时器 T0 和 T1 复位，Y0 线圈失电。在 X0 接通的前提下，定时器 T0 和 T1 再次定时并重复之前的过程。振荡电路 1 的时序图如图 2-58 所示。

图 2-59a 为定时器组成的振荡电路 2，实现亮 1s 灭 1s 功能，其工作过程：当 X0 接通，Y0 线圈得电同时定时器 T0 开始定时。1s 后，T0 常开触点闭合，T1 定时器开始定时，Y0 线圈失电。1s 后，T1 常闭触点断开，定时器 T0、T1 复位。在 X0 接通的前提下，Y0 线圈再次得电，依次重复下去。

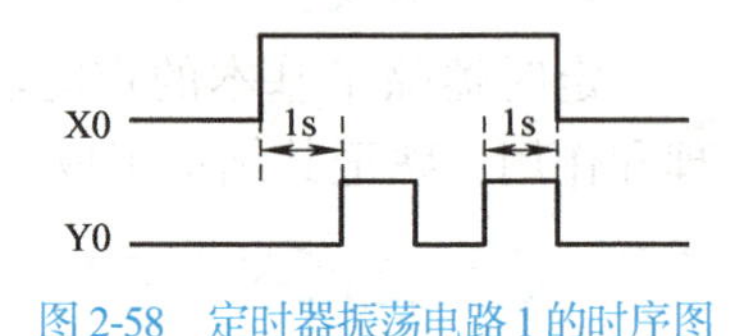

图 2-58　定时器振荡电路 1 的时序图

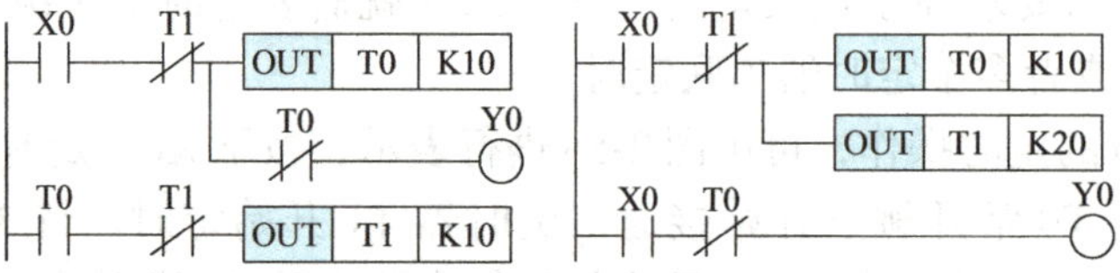

a) 定时振荡电路2分别计时

b) 定时振荡电路2累计计时

图 2-59　定时器组成的振荡电路 2

如图 2-59b 所示，也是实现相同功能，其工作过程：X0 闭合，定时器 T0、T1 开始定时同时 Y0 线圈导通，当定时器 T0 定时 1s 后，定时器 T0 常闭触点闭合，Y0 线圈失电；2s 后，T1 常闭触点断开，定时器 T0、T1 复位，在 X0 接通的前提下，定时器 T1 重新通电，重复之前的过程。振荡电路 2 时序图如图 2-60 所示。

【应用举例】

如图 2-61 所示，按下按钮 SB1，灯 HL1 以发光 1s、熄灭 1s 的频率不停闪烁，按下按钮 SB2，灯 HL1 闪烁停止。其中 X0 为按钮 SB1，X1 为按钮 SB2，Y0 为灯 HL1。

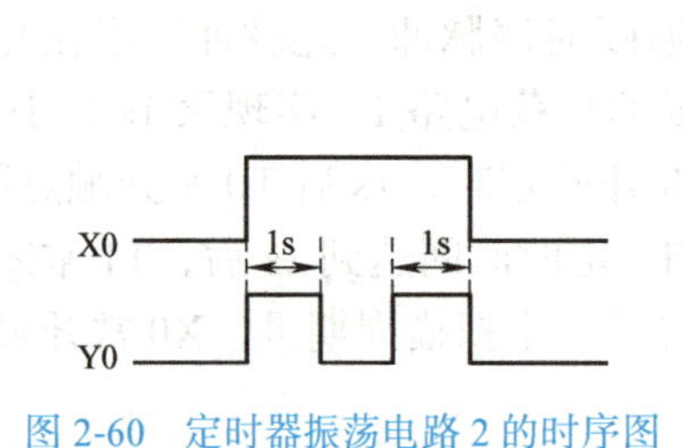

图 2-60　定时器振荡电路 2 的时序图

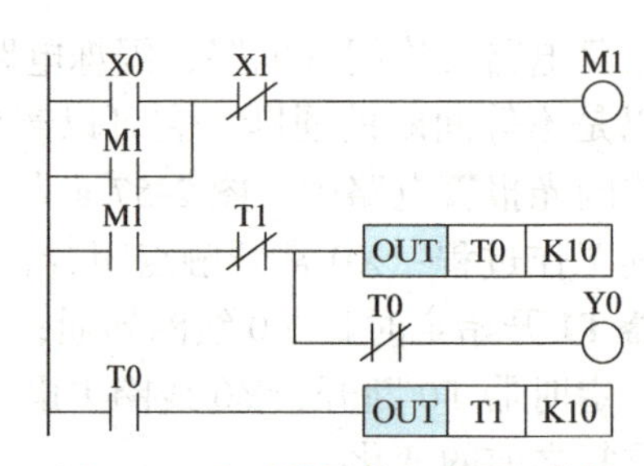

图 2-61　定时器振荡电路应用举例

三、定时器复位电路

图 2-62a 所示为定时器 T0 自复位电路，其工作过程分析如下：X0 接通，定时器 T0 开始定时，1s 后 T0 常开触点动作使 Y0 接通；在第二个扫描周期，Y0 的常闭触点动作使 T0 线圈断开，T0 常开触点立即复位断开，Y0 也断开；在第三个扫描周期，Y0 常闭触点复位使 T0 线圈重新开始定时，重复前面的过程，其时序图如图 2-62b

学习笔记

所示。

在图 2-62 a 中，T0 线圈的复位是依靠自身 T0 的常开触点来实现的，因此称为定时器自复位电路。定时器的自复位电路用于循环定时。

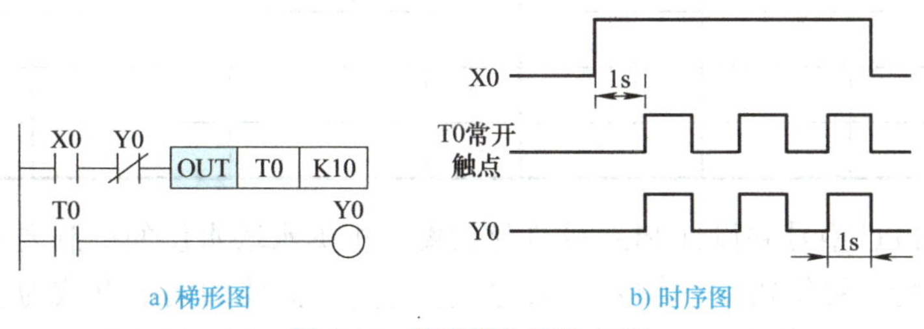

图 2-62　定时器自复位电路

思考

定时器自复位时，可否用 T0 来实现？

【任务拓展】

1. 任务描述

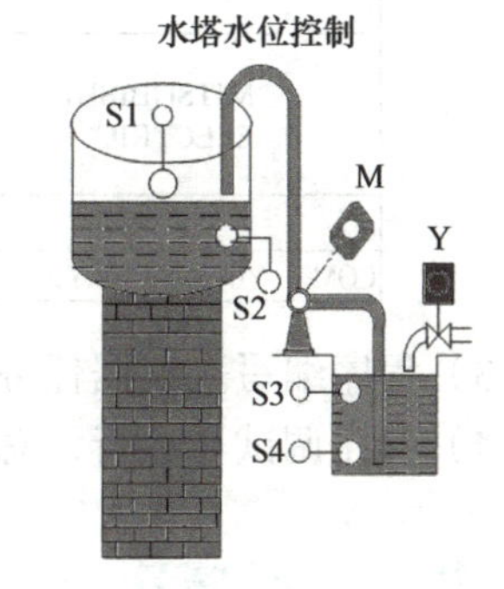

图 2-63　水塔水位控制系统示意图

图 2-63 所示为水塔水位控制系统示意图，S1 表示水塔水位上限，S2 表示水塔水位下限，S3 表示水池水位上限，S4 表示水池水位下限，M 为抽水电动机，Y 为水阀，两者均用发光二极管模拟。

控制要求：当水池水位低于水池低水位界（S4 为 ON），阀 Y 打开进水（Y 为 ON）。定时器开始定时，达到 4s 后，此时若 S4 还处于导通状态，则阀 Y 的指示灯以 1s 的周期闪烁表示阀 Y 没有进水，出现故障。S3 为 ON 后，阀 Y 关闭（Y 为 OFF）。当 S4 为 OFF 时，且水塔水位低于水塔低水位界时（S2 为 ON），电动机 M 运转抽水。当水塔水位高于水塔高水位界时（S1 为 ON），电动机 M 停止。

水塔水位控制系统仿真

2. 任务分析

1）通过对水塔水位控制要求的分析，请同学们画出此系统的工作流程图。

2）分析本任务的 I/O 设备，完成表 2-25 输入 / 输出设备的填写。

表 2-25　水塔水位控制系统的 I/O 设备

输入设备			输出设备		
序号	元件名称	符号	序号	元件名称	符号
1			1		
2			2		
…			…		

3. 任务实施

1）PLC 的 I/O 地址分配见表 2-26。

学习笔记

表 2-26 水塔水位控制系统的 I/O 地址分配

输入设备				输出设备			
序号	元件名称	符号	输入地址	序号	元件名称	符号	输出地址
1				1			
2				2			
…				…			

2）选择 PLC 型号并设计 PLC 硬件接线图。根据水塔水位的控制要求，通过以上的 I/O 地址分配，可知需要的输入点数为________，需要的输出点数为________，总点数为________，考虑给予一定的输入 / 输出点余量，选用型号为________的 PLC。

根据选择的 PLC 型号，参照分配的 I/O 地址，请同学们完成 PLC 硬件接线图的设计。

L	N	⏚	S/S	24V	0V	X0	X1	X2	X3	X4	X5			
MITSUBISHI ELECTRIC								FX5U-______/______						
COM0	Y0	Y1	Y2	Y3	COM1	Y4	Y5	Y6	Y7					

3）程序编写。根据任务控制要求编写对应的梯形图。

4）程序调试与运行，总结调试中遇见的问题及解决方法。

任务三　循环运料小车自动装卸料次数设定系统的编程与实现

1. 初始状态：运料小车处于原点“仓库”处，运行指示灯 HL1 以 1Hz 的频率闪烁并且代表系统可正常起动。

2. 限位开关状态：SQ1、SQ2、SQ3 分别为“仓库”“1 号工位”“2 号工位”的检测位置开关，这些位置开关状态均为 OFF。当小车抵达相应位置后，相应位置开关闭合。

3. 装卸模式设定：按下模式 1 按钮 SB3 或模式 2 按钮 SB4，运料小车单次工作流程自动循环 3 次或 5 次后，系统自动停止运行，指示灯熄灭。

4. 运料小车单次工作流程：按下起动按钮 SB1 后，运行指示灯 HL1 常亮。小车在“仓库”位置装料 10s 后小车开始送料至“1 号工位”。此时触碰限位开关 SQ2，小车卸料 5s，然后空车返回到“仓库”位置后触碰限位开关 SQ1，小车停留装料 10s。在“仓库”位置装料完毕后，小车送料至“2 号工位”，经过限位开关 SQ2 不停留，继续向前，当到达“2 号工位”位置，小车触碰限位开关 SQ3 并卸料 8s，然后空车返回到“仓库”位停止。

5. 停止状态：无论何时按下停止按钮 SB2，系统停止运行。

任务目标

1. 掌握计数器指令的格式与编程方法。

2. 掌握计数器与定时器的配合应用。

3. 能够在 GX Works3 软件中编写循环运料小车自动装卸料次数设定系统程序并进行调试运行。

4. 通过计数器指令的学习，让学生明白当下每一步的努力，就如每次计数信号的输入，只有坚持不懈，不断进取，才能达到设定的目标。

任务分析

1. 工艺流程的分析

将循环运料小车自动装卸料次数设定系统的工作过程进行工艺分解，相较任务二，增加了循环次数设定的步骤，如图 2-64 所示。

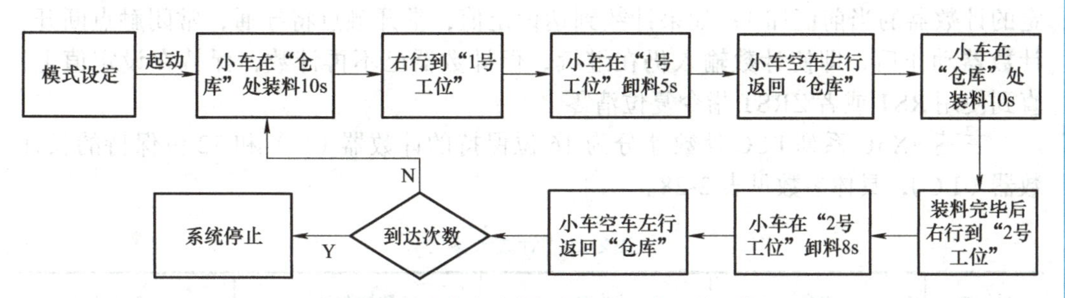

图 2-64　循环运料小车自动装卸料次数设定系统工作流程图

2. I/O 设备的确定

请同学们分析本任务的输入 / 输出设备，完成表 2-27 的填写。

表 2-27　循环运料小车自动装卸料次数设定系统的 I/O 设备

输入设备			输出设备		
序号	元件名称	功能描述	序号	元件名称	功能描述
1			1		
2			2		
3			3		
…			…		

学习笔记

3. PLC 型号的选择

根据循环运料小车自动装卸料次数设定系统的控制要求，通过 I/O 设备的确定，可知需要的输入点数为________，需要的输出点数为________，总点数为________，根据电源类型、I/O 点数和成本最低原则，考虑便于今后调整和扩充，加上 10% ～ 15% 的备用量，根据用户手册，确定 PLC 选用型号为________。

恭喜你，完成了任务分析，明确了被控对象、输入 / 输出设备、PLC 型号的选择以及循环运料小车自动装卸料次数设定系统的工作流程，接下来进入知识链接环节。

知识链接

一、计数器

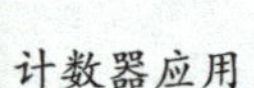

计数器是在程序中对满足输入条件的上升沿次数进行计数的软元件，其输入条件的通断时间应该大于 PLC 扫描周期。计数器的基本参数有设定值、当前值等。

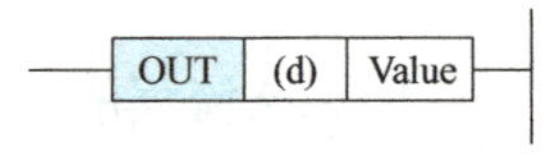

图 2-65　计数器指令格式

指令格式如图 2-65 所示，其中 d 为计数器编号，Value 为计数器设定值。OUT 指令之前的运算结果由“OFF → ON”变化时，将（d）中指定的计数器的当前值加 1；如果计数到达设定值，常开触点将导通，常闭触点断开；计数器动作后，即使计数输入仍在继续，但计数器已不再计数，保持在设定值上，直到使用 RST 或者 ZRST 指令复位清零。

三菱 FX5U 系列 PLC 计数器分为 16 位保持的计数器（C）和 32 位保持的长计数器（LC），具体参数见表 2-28。

表 2-28　计数器参数

操作数	内容	范围	数据类型	目标元件
16 位计数器				
(d)	计数器编号	—	计数器	C
Value	计数器设定值	0 ～ 65535	无符号 BIN16 位	常数 K 或字元件
32 位计数器				
(d)	长计数器编号	—	长计数器	LC
Value	计数器设定值	0 ～ 4294967295	无符号 BIN32 位	常数 K 或字元件

锁存地址的计数器被称为停电保持型计数器，即在电源断电后仍可以保持其状态信息，重新送电后按照断电时的状态恢复工作。

计数器（C）的编号范围系统默认为 0 ～ 255，锁存地址为 100 ～ 199；长计数器（LC）的编号范围系统默认为 0 ～ 63，锁存地址为 20 ～ 63，如图 2-66 所示。

项目	符号	软元件		锁存(1)	锁存(2)
		点数	范围		
输入	X	1024	0 ~ 1777		
输出	Y	1024	0 ~ 1777		
内部继电器	M	7680	0 ~ 7679	500 ~ 7679	无设置
链接继电器	B	256	0 ~ FF	无设置	无设置
链接特殊继电器	SB	512	0 ~ 1FF		
报警器	F	128	0 ~ 127	无设置	无设置
步进继电器	S	4096	0 ~ 4095	500 ~ 4095	
定时器	T	512	0 ~ 511	无设置	无设置
累积定时器	ST	16	0 ~ 15	0 ~ 15	无设置
计数器	C	256	0 ~ 255	100 ~ 199	无设置
长计数器	LC	64	0 ~ 63	20 ~ 63	无设置
数据寄存器	D	8000	0 ~ 7999	200 ~ 7999	无设置
锁存继电器	L	7680	0 ~ 7679		
区域容量		12.0K 字			11.0K 字
软元件合计		11.2K 字			9.6K 字
字软元件合计		10.2K 字			8.1K 字
位软元件合计		15.9K 位			25.1K 位

图 2-66　计数器范围设置

下面举例说明 16 位计数器的应用。

【应用举例】

要求：按钮 X0 通断 4 次后，指示灯 Y0 点亮，按下按钮 X1 后，指示灯 Y0 熄灭。

小提示

通过 GX Works3 软件可以对计数器编号和锁存计数器的地址进行自行设定。

如图 2-67 所示，X0 为计数信号，每当 X0 接通一次，即由 OFF 变为 ON 状态时，计数器 C0 当前值加 1；当计数器的当前值等于设定值 K4 时，计数器动作，常开触点 C0 闭合，Y0 接通；当复位信号 X1 接通时，执行 RST 指令，计数器复位，当前值为 0，其常开触点 C0 变为断开，Y0 为 OFF。对应时序图如图 2-68 所示。

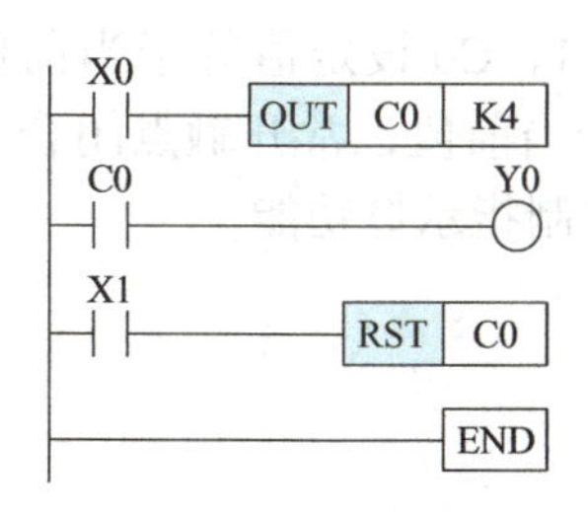

图 2-67　计数器梯形图

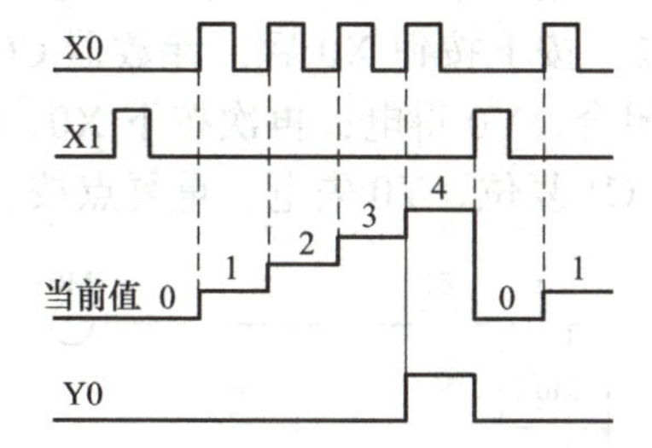

图 2-68　计数程序时序图

若计数值超过 65535，则采用 32 位保持的长计数器（LC）。例如要求计数达到 70000，计数器动作，指示灯 Y0 点亮，如图 2-69 所示。

二、计数器的应用

1. 定时器与计数器组合延时程序

定时器与计数器组合的延时程序如图 2-70 所示，按下按钮 X0 后，延时程序启动，当 T0 的延时时间达到 60s 后，其常开触点闭合，计数器 C0 计数 1 次，T0 常闭触点断开自行复位重新计时，当计数器 C0 的当前值达到 60 时，常开触点闭合使 Y0

学习笔记

“独木难成林，孤林难为森”，1+1 在自然情况下是等于 2 的，但是我们通过互相协作，可以取得更大的价值。

讨论：生活中有哪些 1+1>2 的例子？

学习笔记

点亮，即共延时 60×60s=3600s 后，Y0 得电。按下 X1 断开自锁回路，辅助继电器 M0 失电，计数器 C0 复位。

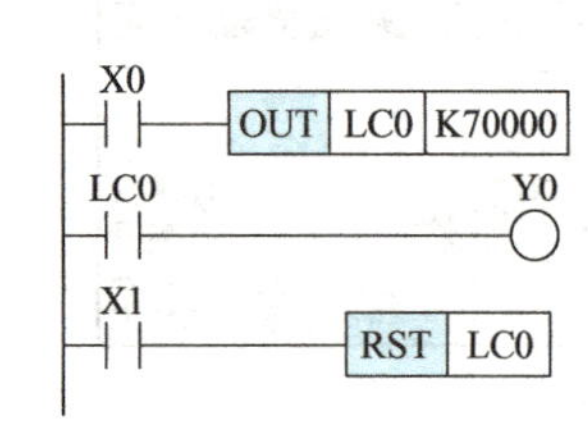

图 2-69 长计数器梯形图

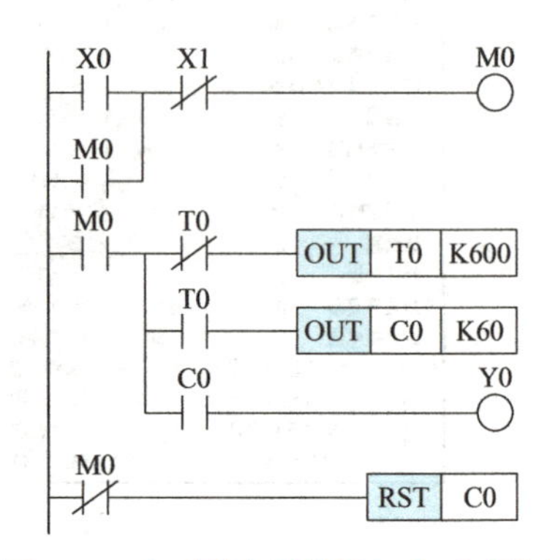

图 2-70 定时器与计数器组合延时程序

在工业生产中（如食品烘干）可能需要长达几十个小时的长定时应用，同学们举例说明在生活场景中遇到的长定时情况。

2. 计数器与计数器组合延时程序

计数器与计数器组合延时程序如图 2-71 所示，按下按钮 X0 后，延时程序启动，计数器 C0 对 PLC 的 1s 时钟脉冲特殊辅助继电器 SM412 进行计数，每隔 1s 计数器 C0 的当前值加 1。当计数器 C0 的当前值等于设定值 60 时，常开触点闭合使计数器 C1 的当前值加 1，同时复位自身重新计数；当计数器 C1 的当前值等于设定值 60 时，即 60min 后，C1 常开触点闭合使 Y0 点亮。按下 X1 断开自锁回路，辅助继电器 M0 失电，计数器 C0 和 C1 复位。

3. 单按钮控制指示灯程序

单按钮控制指示灯程序如图 2-72 所示，计数器 C0 设定值为 1，计数器 C1 设定值为 2，按下按钮 X0 后，计数器 C0 和 C1 同时加 1，C0 设定值等于当前值，常开触点闭合，Y0 得电；再次按下 X0，C1 设定值等于当前值，常开触点闭合，计数器 C0 和 C1 复位，Y0 失电。重复点按，实现单按钮控制指示灯功能。

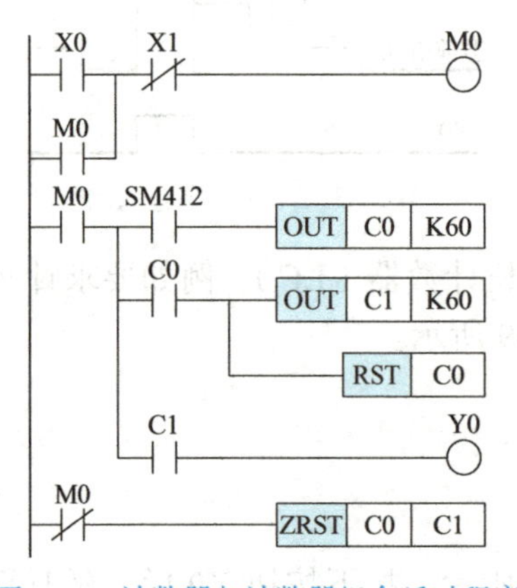

图 2-71 计数器与计数器组合延时程序

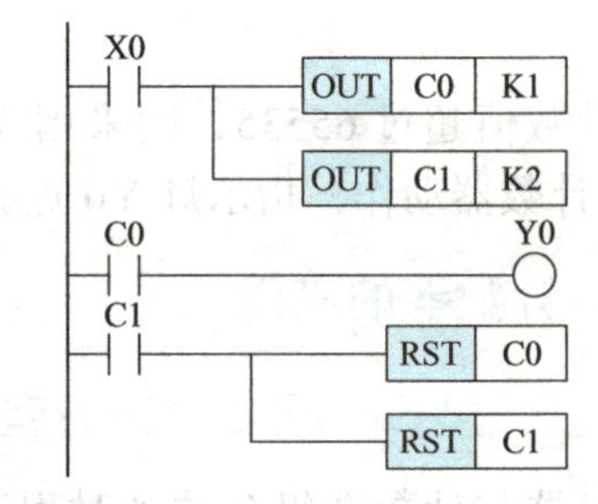

图 2-72 单按钮控制指示灯程序

恭喜你，完成了计数器指令等相关知识的学习，并且初步学会计数器的基本应用，接下来，进入任务实施阶段。

任务实施

1. PLC 的 I/O 地址分配

根据任务分析中确定的输入 / 输出设备可知，控制系统的输入有起动按钮、停止按钮、3 个限位开关、过载保护、模式 1 按钮、模式 2 按钮，共 8 个输入点。输出有接触器 KM1、接触器 KM2、指示灯 HL1，共 3 个负载。I/O 地址分配见表 2-29。

表 2-29　循环运料小车自动装卸料次数设定系统的 I/O 地址分配

输入设备			输出设备		
元件名称	符号	输入地址	元件名称	符号	输出地址
起动按钮	SB1	X0	接触器	KM1	Y0
仓库限位开关	SQ1	X1	接触器	KM2	Y1
1 号工位限位开关	SQ2	X2	指示灯	HL1	Y2
2 号工位限位开关	SQ3	X3			
停止按钮	SB2	X4			
过载保护	FR	X5			
模式 1 按钮	SB3	X6			
模式 2 按钮	SB4	X7			

2. I/O 硬件接线设计

根据任务分析中 PLC 型号选择及 PLC 的 I/O 地址分配表，可得到 PLC I/O 外部接线图，如图 2-73 所示。

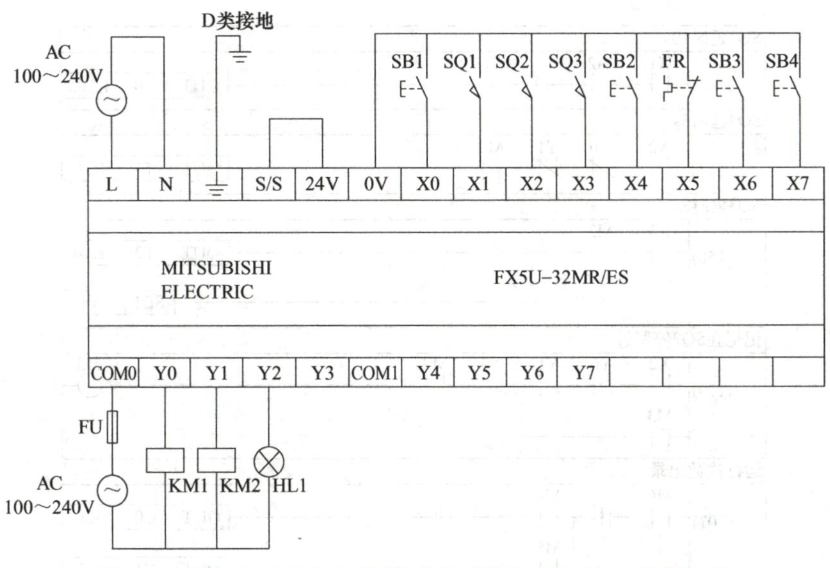

图 2-73　循环运料小车自动装卸料次数设定系统的 I/O 外部接线

3. PLC 程序编写

循环运料小车自动装卸料次数设定系统梯形图如图 2-74 所示。

学习笔记

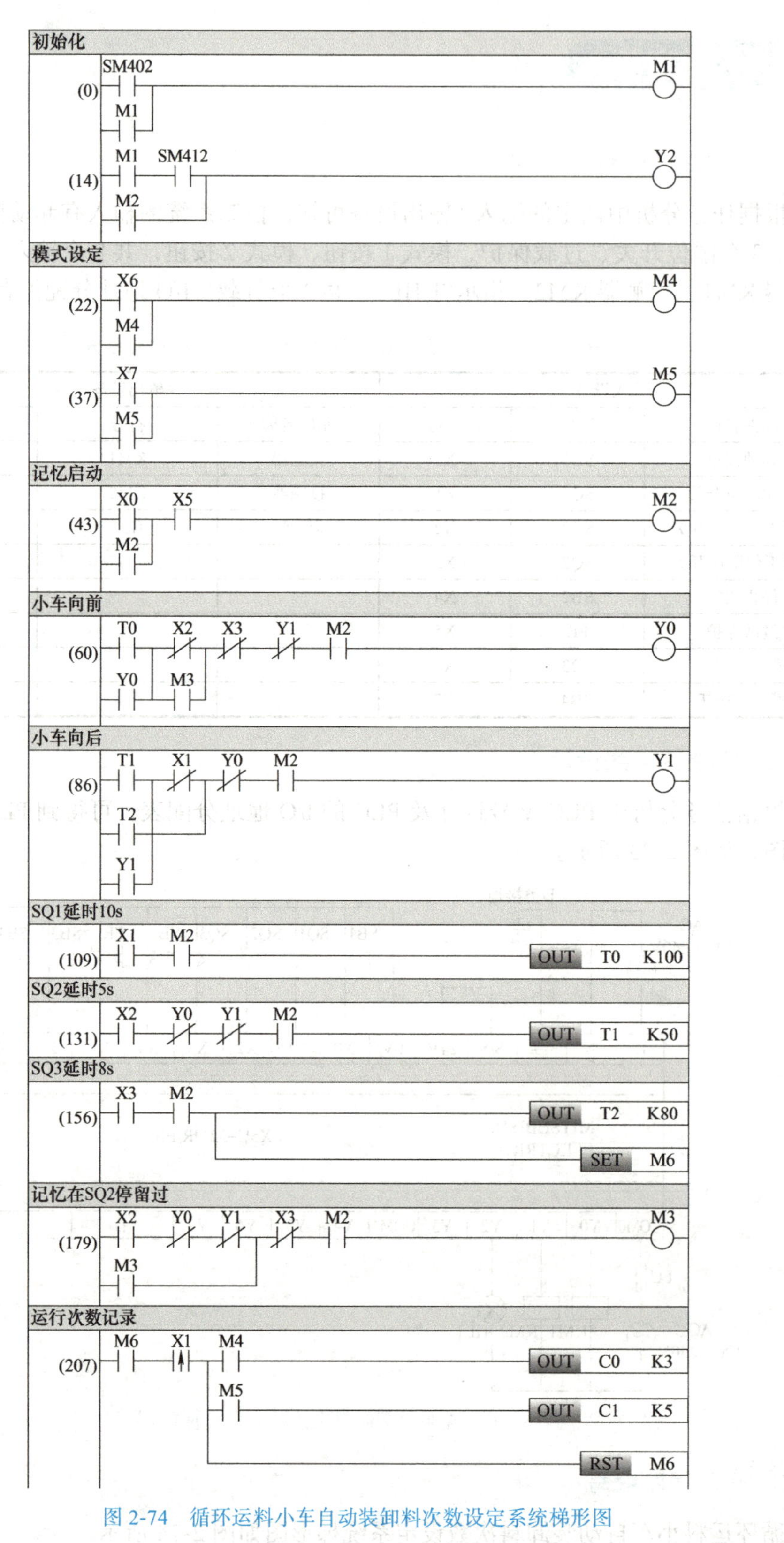

图 2-74 循环运料小车自动装卸料次数设定系统梯形图

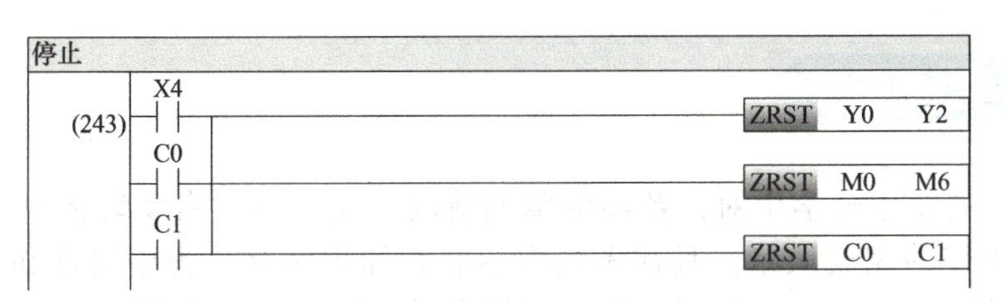

图 2-74　循环运料小车自动装卸料次数设定系统梯形图（续）

4. 调试仿真

利用 GX Works3 编程软件在计算机上输入图 2-74 所示的程序，将调试好的用户程序以及设备组态分别下载到 CPU 中，并连接线路。此时 Y2 以 1Hz 的频率闪烁，首先按下 X6 或 X7 设定模式，然后按下起动按钮 X0，Y2 一直得电，触碰到限位开关 SQ1（按下 X1），小车进行装料 10s。装料完毕，小车右行（Y0 得电），当触碰到限位开关 SQ2 后（按下 X2），小车卸料 5s。卸料完毕后，小车左行（Y1 得电），再次触碰到限位开关 SQ1 后（按下 X1），小车装料 10s，装料完毕后，小车再次右行（Y0 得电），经过限位开关 SQ2 不停留，继续向前。当小车触碰到限位开关 SQ3（按下 X3），小车卸料 8s。卸料完毕后，小车左行（Y1 得电）返回到原点处，重复此过程，当达到设定次数时系统停止运行。在任意时刻，按下停止按钮 X4，系统停止运行。若调试现象与控制要求一致，则说明本案例任务功能实现。

自动装卸料次数设定程序模拟仿真

5. 硬件接线，联机调试

本地计算机与 PLC 使用网线进行连接，接通电源。然后单击工具栏中的下载按钮，将程序下载到 PLC 中，进行联机调试。根据控制要求，按下起动按钮、停止按钮，记录调试过程中出现的问题和解决措施并填写表 2-30。

表 2-30　实施过程、实施方案或结果、出现异常原因及处理方法记录

序号	实施过程	实施要求	实施方案或结果	异常原因分析及处理方法
1	电路绘制	1）列出 PLC 控制 I/O 端口元件地址分配表		
		2）写出 PLC 类型及相关参数		
		3）画出 PLC I/O 端口接线图		
2	编写程序并下载	1）编写梯形图		
		2）下载到 PLC 中		
3	运行调试	1）总结输入信号是否正常的测试方法，举例说明操作过程和显示结果		
		2）详细记录每一步操作过程中，输入 / 输出信号状态的变化，并分析是否正确，若出错，分析并写出原因及处理方法		
		3）举例说明某监控画面处于什么运行状态		

恭喜你，已完成项目实施。

学习笔记

任务评价

本任务主要考核学生对计数器的掌握情况以及学生对自动装卸料次数设定程序设计与操作的完成质量。具体考核内容涵盖知识掌握、程序设计和职业素养3个方面。考核采取自评、互评和师评相结合的方法，具体考核内容与配分情况见表2-31。

表2-31 任务评价

考核项目	考核内容	考核标准	自评（30%）	互评（30%）	师评（40%）	得分
职业素养 20分	分工是否合理、有无制订计划、是否严谨认真	无分工、无组织、无计划、不认真，扣5分				
	团队合作、交流沟通、互相协作	学生单独实施任务、未完成，扣10分				
	遵守行业规范、现场6S标准	现场混乱、未遵守行业规范等，扣5分				
PLC控制系统设计 40分	I/O分配与线路设计	I/O线路连接错误1处，扣5分，不按照线路图连接，扣10～15分				
	线路连接工艺	工艺差、走线混乱、端子松动，每处扣5分				
PLC程序设计 40分	正确编写梯形图	程序编写错误酌情扣分				
	程序输入并下载运行	下载错误，程序无法运行，扣20分				
	安全文明操作	违反安全操作规程，扣10～20分				
合计						

恭喜你，完成了任务评价。通过循环运料小车自动装卸料次数设定系统任务，学会了定时器和计数器指令的综合应用。

拓展提高

【知识拓展】

在编程时经常会遇到许多线圈受同一触点或同一组触点控制的情况，若每个线圈都串上同样的触点会占用很多的存储单元，可以采用主控指令（MC、MCR）解决这个问题。MC为主控指令的开始，用于公共串联触点的连接；MCR为主控复位指令，表示主控区的结束。主控指令的格式如图2-75所示。

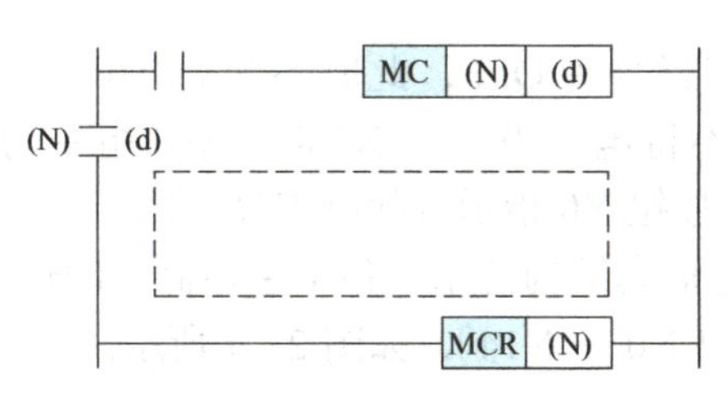

图 2-75　主控指令格式

主控指令参数的设置见表 2-32。

表 2-32　主控指令参数的设置

操作数	内容	范围
(N)	嵌套	0 ～ 14
(d)	置为 ON 的软元件编号	

当 MC 的执行指令为 ON 时，MC 到 MCR 指令之间的运算结果为指令（回路）的执行结果；当 MC 的执行指令为 OFF 时，MC 到 MCR 指令之间的运算结果见表 2-33。

表 2-33　主控区域的各软元件状态

软元件	软元件状态
定时器	计数值变为 0，线圈、触点均变为 OFF
计数器、累积定时器	线圈变为 OFF，但计数值、触点均保持当前的状态
OUT 指令中的软元件	强制置为 OFF
SET 指令、RST 指令中的软元件	保持当前的状态
基本指令、应用指令中的软元件	

【应用举例】

要求：按下 X0 起动，Y0 控制指示灯亮 3s、灭 2s，如此循环 3 个周期，然后自动停止，运行过程中按下 X1 指示灯全部熄灭，程序如图 2-76 所示。

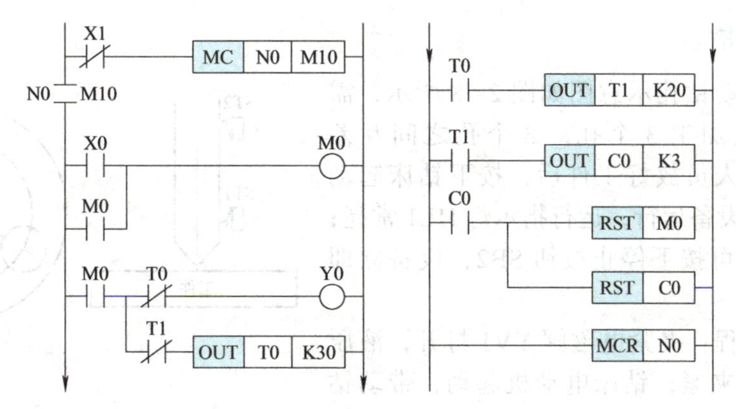

图 2-76　指示灯间歇点亮程序

学习笔记

当按下X1时，主控指令为OFF，此时不执行MC到MCR之间的指令，按下X0触点接通，Y0线圈不得电；当松开X1时，MC指令为ON，执行MC到MCR之间的指令，即按下X0按钮Y0指示灯间歇点亮。

主控指令还可以通过嵌套结构使用。各个主控制区间通过嵌套（N）进行区分嵌套，最多可以嵌套15个（N0～N14），如图2-77所示。

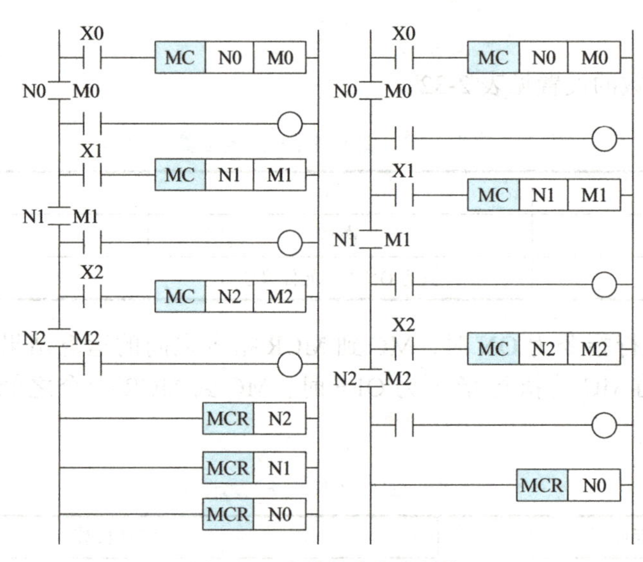

图2-77 主控指令嵌套结构

点拨

1）进行嵌套的情况下，MC指令中从嵌套（N）的小编号开始使用，而MCR指令是从大编号开始使用。如果将顺序颠倒，则不成为嵌套结构，CPU模块无法正常运算。

2）MCR指令为集中于1个位置的嵌套结构时，通过最小的一个嵌套（N）编号，可以结束所有的主控制。

【任务拓展】

1. 任务描述

讨论：你都知道哪些国产机床厂家？

钻床自动钻孔示意图如图2-78所示，需要在工件上加工3个孔，3个孔之间互差120°。操作人员放好工件后，按下钻床起动按钮SB1，设备运行，运行指示灯HL1常亮；在任意时刻可按下停止按钮SB2，设备立即停止。

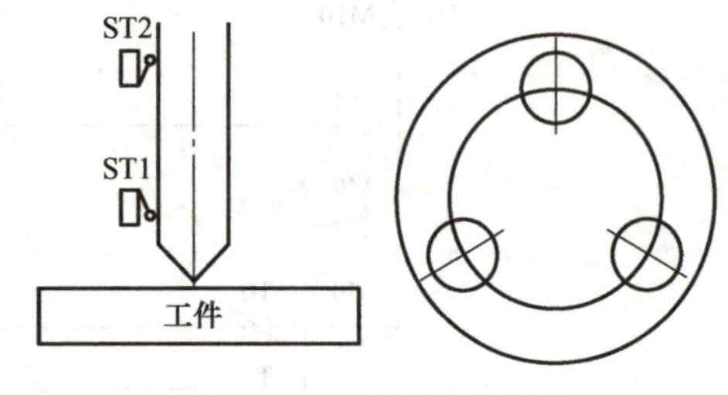

图2-78 自动钻床示意图

钻孔过程：夹紧电磁阀YV1打开，液压系统将工件夹紧；钻床电动机起动，带动钻头旋转；同时进给电磁阀YV2打开，钻臂下降开始钻孔，当钻头触碰到行程开关

ST1 时，代表钻孔到位。钻孔到位后，钻头上行电磁阀 YV3 打开，钻头上行至原点处 ST2，完成第一个孔的加工。转盘电动机带动工作台（每隔 120° 有一挡块）旋转 120°，触碰到行程开关 ST3 到达第二个孔的位置，进行再次钻孔。如此循环完成 3 个钻孔。

2. 任务分析

1）请同学们画出钻床自动钻孔的工作流程图。

2）分析本任务的 I/O 设备，完成表 2-34 输入 / 输出设备的填写。

表 2-34　自动钻床系统的 I/O 设备

输入设备				输出设备			
序号	元件名称	符号	输入地址	序号	元件名称	符号	输出地址
1				1			
2				2			
3				3			
…				…			

3. 任务实施

1）PLC 的 I/O 地址分配见表 2-35。

表 2-35　自动钻床系统的 I/O 地址分配

输入设备				输出设备			
序号	元件名称	符号	输入地址	序号	元件名称	符号	输出地址
1				1			
2				2			
3				3			
…				…			

2）选择 PLC 型号并设计 PLC 硬件接线图。根据自动钻床装置的控制要求，通过以上的 I/O 地址分配，可知需要的输入点数为________，需要的输出点数为________，总点数为________，考虑给予一定的输入 / 输出点余量，选用型号为________的 PLC。

根据选择的 PLC 型号，参照分配的 I/O 地址，请同学们完成 PLC 硬件接线图的设计。

L	N	⏚	S/S	24V	0V	X0	X1	X2	X3	X4	X5			
MITSUBISHI ELECTRIC									FX5U-____/____					
COM0	Y0	Y1	Y2	Y3	COM1	Y4	Y5	Y6	Y7					

学习笔记

自动钻床程序模拟仿真

3）程序编写。根据工艺流程图，编写对应的梯形图。

4）程序调试与运行，总结调试中遇见的问题及解决方法。

【视野拓展】

以使命担当，领航“中国智造”——马玉山

制造业作为立国之本、兴国之器、强国之基，在国民经济中的地位越来越重要。“创新发展、人才培养是我作为二十大代表的职责和使命。”中国工程院院士、宁夏吴忠仪表有限责任公司党委书记、董事长马玉山说，“尤其是在我们的西部地区，通过创新带动产业发展非常重要。”

马玉山是内蒙古汉子，天生不怕吃苦，善于劈山涉水闯出新路。从实习技术工人，到濒临倒闭的老牌国企的技术负责人，再到著名民营企业家、高端控制阀设计制造领域的技术带头人、中国工程院院士，再到宁夏大学机械工程学院院长，一路行来，马玉山以实践经验证明了只有创新发展才能行稳致远，才能更好地为国家工业强基做出贡献。

2018年，中国石油天然气集团有限公司找到吴忠仪表，希望他们迅速组织力量开展科技攻关，生产压缩机防喘振控制阀。原来，中石油需在当年供暖季前实现全国天然气管网互联互通，但当其8月向海外企业提出采购需求时，对方回复交货期得一年，没有任何商量余地。马玉山接下了这个“急活儿”。“从产品设计到阀体铸造，再到机械加工、组装调试，每个环节设置时间节点，加班加点推进，最终用不到两个月时间就突破了技术难关。”他说，“技术创新一定要从需求出发，才不至于走弯路。”深水高端控制阀产品是深海采油工程的关键设备，长期以来我国一直依赖进口，制约着深海油气田的开发。为了打破国外技术封锁，马玉山带领团队主持攻关，经过8000多次反复试验，终于设计制造出了我国第一台深水1500m高端控制阀。目前这台设备已经完成了安装和海试，正在投入使用。

党的二十大报告提出，到二〇三五年，我国发展的总体目标是：经济实力、科技实力、综合国力大幅跃升，人均国内生产总值迈上新的大台阶，达到中等发达国家水平；实现高水平科技自立自强，进入创新型国家前列。“能够当选党的二十大代表，我感到使命光荣而神圣。”马玉山说，“西部地区如何引进培养人才来支撑创新，又如何通过创新来带动产业发展，都是难点，也是我要努力的方向，在控制阀领域，我会带领大家继续以使命担当倾力打响‘中国智造’。”

学习笔记

珍惜当下，丝毫不差！

在电气控制系统中，定时器可以做到对时间的精准控制。PLC 中的定时器是以毫秒（ms）为计时单位的，有些精度是 1ms，有些精度是 10ms，有些精度是 100ms。

在工业控制系统中，许多重要装备都需要这种毫秒不差的精细控制，才能铸就“世界一流的大国重器”。这就需要我们在平时生活中养成良好的 PLC 编程习惯，在实际工作生活中发扬精益求精的工匠精神。

项目小结

本项目以工业控制系统运料小车的控制要求及解决方案为例，引出 FX5U 系列 PLC 的基本触点指令以及辅助继电器、定时器指令等。以运料小车前进后退循环控制为例学习基本触点指令、辅助继电器的特点以及使用方法，并对梯形图编程的原则进行了介绍，为梯形图的编写奠定了基础。之后又以运料小车自动装卸料的任务引出定时器的分类、特点以及工作原理，并通过定时器的应用加深对定时器工作原理的理解和运用。最后以运料小车自动装卸料次数设定系统任务介绍计数器指令。

科学严谨 勤奋不辍

“慎而思之，勤而行之”。任何一个细微的变化都能影响结果，科学要一丝不苟，不能容许差错。科学是老老实实的学问，来不得半点虚假，需要付出辛勤的劳动。

思考与练习

一、判断题

1. FX5U 系列 PLC 的编程软元件的触点可以无限次使用。（ ）

2. FX5U 系列 PLC 中输入继电器的代号为 I。（ ）

3. 在继电器电路图中，触点可以放在线圈的左边，也可以放在线圈的右边。但是在梯形图中，线圈和输出类指令（例如 RST、SET）必须放电路的最右边。（ ）

4. LD 指令可以驱动的编程元件只有输入继电器（X）、输出继电器（Y）、辅助继电器（M）、状态继电器（S）。（ ）

5. 在同一个程序中，同一元件的线圈使用了两次或多次，称为双线圈输出，梯

形图中可以出现双线圈。 ( )

6. 计数器动作后，计数信号继续输入，计数器仍然增计数。 ( )

7. FX5U PLC 计数器可分为 16 位保持的计数器（C）和 32 位保持的长计数器（LC）。 ( )

8. MCR 为主控指令的开始，用于公共串联触点的连接；MC 为主控复位指令，表示主控区的结束。 ( )

二、选择题

1. 普通定时器的时间基础是（ ）。

A. 100ms　B. 10ms　C. 1ms

2. FX5U 系列 PLC 的初始化特殊继电器为（ ）。

A. SM400　B. SM402　C. SM401　D. SM404

3. 低速定时器的最大定时范围为（ ）。

A. 32767　B. 3276.7　C. 327.67　D. 32.767

4.（ ）指令用于并联连接单个触点的指令。

A. OR、ORI　B. AND、ANI　C. ORB　D. ANB

5. FX5U 系列 PLC 提供 1000ms 时钟脉冲的特殊辅助继电器是（ ）。

A. SM400　B. SM411　C. SM412　D. SM413

6. 下列计数器表达方式正确的是（ ）。

A. C0 K3　B. T0 K2　C. K3 C0

7. 梯形图中的 C20 表示（ ）。

A. 计数器编号　B. 当前值　C. 线圈　D. 触点

8. 计数器 C101 计数到 K99 时突然断电，再次上电，计数器的当前值是（ ）。

A. K0　B. K100　C. K99　D. K98

三、填空题

1. 定时器（T）的线圈________时开始定时，定时时间到其常开触点________，常闭触点________。

2. 累计定时器（ST）的线圈________时开始计时，定时时间到其输出触点________。若此时定时器输入端断开，与通用定时器不同的是________保持不变，若此时输入端再次为________状态，定时器开始定时，此时计时会从________增加，当其增加到设定值后，累计定时器输出触点________。

3.________是 PLC 的输出信号，其只能用程序指令驱动，外部信号无法驱动。

4. 用于并联触点块串联操作的指令是________，用于串联触点块并联操作的指令是________。

5. OUT 指令不能用于________继电器。

6. 计数器是在程序中对输入条件的________次数进行计数的软元件，其通断时间应该大于________。

7. 三菱 FX5U PLC 的计数器又可分为________保持的计数器（C）和________保持的长计数器（LC）。

四、简答题

1. FX5U 系列 PLC 定时器可以分为几种？各自有什么特点？

2. 简述置位、复位指令的特点。

3. FX5U PLC 的计数器分为哪两种？计数器的计数范围分别是多少？

五、程序题

1. 设计两台电动机顺序起动逆序停止的控制系统，其控制要求是：按下起动按钮，电动机 M2 先起动，5s 后电动机 M1 起动；按下停止按钮，电动机 M1 停止，5s 后电动机 M2 停止。

2. 设计电动机 Y–△减压起动 PLC 控制系统，其控制要求是：当按下起动按钮 SB2 时，电动机在星形联结起动，KM 和 KMY 闭合，延时 10s 后，断开星形联结控制接触器 KMY，接通三角形联结接触器 KM△，电动机进入正常运行状态；当按下停止按钮 SB1 时，接触器 KM、KM△同时停止，电动机停转。

3. 设计一个按钮 X0 控制指示灯 Y0 的程序，按 3 次指示灯点亮。

4. 设计一个小型仓库，需要对每天存放进来的货物进行统计，当货物数量达到 150 件时，仓库监控室的黄灯被点亮；当货物数量达到 200 件时，仓库监控室的红灯以 1s 的时间间隔闪烁报警。

5. 设计一个循环电动机，要求按下起动按钮 SB1，电动机正转 5s，停 2s，再反转 5s，停 2s，如此循环 5 个周期，然后自动停止。运行过程中，若按下停止按钮 SB2，电动机立即停止。

6. 如图 2-79 所示，设计三级传送带的 PLC 控制系统，其控制要求是：按下起动按钮时，电动机 M1 起动，5s 后电动机 M2 起动，再过 5s 后电动机 M3 起动；按下停止按钮时，电动机无条件全部停止运行。

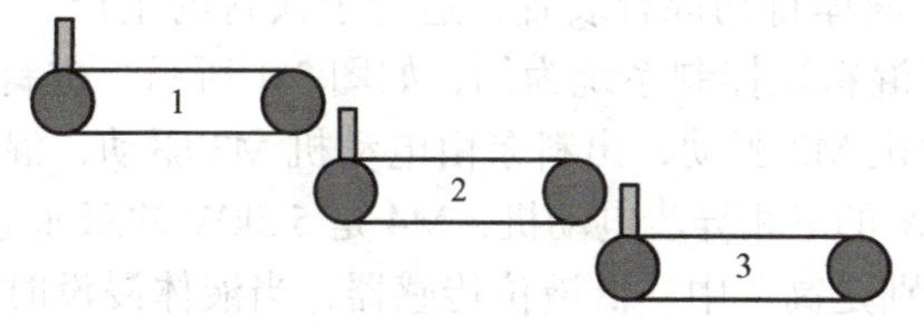

图 2-79　传送带示意图

项目三

混料罐控制系统的编程与实现

学习笔记

思考：现代控制技术的发展对于发展数字中国有何意义？

项目导读

在现代制造业中，特别是在制药、炼油、化工等行业中，混料罐是必不可少的工业设备。很多工业现场多采用以 PLC 为核心的混料罐自动控制系统实现多种液体的混合，大大降低了人工操作的危险性，实现了多种液体在混合过程中的精确控制，提高了液体混合比例的稳定性和智能控制。

本项目以 PLC 控制混料罐为例，介绍系统顺序控制的步进指令及其编程方法。通过设计和实现 PLC 控制混料罐系统的具体任务，掌握顺序功能图的特点、设计步骤、单流程结构、选择与并行分支结构以及循环结构的状态编程方法，实现从顺序功能图到步进梯形图的灵活转换，熟练地使用 GX Works3 设计步进梯形图和指令程序，将程序写入 PLC 进行调试运行。

项目描述

PLC 控制的多种液体自动混合装置，适合于饮料的生产、酒厂的配液、农药厂的配比等场景。以某混料罐控制系统为例，如图 3-1 所示。进料泵 1 由电动机 M1 驱动，进料泵 2 由电动机 M2 驱动，出料泵由电动机 M3 驱动，混料泵由电动机 M4 驱动。M1 ～ M3 是 3kW 的三相异步电动机，M4 是 5.5kW 的双速电动机（需考虑过载）。SQ1、SQ2 和 SQ3 分别是高、中、低液位传感器，当液体浸没时，传感器闭合，否则断开。

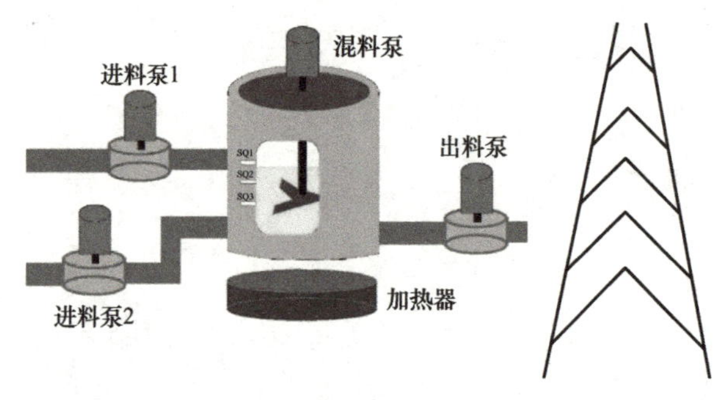

图 3-1　混料罐控制系统

学习目标

学习笔记

【知识目标】

※ 掌握状态元件、步进顺序控制指令的功能及编程方法。

※ 掌握状态转移编程原则，能够实现从顺序功能图到步进梯形图的转换。

※ 掌握单流程结构、选择性分支结构和并行分支结构顺序控制程序的设计方法。

【技能目标】

※ 能根据项目控制要求，基于步进顺控的编程思想分析出顺序控制任务，熟练地画出顺序功能图。

※ 能够正确使用状态元件及顺控指令，熟练地将顺序功能图转化成梯形图，写出相应的指令程序。

※ 能熟练使用 GX Works3 编程软件设计步进梯形图和指令程序，并写入 PLC 进行调试运行。

【素质目标】

※ 通过工程实践，感受和培养学生有理想、敢担当、能吃苦、肯奋斗的职业精神和执着专注、精益求精、一丝不苟、追求卓越的工匠精神。

※ 顺序程序是依照顺序逐条执行指令序列，由程序开头逐条顺序地执行直至程序结束，让学生明白生活中的任何事情都要有先后顺序，只有搞清楚顺序，做人处事条理才会非常清晰，才能达到事半功倍的效果。

任务一　混料罐进出料系统的编程与实现

任务要求

1. 初始状态：进料泵 1 和进料泵 2 均关闭，混料罐是空的，并且液位传感器 SQ1、SQ2、SQ3 均为 OFF。

2. 混料罐进出料工作流程：按下起动按钮 SB1，进料泵 1 打开，液位增加。当 SQ2 检测液位到达中液位时，进料泵 1 关闭，进料泵 2 打开。当 SQ1 检测液位到达高液位时，进料泵 2 关闭，液位不再上升；混料泵开始搅拌，混料泵工作 20s 后停止搅拌，出料泵开始运行，液位开始下降；当 SQ3 检测液位到达低液位时，出料泵停止。至此，混料罐完成一个周期的进出料运行。

任务目标

1. 掌握单序列顺序功能图的绘制，并用步进指令转换成梯形图。

2. 掌握单序列顺序控制步进指令的编程方法。

3. 能够编写混料罐进出料控制系统的程序并在 GX Works3 编程软件中进行步进

学习笔记

指令程序输入，然后写入 PLC 进行调试运行。

4. 通过顺序程序设计法，让学生明白做事要有计划，体会凡事预则立不预则废的人生感悟。

任务分析

1. 工艺流程的分析

将混料罐进出料的工作过程进行分解，以流程图形式来表示进出料过程的每个工序，得到混料罐进出料系统的工作流程图，如图 3-2 所示。

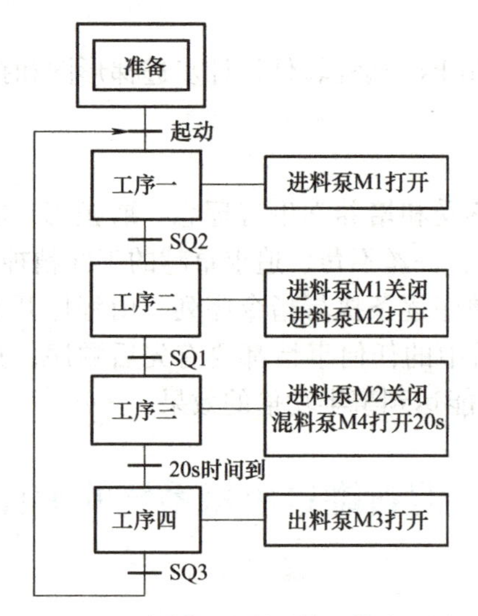

图 3-2　混料罐进出料系统工作流程图

从图 3-2 可以看出，该图有以下特点：

1）将复杂的任务或过程分解成若干个工序（状态），能清晰地反映控制系统的全部工艺流程，可读性强，容易理解，有利于程序的结构化设计。

2）对某一个具体的工序来说，控制任务实现了简化，为局部程序的编写带来了方便。

3）只要弄清各工序成立的条件、工序转换的条件和转换的方向，就可进行工作流程图的设计。

点拨

直观的工作流程图，有利于复杂逻辑关系的分解和综合，以工作流程图进行控制程序的构思设计，就是顺序功能图的雏形。

2. I/O 设备的确定

请同学们分析本任务的输入 / 输出设备，完成表 3-1 的填写。

表 3-1　混料罐进出料系统的 I/O 设备

输入设备			输出设备		
序号	元件名称	符号	序号	元件名称	符号
1			1		
2			2		
3			3		
4			4		

3. PLC 型号的选择

根据混料罐进出料系统的控制要求，通过 I/O 设备的确定，可知需要的输入点数为________，需要的输出点数为________，总点数为________，根据电源类型、I/O 点数和成本最低原则，考虑便于今后调整和扩充，加上 10% ~ 15% 的备用量，根据手册，确定 PLC 型号为________。

恭喜你，完成了任务分析，明确了被控对象、输入 / 输出设备、PLC 型号的选择以及混料罐进出料系统的工作流程，接下来进入知识链接环节。

一、顺序控制

1. 顺序控制的定义

若一个控制系统可分解成几个独立的控制工序，并且这些工序严格按照一定的先后次序执行才能保证生产过程的正常运行，则系统的这种控制称为顺序控制。本项目混料罐控制系统是典型的顺序控制，在工业生产和日常生活中，如交通信号灯的控制、自动化生产线的控制、搬运机械手的控制等都属于顺序控制。

2. 顺序控制设计法

对于复杂的控制系统，特别是复杂的顺序控制系统，一般采用步进顺控的编程方法。所谓顺序控制设计法，是按照生产工艺预先规定的顺序，在各输入信号的作用下，根据内部状态和时间的顺序，各执行机构在生产过程中有序地自动进行操作。顺序控制设计法又称为步进控制设计法，它以流程图的形式表示机械动作过程，可用于编写复杂的顺序控制程序。这种设计法是一种先进的编程方法，很容易掌握，初学者可以迅速地编写出复杂的顺控程序，对于有经验的工程师，有利于提高设计效率，能更方便地进行程序的调试、修改和阅读。

顺序控制设计法首先根据系统的工艺过程，画出相应的顺序功能图，再根据顺

学习笔记

序功能图转换成相应的梯形图，其中顺序功能图是顺序控制设计法的关键。

二、FX5U 系列状态软元件

实现混料罐进出料装置的控制要求，对于上述采用顺序控制设计法流程图中各工序（状态）需要用PLC的状态继电器实现。FX5U系列PLC共有1000个状态软元件（或称为状态继电器），这些软元件是顺序功能图的基本构成因素之一，也是PLC的重要软元件之一。各状态继电器表示工作流程图中每一个工作状态。FX5U系列PLC的状态继电器分类及性能见表3-2。

表3-2 状态继电器分类及性能

类别	元件编号	个数	性能	步进序号使用规则
初始状态	S0～S9	10	用作步进控制的初始状态	1）应由小到大 2）可以连续，也可以跳跃 3）不可由大到小
返回状态	S10～S19	20	用作多运行模式中返回原点状态	
一般状态	S20～S499	480	用作顺控的普通的中间状态	
停电保持状态	S500～S899	400	用于停电保持状态	
报警状态	S900～S999	100	用作报警元件	
停电保持专用	S1000～S4095	3096	停电保持的特性可以通过参数进行变更	

三、顺序功能图编程

使用经验法及基本指令编写的梯形图和指令表虽然能达到控制要求，但存在以下问题：一是工艺动作表达烦琐、梯形图涉及的联锁关系较复杂、可读性差、处理起来较麻烦等；二是从梯形图中不易观察出具体的工艺过程，当修改程序时会对程序整体造成影响。为此，技术人员设计出了一种易于构思、理解的图形程序设计工具，它既有流程图的直观，又有利于复杂控制逻辑关系的分解与综合，这种工具称为顺序功能图，也叫状态转移图。

1. 顺序功能图的组成

顺序功能图（SFC）是描述顺序控制系统控制过程、功能和特性的一种图形，也是设计PLC的顺序控制程序的常用方法。它涉及所描述的控制功能的具体技术，是一种通用的技术语言。各PLC厂家开发了相应的顺序功能图，各国也制定了顺序功能图的国家标准，我国于1986年颁布了顺序功能图国家标准GB 6988.6—1986《电气制图 功能表图》，目前已被GB/T 21654—2008替代。

顺序功能图主要由步、动作、有向连线、转换和转换条件组成。

（1）步 步表示系统的某一工作状态，如图3-3所示，步用矩形框表示，框中可以用数字表示该步的编号，也可以用该步的编程软元件的地址作为该步的编号。

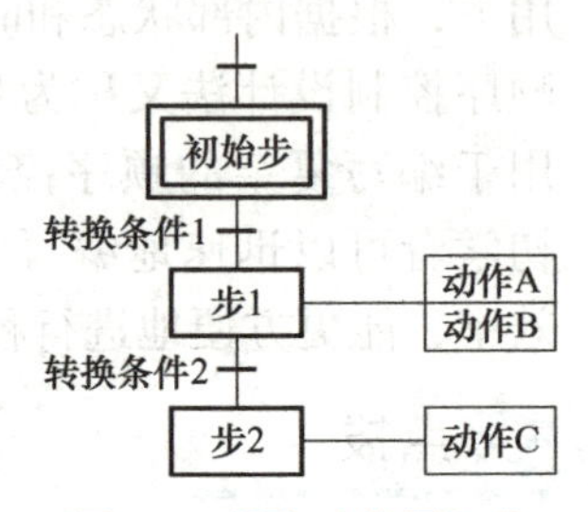

图3-3 顺序功能图组成

学习笔记

小提示

两个步绝对不能直接相连，必须用一个转换将它们分隔开。

（2）初始步　初始步表示系统的初始工作状态，初始状态一般是系统等待起动命令相对静止的状态，即 PLC 电源有电、系统还未起动的停止状态。在顺序功能图中，初始步用双线框表示，如图 3-3 所示。每一个顺序功能图至少有一个初始步。

小提示

在顺序功能图中如果用 S 元件代表各步，初始步的编号只能选用 S0 ～ S9；如果用 M 元件，则没要求。

（3）活动步　当系统正处于某一步时，该步处于活动状态，称该步为“活动步”。当该步处于活动状态，相应的动作或命令被执行；当该步处于非活动状态时，相应的非存储型动作被停止执行。

（4）与步对应的动作或命令　在顺序控制系统中，通常把此系统划分为被控系统以及施控系统。对于被控系统，某一步要完成某些动作；反之对于施控系统，此系统在某一步需对被控系统发出命令。这些动作或命令统称为动作，并用矩形框中的文字或符号表示。此矩形框与对应的步相连表示在该步内的动作，并将其放在步序框的右面，如图 3-3 所示。

一个步可以对应一个动作，也可对应多个动作。如图 3-4 所示，但这并不隐含动作之间的任何顺序。

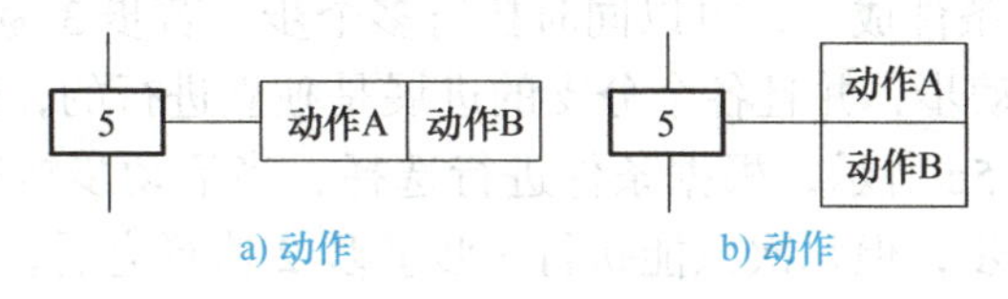

图 3-4　步与动作示意图

在命令语句说明时，应清楚地表明该命令是存储型还是非存储型。例如，某步的存储型命令“打开 1 号阀并保持”，是指该步活动时 1 号阀打开，该步不活动时仍然打开；非存储型命令“打开 1 号阀”，是指该步活动时打开，不活动时关闭。

小提示

只有当某一步所有的前级步都是活动步时，该步才有可能变为活动步。

（5）有向连线　在顺序功能图中，随着转换条件的实现，步的活动状态将按顺序执行，执行过程是按有向连线规定的方向进行。有向连线是指两个状态之间的连线，表示了状态的转移方向。活动状态的执行方向通常是从上到下、从左至右，在这两个方向有向连线上的箭头可以省略。若不是此两个方向，则在有向连线上用箭头注明方向。

如果在画图时有向连线必须中断（如在复杂图形中，或用几个图来表示一个顺序

功能图时)，应在有向连线中断之处标明下一步的标号和所在的页数。

（6）转换　转换表示从一个状态到另一个状态的变化，即从当前所在的步到另一步的转移，用有向连线来表示转移的方向。转换用有向连线上与有向连线垂直的短划线来表示，转换将相邻两步分开。步活动状态的执行是通过转换来实现的，并与整个控制过程的执行相对应。

（7）转换条件　转换条件是指使系统由当前步到下一步的信号，它是系统从一个状态向另一个状态转移的必要条件。转换条件是与转换相关的逻辑命令，转换条件可以用文字语言、布尔代数表达式、编程软元件等表示，并且将其放在短线的旁边，如图3-3所示。

小提示

1）两个转换不能直接相连，必须用一个步将它们分隔开。

2）自动控制系统应能多次重复执行同一工艺过程，因此在顺序功能图中一般由步和有向连线组成闭环，即在完成一次工艺过程中的全部操作后，应从第一步返回初始步，系统停留在初始状态；在连续循环工作方式下，系统应从最后一步返回下一工作周期开始运行的第一步。

2. 顺序功能图的类型

根据实际控制任务，顺序功能图有单序列、并行序列以及选择序列3种基本结构，如图3-5所示。单序列如图3-5a所示，各步按顺序执行，上一步执行结束，转换条件成立，执行下一步，并关断上一步。并行序列如图3-5b所示，在上一活动步执行完毕后，若转换条件成立，可以同时执行多个步。若步3为活动步且e=1，则步4和步5同时变为活动步，并且各个分支的进展是独立进行的，同时步3变为非活动步。选择序列如图3-5c所示，根据条件进行选择，当活动步执行完毕后，根据转换条件可以选择不同的步，但每次只能执行一步。步2执行完后，若h=1，则步3变为活动步；若k=1，则步4变为活动步。

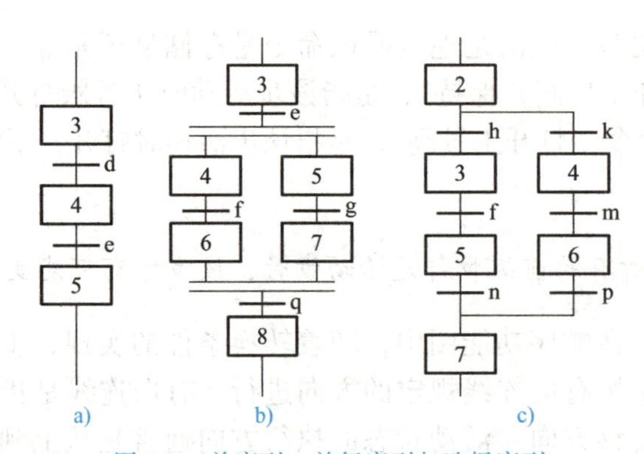

图3-5　单序列、并行序列与选择序列

3. 顺序功能图转换实现的基本原则

1）转换实现的条件：该转换所有的前级步都是活动步；相应的转换条件得到

满足。

2）转换应完成的操作：使该转换所有的后续步都变为活动步；使该转换所有的前级步都变为非活动步。

4. 顺序功能图绘制步骤

顺序功能图绘制步骤分为：任务分解、理解每个状态功能、找出每个状态的转移条件及转移方向和设置初始状态 4 个阶段。下面以某锅炉控制系统为例，分 4 个阶段绘制其顺序功能图。

【应用举例】

某锅炉的鼓风机和引风机的控制要求如下：开机时，先起动引风机，10s 后开鼓风机；停机时，先关鼓风机，5s 后关引风机。绘制功能图之前，先进行 I/O 表分配，输入有起动按钮 X0、停止按钮 X1，输出有引风机 Y0、鼓风机 Y1，然后按照步骤绘制功能图。

（1）任务分解　将锅炉的工作过程按工作步序进行分解，每个工序对应一个状态，其状态分别如下：

初始状态　　S0
引风机打开状态　　S20
鼓风机打开状态　　S21
鼓风机关闭状态　　S22
引风机关闭状态　　S0

（2）理解每个状态的功能

S0　PLC 上电做好工作准备

S20　引风机打开（按下起动按钮 X0，驱动引风机 Y0 运行，定时器 1 开始定时 10s）

S21　鼓风机打开（10s 后，驱动鼓风机 Y1 运行，引风机 Y0 维持运行）

S22　鼓风机关闭（按下停止按钮 X1，鼓风机 Y1 停止运行，定时器 2 开始定时 5s）

S0　引风机关闭（5s 后，引风机停止运行，返回初始状态）

各状态的功能是通过 PLC 驱动其各种负载来完成。负载可由状态元件直接驱动，也可由其他软元件触点的逻辑组合驱动。

（3）找出每个状态的转移条件和转移方向　即在什么条件将下一个状态“激活”。

根据工作过程分析可知，锅炉控制系统各状态的转移条件如下：

S0　SM402（T2）　初始化脉冲 SM402 激活初始状态；5s 后关掉引风机，返回初始状态
S20　SB1（X0）　按下起动按钮起动引风机，运行 10s
S21　T1　10s 后起动鼓风机
S22　SB2（X1）　按下停止按钮，关闭鼓风机

状态转移的条件可以是单个，也可以是多个元件的逻辑组合。

(4) 设置初始状态　初始状态可由其他状态驱动，但运行开始必须用其他方法预先做好驱动，否则状态流程不会向下进行。一般用系统的初始条件进行驱动，若无初始条件，可用SM402（PLC从STOP→RUN切换时的初始脉冲）进行驱动。

经过上述4步，可得到某锅炉控制系统的顺序功能图，如图3-6所示。

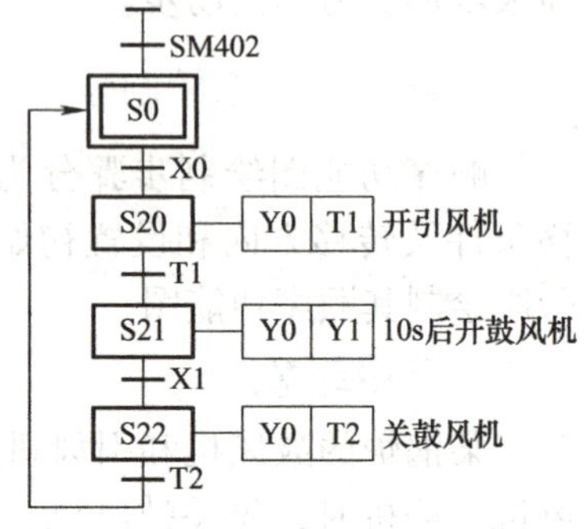

图3-6　锅炉控制系统顺序功能图

四、步进顺序控制指令编程

1. 步进指令的使用要素

FX5U系列的小型PLC基本逻辑指令增加了两条步进指令，见表3-3。

表3-3　步进指令

名称	助记符	功能	表示	目标元件
步进开始	STL	步进梯形图开始	STL (d)	S
步进返回	RETSTL	步进梯形图结束	RETSTL	无

思考：FX3U的步进返回指令与FX5U的区别是什么？

STL指令的意义为激活某个状态，在梯形图上体现为从主母线上引出的状态节点。该指令有建立子母线的功能，以使该状态的所有操作均在子母线上进行。步进触点只有常开触点，无常闭触点，使用步进指令时，需要SET指令将其置位，如图3-7所示。

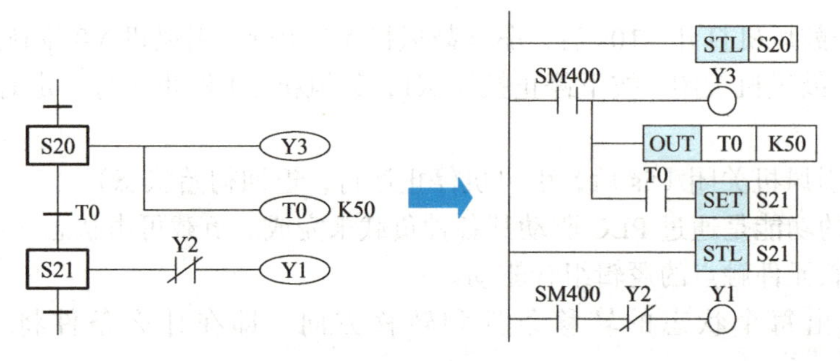

图3-7　SET指令置位工序状态

小提示

步进指令必须与编号S0～S899之间的状态元件结合使用才能形成步进控制。

步进返回（RETSTL）指令是指状态（S）流程结束，用于返回主母线。当步进指令执行完毕时，应用步进返回（RETSTL）指令，使非状态程序的操作在主母线上完成，避免出现逻辑错误，如图3-8所示。

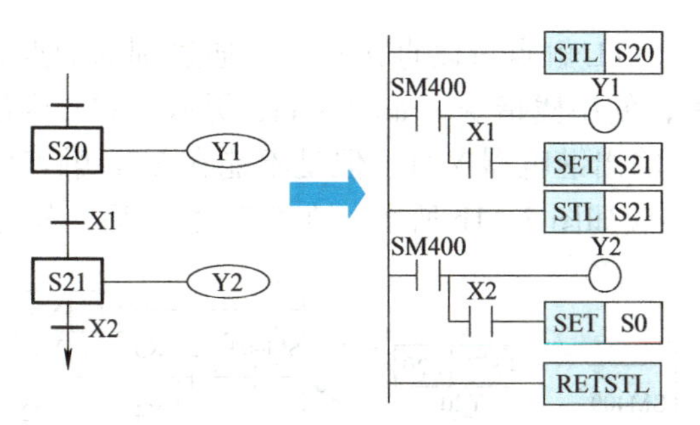

图 3-8　步进指令结束

【注意事项】

状态转移程序的结尾必须使用 RETSTL 指令。

2. 步进指令的编程方法

步进指令的 3 个要素是驱动负载、指定转换目标和指定转移条件，步进顺控的编程原则为：先进行负载驱动处理，再进行状态转移处理。如图 3-9 所示，当状态 S21 激活时，驱动负载 Y3 和定时器 T0；当状态 S21 激活且转换条件 X1 或 T0 满足时，状态 S22 被激活，同时关闭上一个状态 S21，从而实现状态的转换。当 S21 关闭后，负载 Y3 复位。

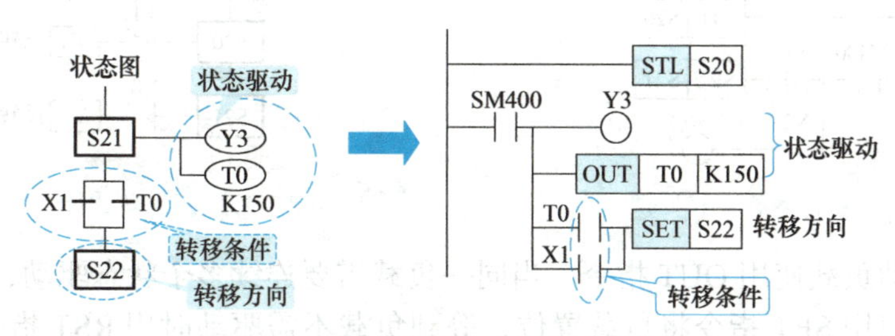

图 3-9　顺序功能图与梯形图对应关系

小提示

输出元件不能直接连接到左母线，即输出元件前必须连接触点（无驱动条件时，需要连接 SM400 触点）并在输出驱动中对应触点编程。

3. 步进梯形图编程原则

（1）输出驱动方法　先做直接驱动，再做有触点的驱动输出，如图 3-10 所示。

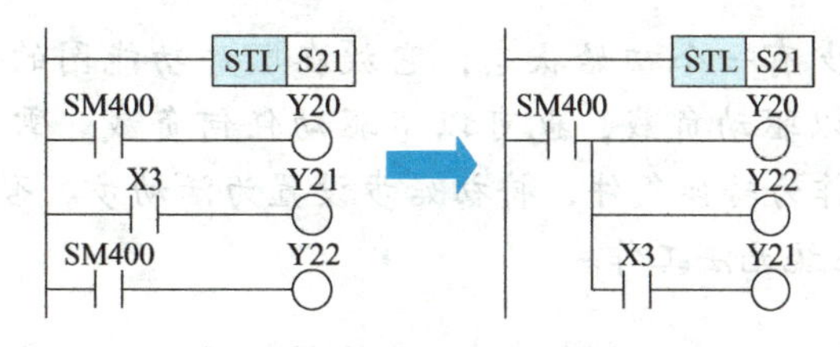

图 3-10　输出驱动方法梯形图

学习笔记

（2）应用栈指令　STL触点可以直接驱动或通过别的触点驱动Y、M、T，但需在LD（LDI）指令后，使用栈指令。如图3-11a所示，STL内母线后直接驱动Y20，通过常开触点X3驱动输出继电器Y21，但是不能在STL触点后直接使用堆栈指令。如果使用堆栈指令，则应如图3-11b所示，在STL触点后，先通过其他触点再应用。

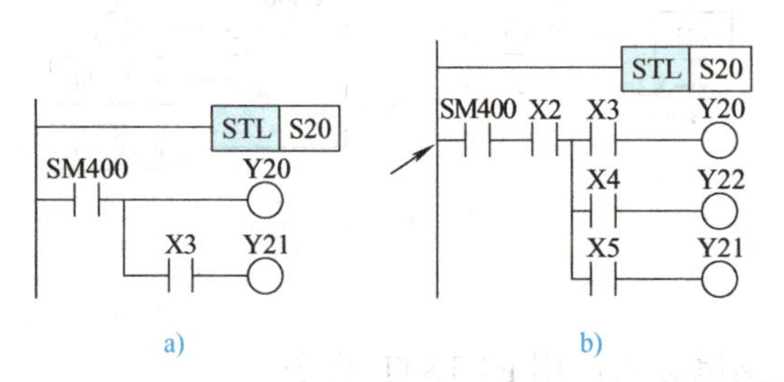

图3-11　应用栈指令梯形图

（3）状态的转移方法　SET指令用于向下一个状态转移，OUT指令用于向分离状态转移，如图3-12所示。

（4）输出的互锁　在状态转移过程中，由于在瞬间（1个扫描周期）两个相邻的状态会同时接通，因此为了避免一对输出同时接通，必须设置外部硬接线互锁或软件互锁，如图3-13所示。

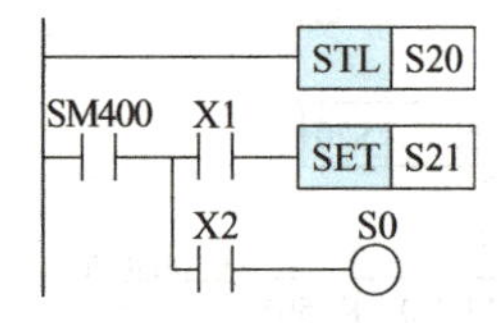

图3-12　状态转移两种处理方式

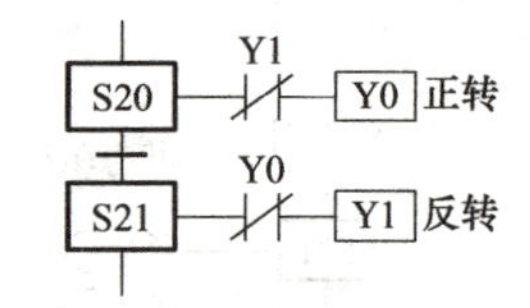

图3-13　正反转软件互锁控制

（5）驱动负载使用OUT指令　当同一负载需要连续多个状态驱动，可使用多重输出，也可使用SET指令将负载置位，等到负载不需驱动时用RST指令将其复位，如图3-14所示。图中只有S28接通时，Y20才断开，即从S20接通开始到S28接通为止，这段时间为Y20持续接通时间。

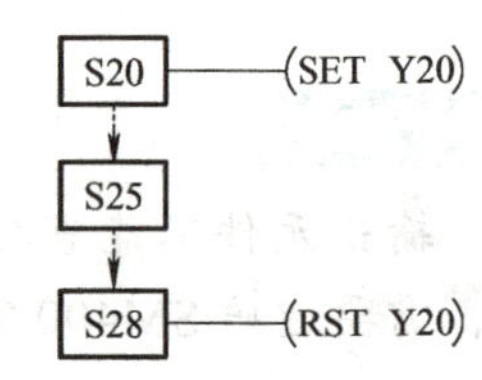

图3-14　负载持续驱动处理方式

在状态程序中，不同时“激活”的“双线圈”是允许的。另外，负载的驱动、状态转移条件可能为多个元件的逻辑组合，视具体情况，按串、并联关系处理，不能遗漏。

小提示

顺序功能图至少有一个初始状态，它放在顺序功能图的最上面。根据控制要求，初始状态可以驱动负载，也可以不驱动任何负载。需要使用初始化脉冲SM402的常开触点作为转换条件，将初始步设置为活动步。否则会因为顺序功能图中没有活动步，系统无法工作。

恭喜你，完成了顺序功能图、步进指令等相关知识的学习，并且初步学会顺

学习笔记

序功能图的绘制。接下来，进入任务实施阶段。

任务实施

1. PLC 的 I/O 地址分配

根据任务分析中确定的输入 / 输出设备可知，控制系统的输入有起动按钮 SB1、高中低 3 种液位传感器，共 4 个输入点，输出有进料泵 1、进料泵 2、出料泵以及混料泵，共 4 个负载。I/O 地址分配见表 3-4。

表 3-4　混料罐进出料系统的 I/O 地址分配

输入设备			输出设备		
元件名称	符号	输入地址	元件名称	符号	输出地址
起动按钮	SB1	X0	进料泵 1 控制接触器	KM1	Y0
高液位传感器	SQ1	X1	进料泵 2 控制接触器	KM2	Y1
中液位传感器	SQ2	X2	出料泵控制接触器	KM3	Y2
低液位传感器	SQ3	X3	混料泵控制接触器	KM4	Y3

2. I/O 硬件接线设计

根据任务分析中 PLC 型号选择及 PLC 的 I/O 地址分配表，可得到 PLC I/O 外部接线图，如图 3-15 所示。

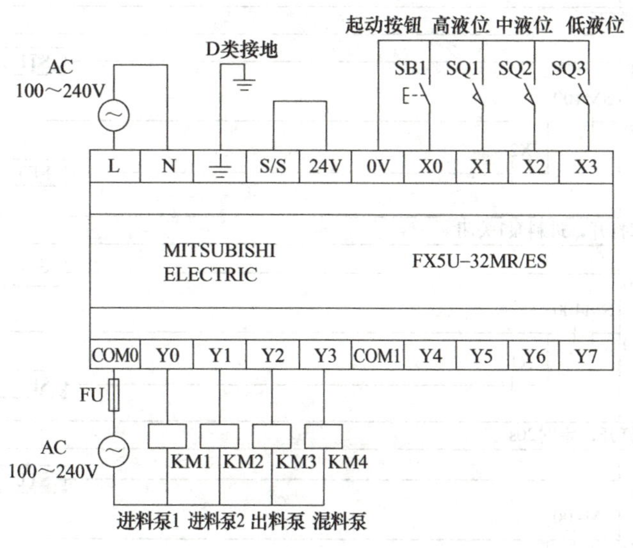

图 3-15　混料罐进出料系统 I/O 外部接线

3. 顺序功能图绘制

根据混料罐进出料的工作流程，按照顺序功能图的绘制步骤，可得顺序功能图如图 3-16 所示。

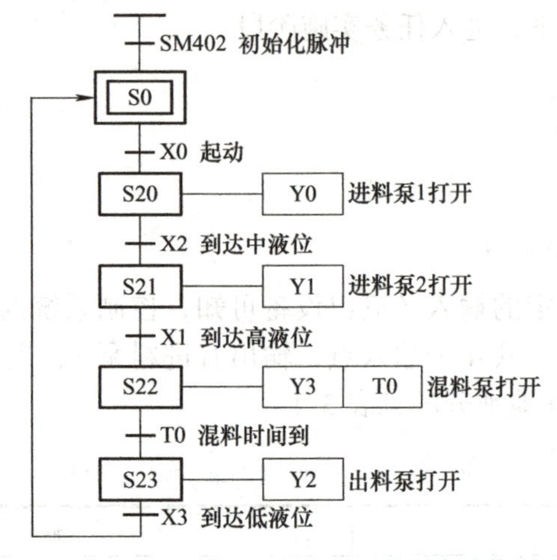

图 3-16 混料罐进出料控制系统顺序功能图

4. PLC 程序编写

根据顺序功能图，利用步进指令编写的梯形图如图 3-17 所示。

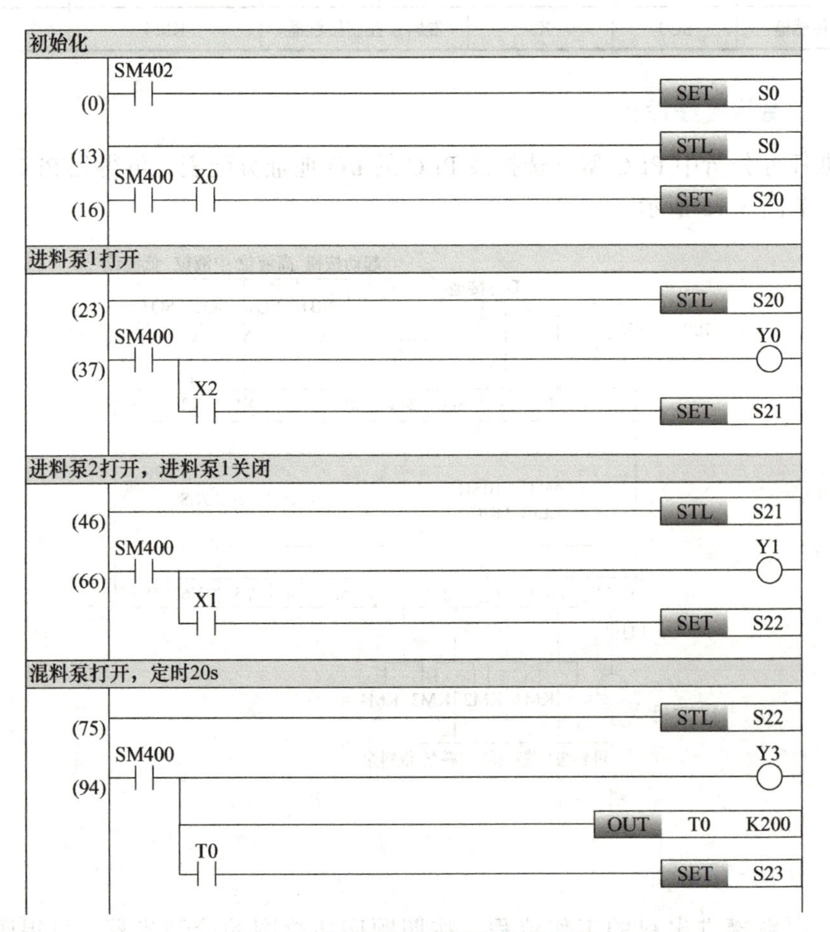

图 3-17 混料罐进出料的控制梯形图

学习笔记

图 3-17　混料罐进出料的控制梯形图（续）

思考

如果按下停止按钮 SB2，在当前工作周期结束后，系统才停止工作，顺序功能图应如何更改？

5. 调试仿真

利用 GX Works3 编程软件在计算机上输入图 3-17 所示的程序，将调试好的用户程序以及设备组态分别下载到 CPU 中，并连接线路。首先按下起动按钮 X0，观察进料泵 1 是否起动（Y0 得电）。合上中液位传感器开关 X2，观察进料泵 1 是否关闭，进料泵 2 是否打开（Y0 失电，Y1 得电）。合上高液位传感器开关 X1，观察进料泵 2 是否关闭，混料泵是否打开（Y1 失电，Y3 得电），20s 后，观察出料泵是否运行（Y2 得电）。合上低液位传感器开关 X3，观察出料泵是否停止（Y2 失电）。若上述调试现象与控制要求一致，则说明本案例任务功能实现。

6. 硬件接线，联机调试

使用网线将本地计算机与 PLC 连接，接通电源。然后单击工具栏中的下载按钮，将程序下载到真实 PLC 中，进行联机调试。根据控制要求，按下起动按钮、停止按钮，记录调试过程中出现的问题和解决措施，并填写表 3-5。

表 3-5　实施过程、实施方案或结果、出现异常原因及处理方法记录

序号	实施过程	实施要求	实施方案或结果	异常原因分析及处理方法
1	电路绘制	1）列出 PLC 控制 I/O 端口元件地址分配表		
		2）写出 PLC 类型及相关参数		
		3）画出 PLC I/O 端口接线图		
2	编写程序并下载	1）绘制顺序功能图		
		2）编写梯形图和指令程序		

学习笔记

（续）

序号	实施过程	实施要求	实施方案或结果	异常原因分析及处理方法
3	运行调试	1）总结测试输入信号是否正常的测试方法，举例说明操作过程和显示结果		
		2）详细记录每一步操作过程中，输入/输出信号状态的变化，并分析是否正确，若出错，分析并写出原因及处理方法		
		3）举例说明某监控画面处于什么运行状态		

恭喜你，已完成任务实施，完整体验了实施一个PLC任务的过程。

任务评价

本任务主要考核学生对顺序功能图、步进指令的掌握情况以及学生对混料罐系统进出料控制程序设计与操作的完成质量。具体考核内容涵盖PLC控制系统设计、程序设计和职业素养3个方面。考核采取自评、互评和师评相结合的方法，具体考核内容与配分情况见表3-6。

表3-6 任务评价

考核项目	考核内容	考核标准	自评（30%）	互评（30%）	师评（40%）	得分
职业素养 20分	分工是否合理、有无制订计划、是否严谨认真	无分工、无组织、无计划、不认真，扣5分				
	团队合作、交流沟通、互相协作	学生单独实施任务、未完成，扣10分				
	遵守行业规范、现场6S标准	现场混乱、未遵守行业规范等，扣5分				
PLC控制系统设计 40分	I/O分配与线路设计	I/O线路连接错误，1处扣5分，不按照线路图连接，扣10～15分				
	顺序功能图绘制	顺序功能图绘制错误酌情扣分				
	线路连接工艺	工艺差、走线混乱、端子松动，每处扣5分				
PLC程序设计 40分	正确编写梯形图	程序编写错误酌情扣分				
	程序输入并下载运行	下载错误，程序无法运行，扣20分				
	安全文明操作	违反安全操作规程，扣10～20分				
合计						

学习笔记

恭喜你，完成了任务评价。通过一个简单的 PLC 控制任务，了解了如何用步进顺控的编程方法来实现工业生产中复杂的顺序控制。熟练掌握了第一个顺序控制的任务，领会其精华，今后在处理相应的任务时也会得心应手。

拓展提高

【知识拓展】

一、以转换为中心的顺序控制梯形图设计方法

除了用步进指令来进行编程，还有一种以转换为中心的编程方式。以转换为中心的顺序控制设计法主要采用 SET 以及 RST 指令进行编程，用辅助继电器 M 代表各工序，此种电路通常带有记忆保持功能，如图 3-18 所示。

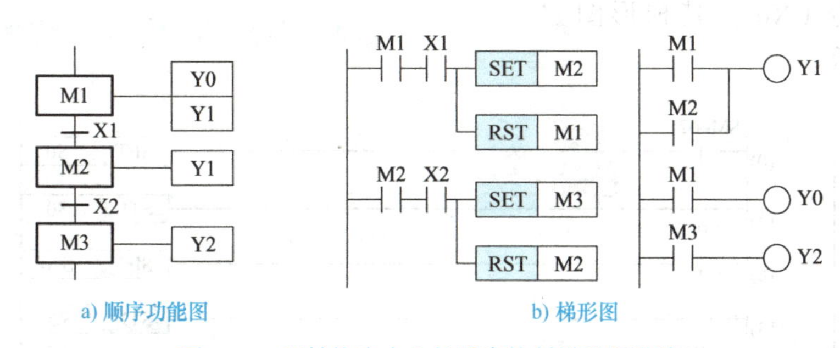

图 3-18 以转换为中心的顺序控制梯形图设计

M1、M2、M3 代表顺序功能图中相连的 3 步，X1、X2 分别是工序 M1 和 M2 之后的转换条件。当 M1 为 ON（活动步）、转换条件 X1 也为 ON 时，可以认为 M1 和 X1 的常开触点组成的串联电路为转换实现的两个条件，使后续工步 M2 变为 ON，同时使前级步 M1 变为 OFF（不活动步）。同样，当 M2 为 ON、转换条件 X2 也为 ON 时，可以认为 M2 和 X2 的常开触点组成的串联电路为转换实现的两个条件，使后续工步 M3 变为 ON，同时使前级步 M2 变为 OFF。在梯形图中，用 SET 指令将转换的后续步置位为活动步，用 RST 指令使转换的前级步复位为不活动步。

最后统一输出，且不能将输出位的线圈与置位 / 复位指令并联。这是因为控制置位 / 复位的串联电路接通的时间只有一个扫描周期，转换条件满足后前级步马上被复位，该串联电路断开，而输出位的线圈至少应该在某一步对应的全部时间内被接通。所以应根据顺序功能图，用 M 的常开触点或它们的并联电路来驱动线圈。

小提示

以转换为中心的单序列、选择序列和并行序列的编程方法都是一样的，均是使用置位和复位指令来实现的。

二、循环方式的处理

当按下停止按钮（X4）时，系统需要在一个周期的动作完成后停止在初始状态，

学习笔记

如何让系统记住曾经按下停止按钮这个事件？可通过增加中间继电器M0来实现，由它标记按钮是否被按下，由M0的两种状态来选择返回顺序功能图的对应“步”，如图3-19所示的顺序功能图上标记的两条分支。

如果系统在运行中没有按下停止按钮（满足条件X3*M0），则返回状态S20，继续周而复始地运行；如果按下停止按钮（满足X3*$\overline{\text{M0}}$），则返回初始状态S0，混料系统停止工作，等待下一次系统起动命令（X0）。其梯形图如图3-20所示。

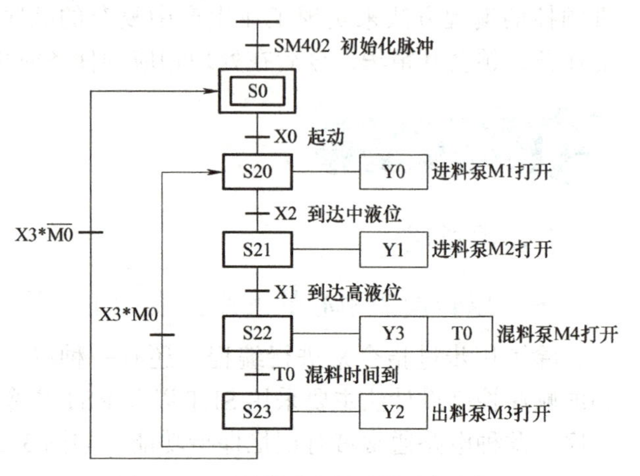

图3-19　混料罐进出料系统顺序功能图

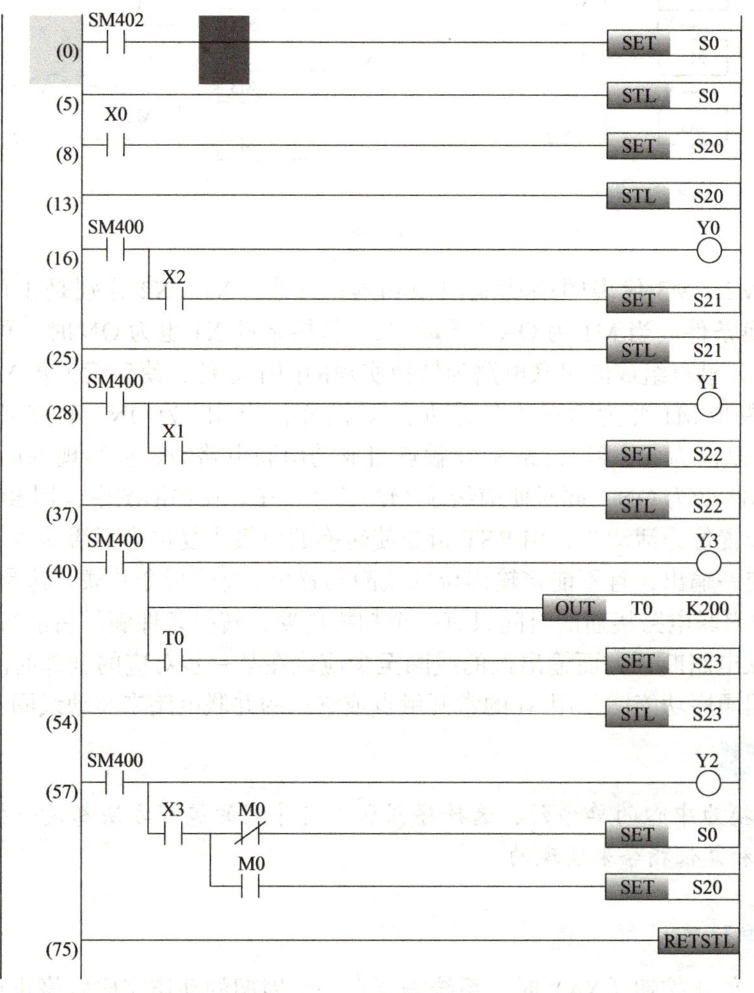

图3-20　循环处理方式梯形图

讨论：同学们，能分享一下你所了解的中国自主研制的机器人品牌吗？

学习笔记

【任务拓展】

党的二十大报告提出要“推动制造业高端化、智能化、绿色化发展”。被誉为“制造业皇冠顶端的明珠”的工业机器人，在新一轮科技革命的深入推进下，正引领着制造业向高端化、智能化、绿色化方向发展。机械手作为机器人的末端执行装置在工业制造领域、军事领域、医疗领域等均广泛应用。机械手工作是典型的顺序控制，本拓展任务以最常见的搬运机械手为例，旨在让学生掌握以转换为中心的编程方式，深化对顺序控制设计法的理解。

1. 任务描述

以搬运机械手为例，如图 3-21 所示，该搬运机械手可以将物体从 A 点搬运到 B 点。机械手的全部动作均由气缸驱动，气缸又由相应的电磁阀控制。其中，上行、下行、左行、右行由双线圈两位电磁阀推动气缸完成。机械手的放松 / 夹紧由一个单线圈两位电磁阀推动气缸完成（默认电磁阀得电时夹紧）。机械手经过 8 个动作完成了一个周期的操作（原点→下行→夹紧→上行→右行→下行→松开→上行→左行→回原点）。

控制要求如下：

1）单周期工作模式：按下起动按钮，机械手按照任务要求工作流程完成一个周期动作。

2）循环工作模式：按下起动按钮，机械手将循环动作。

3）按下停止按钮，机械手会暂停；按下起动按钮后，系统则继续运行。

4）系统初次工作前，首先按下复位按钮，进行回原点操作。机械手在原点位置，原点指示灯点亮。

我国工业机器人的发展现状

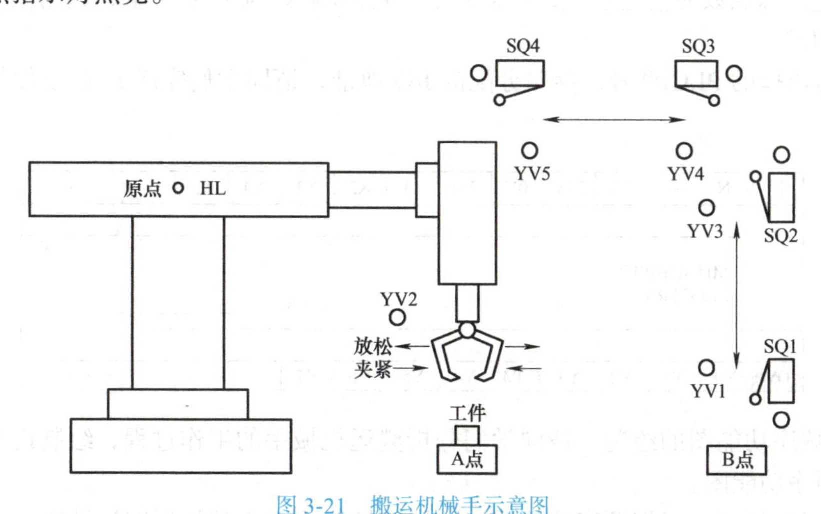

图 3-21 搬运机械手示意图

2. 任务分析

1）通过对搬运机械手工作过程分析可知，它是典型的顺序控制，请同学们画出工作流程图。

2）分析本任务的 I/O 设备，完成表 3-7 输入 / 输出设备的填写。

表 3-7 搬运机械手 I/O 设备

输入设备			输出设备		
序号	元件名称	符号	序号	元件名称	符号
1			1		
2			2		
3			3		
…			…		

3. 任务实施

1）PLC 的 I/O 地址分配见表 3-8。

表 3-8 搬运机械手的 I/O 地址分配

输入设备				输出设备			
序号	元件名称	符号	输入地址	序号	元件名称	符号	输出地址
1				1			
2				2			
3				3			
…				…			

2）选择 PLC 型号并设计 PLC 硬件接线图。根据物料机械手装置的控制要求，通过以上的 I/O 地址分配可知，需要的输入点数为________，需要的输出点数为________，总点数为________，考虑给予一定的输入 / 输出点余量，选用型号为________的 PLC。

根据选择的 PLC 型号，参照分配的 I/O 地址，请同学们完成 PLC 硬件接线图的设计。

L	N	⏚	S/S	24V	0V	X0	X1	X2	X3	X4	X5			

MITSUBISHI
ELECTRIC

FX5U-______/______

COM0	Y0	Y1	Y2	Y3	COM1	Y4	Y5	Y6	Y7					

3）顺序功能图的绘制。请同学们分析搬运机械手的工作过程，绘制机械手控制系统的顺序功能图。

4）程序编写。根据顺序功能图，应用以转换为中心的梯形图设计法，编写对应的梯形图。

5）程序调试与运行，总结调试中遇见的问题及解决方法。

【视野拓展】

党的二十大以来，机械工业在党中央坚强领导下，坚持以高质量发展为目标，

学习笔记

以供给侧结构性改革为主线，全力攻高端、夯基础、补短板、锻长板、强管理、兴文化，推进行业转型升级取得重大成就，为国家经济社会发展和民生改善做出积极贡献。

工业机器人减速器、伺服电动机、控制器等三大核心零部件、高端核级密封件系列产品，打破了长期技术封锁和垄断。第三代轿车轮毂轴承实现产业化，替代进口并出口国外。高精高效五轴加工中心、超重型数控机床、大型压力机等基础制造装备取得重要进展。重大装备核心部件国产化取得显著进展。我国首套“一键式”人机交互 7000m 自动化钻机正式投入工业性试验。自主研制成功全球首台超万吨米级的额定起重力矩达 12000t・m、最大起重重量达到 450t、最大起升高度 400m 的上回转超大型塔机。应用国产化主轴承、可编程控制器（PLC）、变流器 IGBT 等核心设备的 7MW 等级海上抗风型风电机组完成吊装作业。国内首台套储气库用离心压缩机、天然气管网大口径轴流式调节阀，填补了国内空白，主要技术参数和性能指标达到国际同类产品先进水平。

任务二　混料罐配方选择系统的编程与实现

在混料罐系统中，可以对系统的循环方式以及配方种类进行选择：循环方式选择开关 SA1 为 0 时，系统为连续循环模式；SA1 为 1 时，系统为单次循环模式。配方选择开关 SA2 为 1 时，选择配方 1；SA2 为 0 时，选择配方 2。确定配方种类和循环方式后，按下起动按钮 SB1，系统按照配方类别和循环方式设定流程进行工作。

1. 配方 1：同时开启进料泵 1 和进料泵 2，到达中液位时，关闭进料泵 2，到达高液位时关闭进料泵 1，开启混料泵进行搅拌，30s 后出料泵开启，到达低液位后，继续开启出料泵，3s 后关闭，以便容器内液体杂质排空。至此，混料罐完成配方 1 一个周期的运行。

2. 配方 2：开启进料泵 1，到达中液位后，关闭进料泵 1，开启进料泵 2，到达高液位时，进料泵 2 关闭，混料泵开始搅拌，25s 后出料泵打开。到达低液位后，继续开启出料泵，3s 后关闭，以便容器内液体杂质排空。至此，混料罐完成配方 2 一个周期的运行。

3. 单次循环模式：完成配方的 1 个周期后，系统自动停止。

4. 连续循环模式：混料罐将连续循环运行。

任务目标

1. 掌握选择序列顺序功能图的绘制，并用步进指令转换成梯形图。

2. 掌握选择序列顺序控制步进指令的编程方法。

3. 能够编写混料罐配方选择系统的程序并在 GX Works3 软件中进行步进指令的

学习笔记

程序输入，然后写入PLC进行调试运行。

4. 能对出现的故障根据设计要求独立检修，直至系统正常工作。

5. 通过“定方案、绘图样、接硬件、编程序和调系统”的任务训练，培养学生“规范、认真严谨、精益求精”的态度。

任务分析

1. 工艺流程的分析

根据控制要求可知，混料罐控制系统有两种配方选择和两种运行模式，分别由选择开关SA1和SA2控制。当SA1闭合时，系统不管选择哪个配方只运行一个周期，当SA1断开时，系统连续运行；SA2开关控制配方选择，不同配方执行不同的动作。工作流程图如图3-22所示。

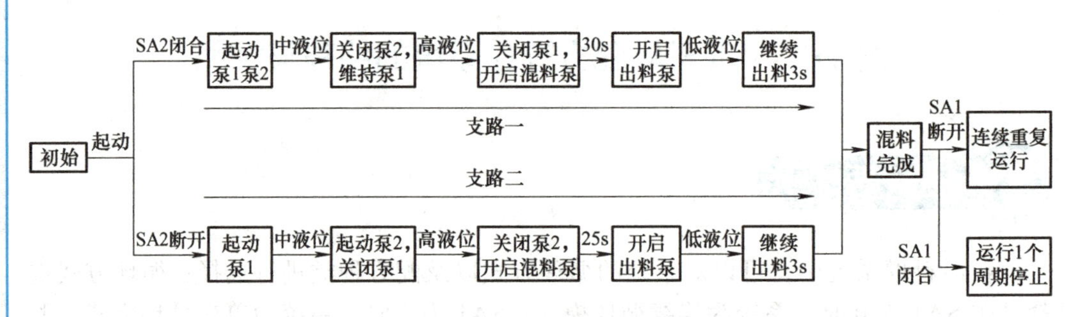

图3-22　混料罐配方选择系统工作流程图

2. I/O设备的确定

通过分析，本案例的输入设备是________、输出设备是________。请同学们完成表3-9的填写。

表3-9　混料罐配方选择系统的I/O设备

输入设备			输出设备		
序号	元件名称	符号	序号	元件名称	符号
1	起动按钮	SB1	1	进料泵 1	KM1
2	高液位传感器	SQ1	2	进料泵 2	KM2
3	中液位传感器	SQ2	3	出料泵	KM3
4	低液位传感器	SQ3	4	混料泵	KM4
5			5		
…			…		

学习笔记

3. PLC 型号的选择

根据混料罐配方选择系统的控制要求，通过 I/O 设备的确定，可知需要的输入点数为________，需要的输出点数为________，总点数为________，根据电源类型、I/O 点数和成本最低原则，考虑便于今后调整和扩充，加上 10% ～ 15% 的备用量，根据手册，确定 PLC 型号为________。

恭喜你，完成了任务分析，明确了被控对象、输入 / 输出设备、PLC 型号的选择以及混料罐配方选择系统的工作流程，接下来进入知识链接环节。

一、选择分支结构

在步进顺序控制过程中，有时需要将同一控制条件转向多条支路，或把不同条件转向同一支路，或跳过某些工序，或重复某些操作，这种流程控制图称为多流程顺序功能图。根据转向分支流程的形式，可分为并行分支和选择分支。这里只介绍与本任务相关的选择分支的处理方法。

从多个分支流程中选择执行某一个单支流程，称为选择性分支结构，如图 3-23 所示。S20 步为分支（开始）状态，顺序功能图在 S20 步以后分成了 3 个分支，供选择执行。当 S20 步被激活成活动步后，若转换条件 X0 成立就执行左边的程序，若 X10 成立就执行中间的程序，若 X20 成立则执行右边的程序，且转换条件 X0、X10 及 X20 不能同时成立。

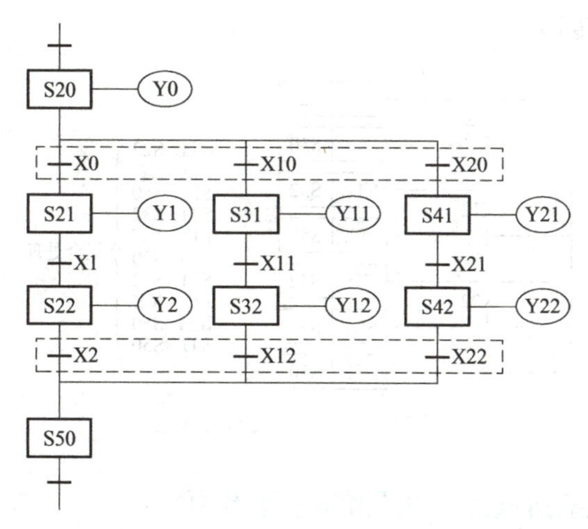

图 3-23　选择分支的顺序功能图

S50 步为进入汇合状态，可由 S22、S32、S42 中任意一步驱动。

二、选择分支流程的顺控编程

选择分支流程的处理原则是先进行分支状态元件的处理，再依顺序进行各分支的连接，最后进行汇合状态的处理。

1. 分支状态的编程

分支状态的处理方法：首先进行分支状态的输出连接，然后依次按照转移条件置位各转移分支的转移状态元件。在图 3-23 所示的顺序功能图中，首先对 S20 步进行驱动处理（OUT Y0），然后按 S21、S31、S41 的顺序进行转移处理。程序如图 3-24 所示。

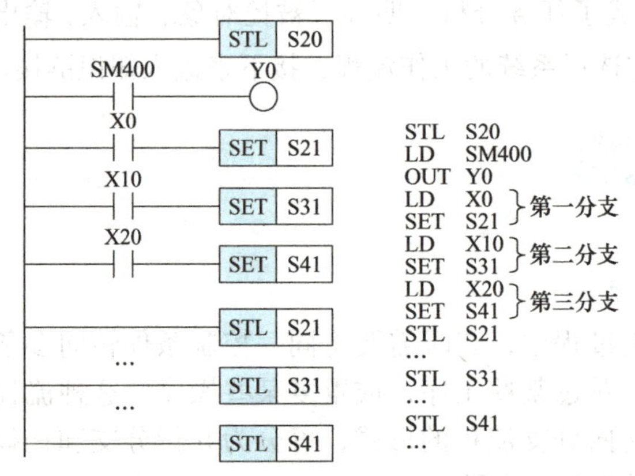

图 3-24 分支状态程序编程

2. 汇合状态的编程

汇合状态的处理方法：先进行汇合前的驱动连接，再依顺序进行汇合状态的连接。以图 3-23 所示汇合 S50 为例，按照选择汇合的编程方法，应先进行汇合前的输出处理，即按分支顺序对 S22、S32、S42 进行输出处理，然后依次进行从 S22、S32、S42 向 S50 的转移。

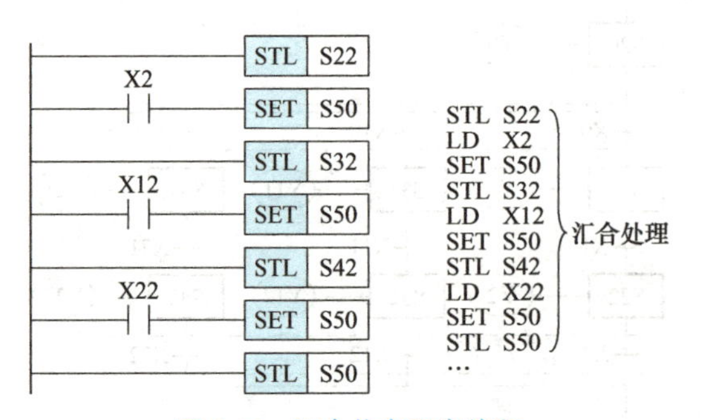

图 3-25 汇合状态程序编程

三、绘制选择序列顺序功能图的注意事项

1）每个分支，最多 8 个回路。

2）选择序列分支处的转换符号必须画在水平线下方，合并处的转换符号必须画在水平连线上方，如图 3-23 所示。

3）选择性分支程序的分支与汇合的编写要求如图 3-26 所示。

对于复杂的分支与汇合的组合，不允许上一个分支的汇合未完成就直接进行下一个分支。若确实需要，则需要在上一个汇合完成到下一个分支开始时加入虚拟状态，使上一个汇合真正完成后再进入下一个分支，如图 3-26a 所示。虚拟状态在这里没有实质性意义，只是使顺序功能图在结构上具备合理性。

选择序列分支如果有公共的转换条件，应该同时画到水平线的下方，如图 3-26b 所示。

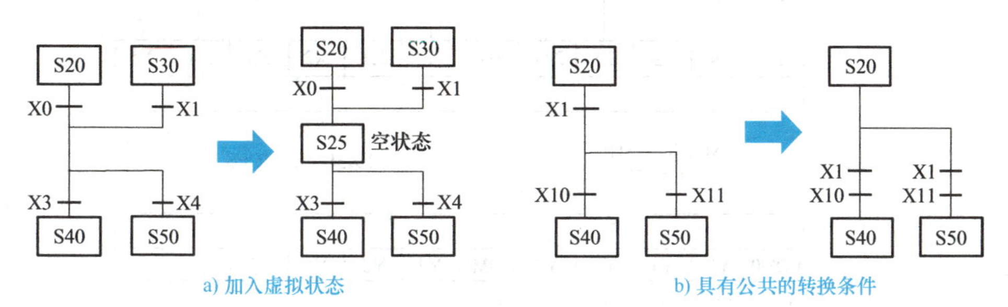

a) 加入虚拟状态　　b) 具有公共的转换条件

图 3-26　选择性分支程序的分支与汇合编写规范

1. PLC 的 I/O 地址分配

根据任务分析中确定的输入 / 输出设备，可知本案例增加的输入设备有循环方式选择开关 SA1 和配方选择开关 SA2，共计 6 个输入点；输出设备没有增加。I/O 地址分配见表 3-10。

表 3-10　混料罐配方选择系统的 I/O 地址分配

输入设备			输出设备		
元件名称	符号	输入地址	元件名称	符号	输出地址
起动按钮	SB1	X0	进料泵 1	KM1	Y0
高液位传感器	SQ1	X1	进料泵 2	KM2	Y1
中液位传感器	SQ2	X2	出料泵	KM3	Y2
低液位传感器	SQ3	X3	混料泵	KM4	Y3
选择开关 1	SA1	X4			
选择开关 2	SA2	X5			

2. I/O 硬件接线设计

根据任务分析中 PLC 型号选择及 PLC 的 I/O 地址分配表，可得到 PLC 的 I/O 外部接线图，如图 3-27 所示。

3. 顺序功能图绘制

根据混料罐配方选择系统的工作流程，按照功能图的绘制步骤，可得顺序功能图如图 3-28 所示。

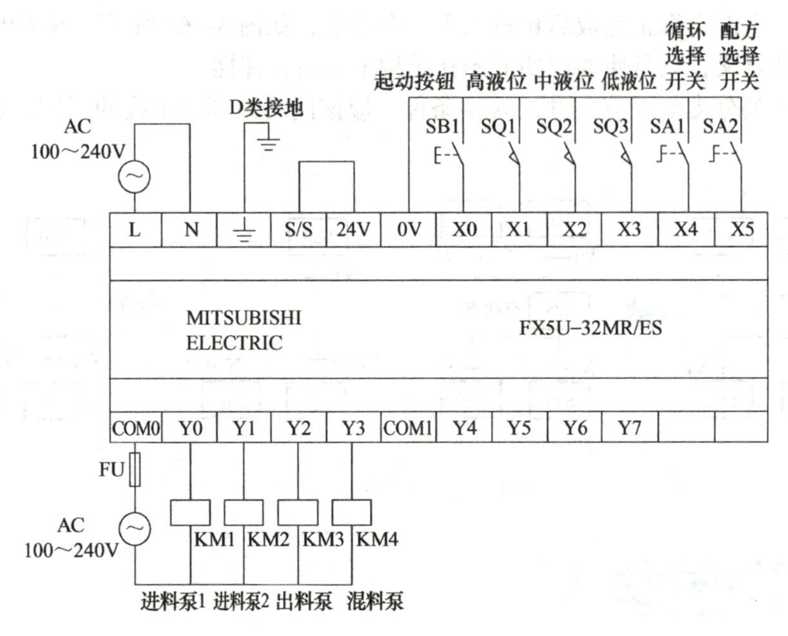

图 3-27 混料罐配方选择系统 I/O 硬件外部接线

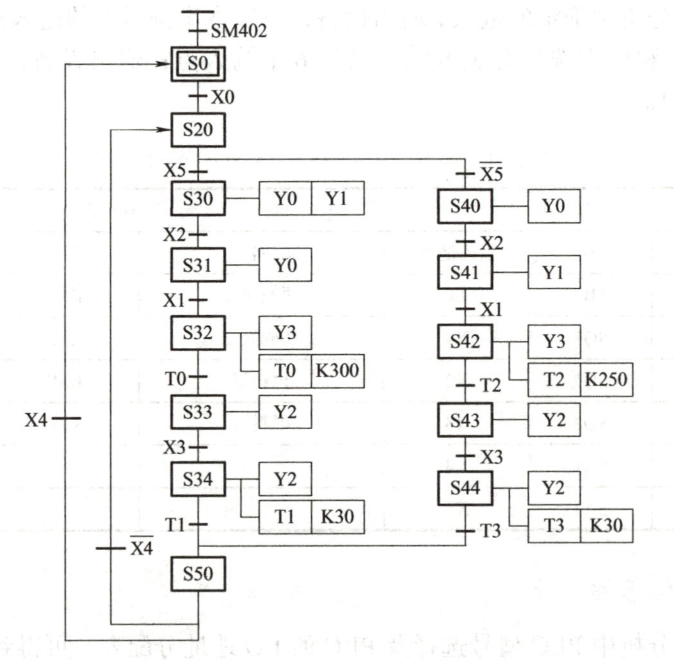

图 3-28 混料罐配方选择系统顺序功能图

4. PLC 程序编写

根据顺序功能图，利用步进指令编写的梯形图如图 3-29 所示。

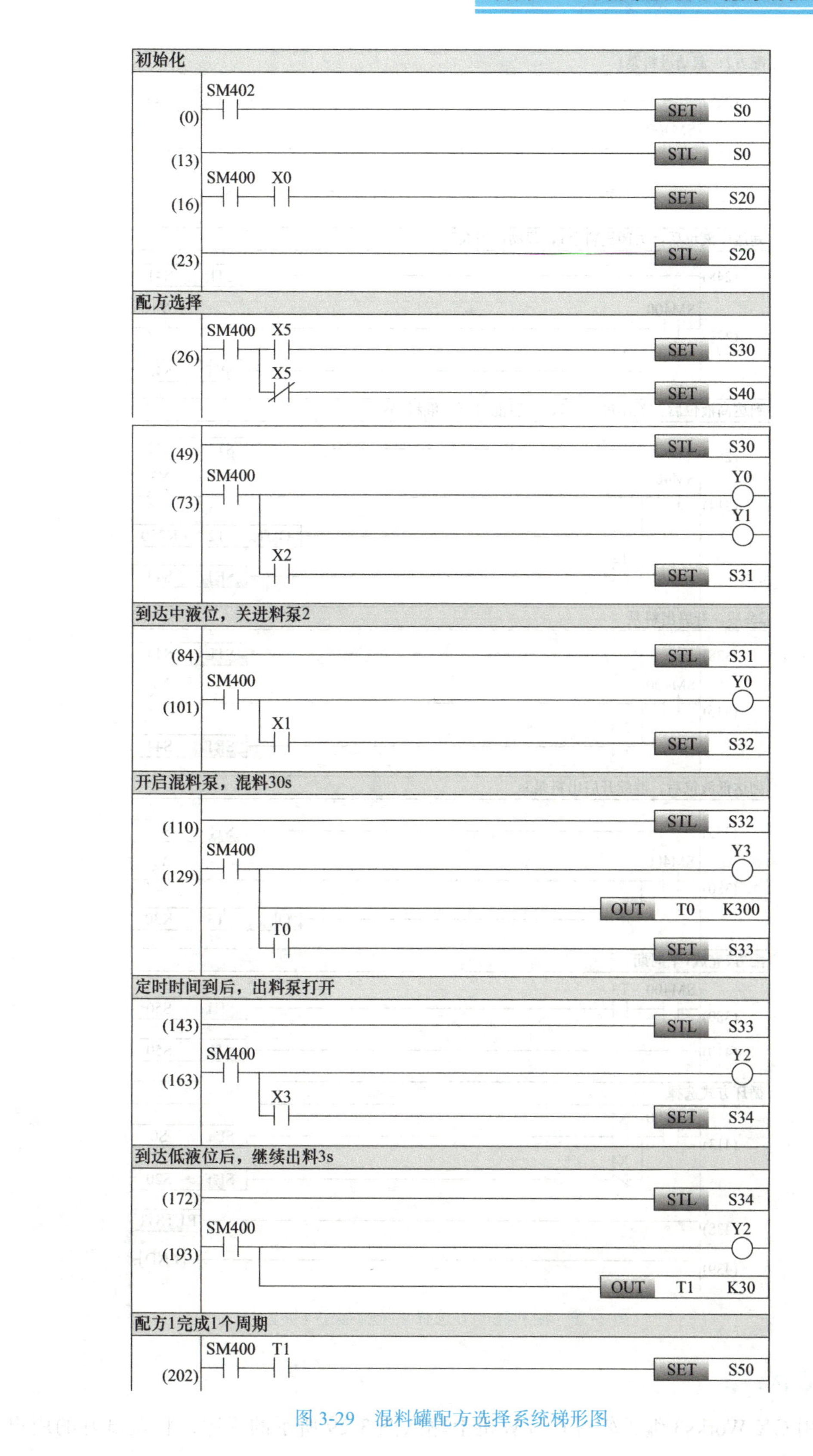

图 3-29　混料罐配方选择系统梯形图

学习笔记

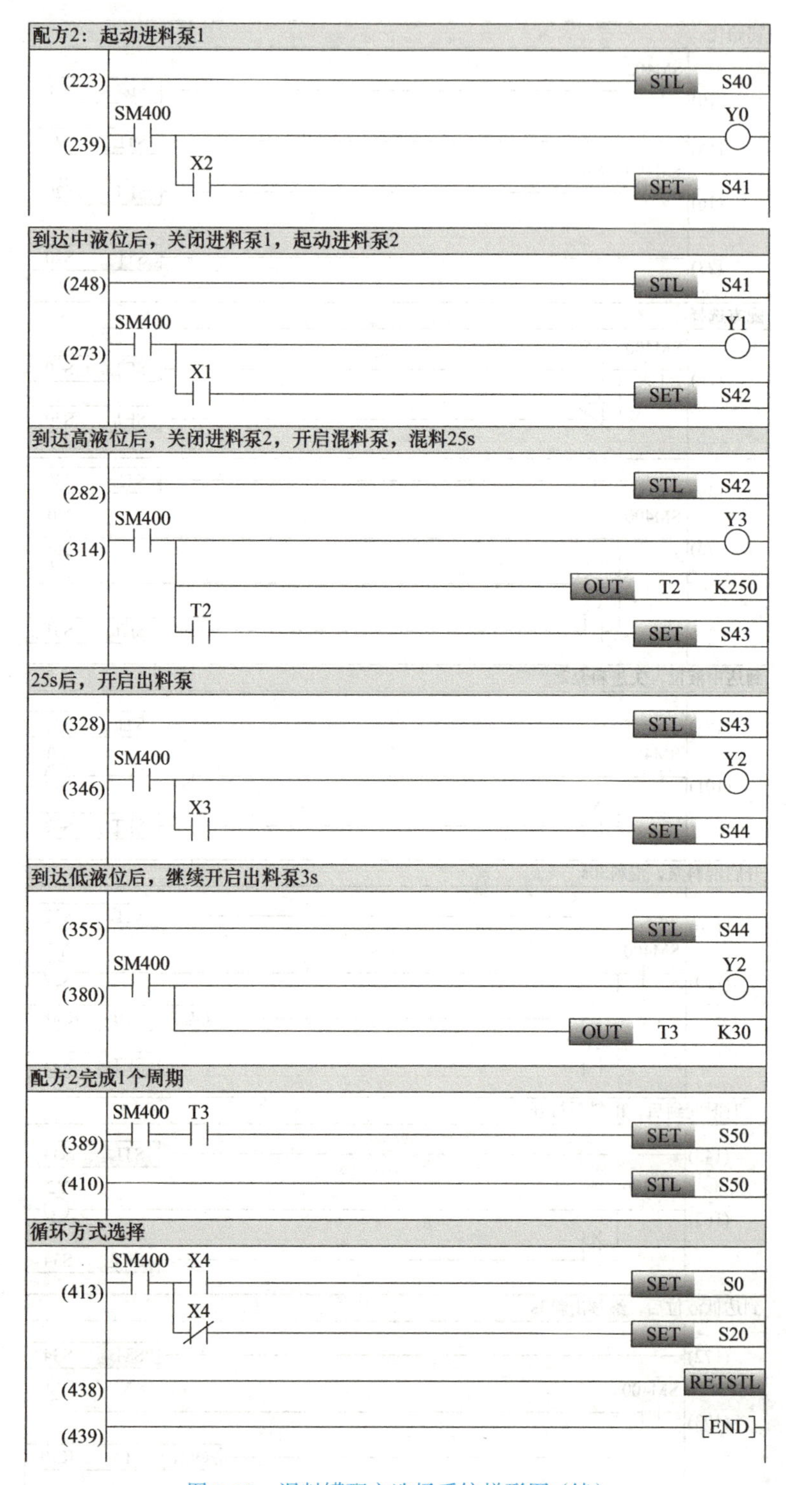

图 3-29　混料罐配方选择系统梯形图（续）

5. 调试仿真

利用 GX Works3 编程软件在计算机上输入图 3-29 所示的程序，将调试好的用户程序以及设备组态分别下载到 CPU 中，并连接线路。首先将 SA1 置位为单次循环模式，SA2 置位选择配方 1。然后按下起动按钮 X0，观察进料泵 1 和进料泵 2 是否同时起动（Y0、Y1 同时得电）。合上中液位传感器开关 X2，观察进料泵 2 是否关闭，进料泵 1 是否持续打开（Y1 失电，Y0 持续得电）。合上高液位传感器开关 X1，观察进料泵 1 是否关闭，混料泵是否打开（Y0 失电，Y3 得电），30s 后，观察出料泵是否运行（Y2 得电，Y3 失电）。最后合上低液位传感器开关 X3，3s 后观察出料泵是否停止（Y2 失电）。至此，混料罐完成配方 1 一个周期的运行。若上述调试现象与控制要求一致，则说明本案例任务功能实现。

配方 2 调试同上，请同学们自行调试仿真。

6. 硬件接线，联机调试

使用网线将本地计算机与 PLC 连接，接通电源。然后单击工具栏中的下载按钮，将程序下载到真实 PLC 中，进行联机调试。根据控制要求，按下起动按钮、停止按钮，记录调试过程中出现的问题和解决措施，并填写表 3-11。

表 3-11　实施过程、实施方案或结果、出现异常原因及处理方法记录

序号	实施过程	实施要求	实施方案或结果	异常原因分析及处理方法
1	电路绘制	1）列出 PLC 控制 I/O 端口元件地址分配表		
		2）写出 PLC 类型及相关参数		
		3）画出 PLC I/O 端口接线图		
2	编写程序并下载	1）绘制顺序功能图		
		2）编写梯形图和指令程序		
3	运行调试	1）总结输入信号是否正常的测试方法，举例说明操作过程和显示结果		
		2）详细记录每一步操作过程中，输入 / 输出信号状态的变化，并分析是否正确，若出错，分析并写出原因及处理方法		
		3）举例说明某监控画面处于什么运行状态		

思考

一般情况下，工程实践中都会考虑紧急情况下的安全停机问题，此时需要增加“急停”按钮，待排除故障且系统重新回到原点后，再次按下起动按钮，系统可以重新运行，程序应如何更改？

恭喜你，已完成任务实施，完整体验了实施一个 PLC 任务的过程。

任务评价

本任务主要考核学生对选择序列编程的掌握情况以及学生对混料罐配方选择系

学习笔记

统控制程序设计与操作的完成质量。具体考核内容涵盖PLC控制系统设计、程序设计和职业素养3个方面。考核采取自评、互评和师评相结合的方法，具体考核内容与配分情况见表3-12。

表3-12 任务评价

考核项目	考核内容	考核标准	自评（30%）	互评（30%）	师评（40%）	得分
职业素养20分	分工是否合理、有无制订计划、是否严谨认真	无分工、无组织、无计划、不认真，扣5分				
	团队合作、交流沟通、互相协作	学生单独实施任务、未完成，扣10分				
	遵守行业规范、现场6S标准	现场混乱、未遵守行业规范等，扣5分				
PLC控制系统设计40分	I/O分配与线路设计	I/O线路连接错误，1处扣5分，不按照线路图连接，扣10～15分				
	顺序功能图绘制	顺序功能图绘制错误酌情扣分				
	线路连接工艺	工艺差、走线混乱、端子松动，每处扣5分				
PLC程序设计40分	正确编写梯形图	程序编写错误酌情扣分				
	程序输入并下载运行	下载错误，程序无法运行，扣20分				
	安全文明操作	违反安全操作规程，扣10～20分				
合计						

恭喜你，完成了任务评价。通过本任务的实现，掌握了如何用选择序列编程实现对混料罐配方选择系统的设计。本任务的控制过程较前一个任务难度有所升级，掌握了此类任务的编程方法，领会其精华，再处理更复杂的任务时会得心应手。下面让我们走进拓展提高环节，领略PLC的灵活性吧。

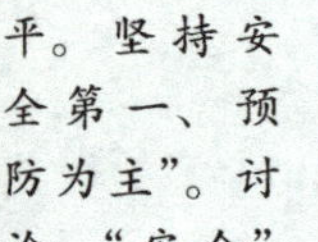
二十大报告提出要“提高公共安全治理水平。坚持安全第一、预防为主”。讨论：“安全”知多少？

拓展提高

【知识拓展】

一、使用起保停电路的顺序控制梯形图设计法

利用起保停电路由顺序功能图画出梯形图，通常要考虑以下两个方面。

学习笔记

1. 工步的处理

在起保停电路中，用辅助继电器代表工步，当某一工步为活动步时，对应的辅助继电器为ON状态。当某一转换实现时，该转换的后续步变为活动步，前级步变为非活动步。

设计起保停电路时，关键是找出起动条件和停止条件。转换实现的前提是前级步为活动步，且满足转换条件。如图3-30所示，用M1和X1常开触点组成的串联条件作为控制线圈M2的起动条件。当M3为活动步时，M2应为不活动步，因此，将M3=1作为M2变为OFF的条件，即用M3的常闭触点和M2线圈串联，作为起保停电路的停止条件。

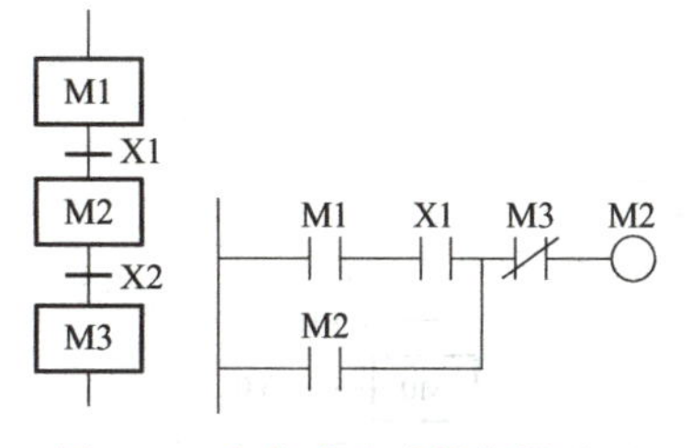

图3-30　起保停方式转换梯形图

思考

除了用M3的常闭触点作为控制线圈M2的停止条件，还可以用什么条件停止呢？

2. 输出电路

如果某一输出仅在某一步为ON时，可以分别将它们的线圈和对应辅助继电器的常开触点串联，也可将它们的线圈和对应辅助继电器的线圈并联。

如果某一输出继电器在几步中都为ON，应将各辅助继电器的常开触点并联后，驱动该输出继电器的线圈，如图3-31所示。

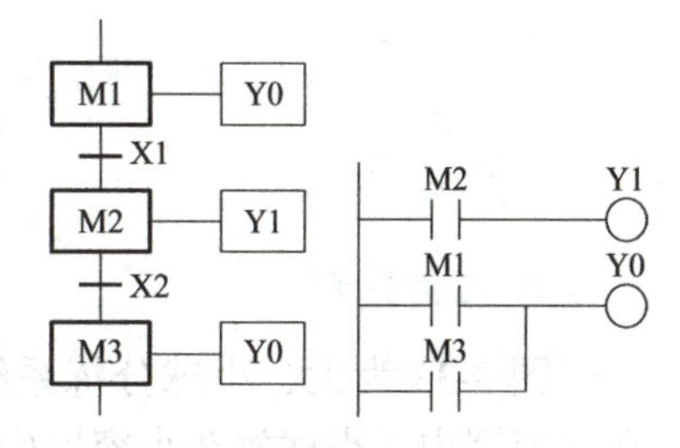

图3-31　输出电路处理方式

小提示

起保停电路是一种通用编程方法，因为它仅仅使用与触点和线圈有关的指令，所以，此种编程方法适用于任何型号的PLC。

二、选择序列起保停编程方法

1. 选择序列的分支编程方法

若某一步的后面有一个由N条分支组成的选择序列，该步可能转换到不同的N步，此时应将N个后续步对应辅助继电器的常闭触点与该步的线圈串联，作为结束该步的条件。

如图3-32所示，步M0之后有一个选择序列分支，当它的后续步M1和M2变为活动步时，它应变为非活动步，即M1或M2的常闭触点与M0线圈串联。

2. 选择序列的汇合编程方法

如果某一步之前有N个选择序列的转换进行合并，则代表该步辅助继电器的起动回路由N条支路并联而成，每一条支路由前级步对应辅助继电器的常开触点与相

学习笔记

应转换条件对应的触点串联而成。

在图 3-32 中，步 M3 之前有一个选择序列的合并，当步 M1 为活动步（M1 为 ON）且满足转换条件 X2，或者 M2 为活动步（M2 为 ON），且满足转换条件 X3，则步 M3 会被激活。

思考：以转换为中心与起保停编程“输出电路”的处理方式有何不同?

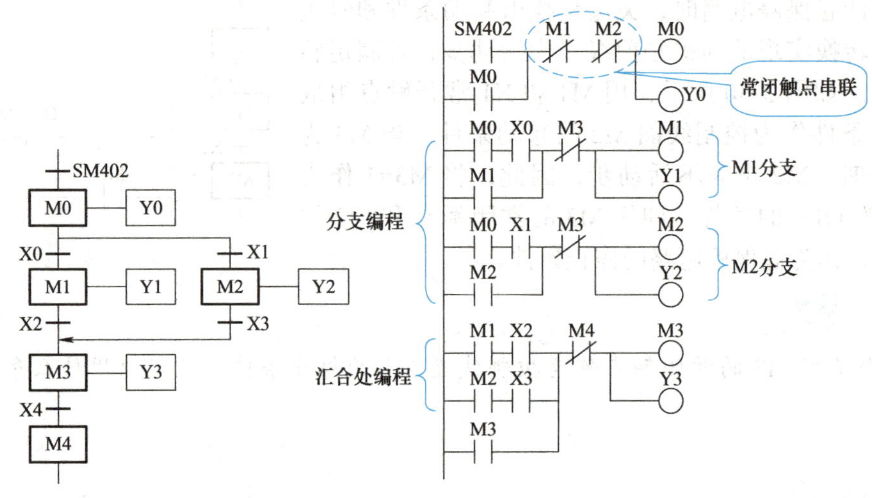

图 3-32　选择序列的分支、汇合编程举例

【任务拓展】

1. 任务描述

图 3-33 为大、小球分拣系统的传送装置示意图。该系统的主要功能是将大球放在大容器中，小球放在小容器中，机械手动作顺序为下降、吸球、上升、右行、下降、

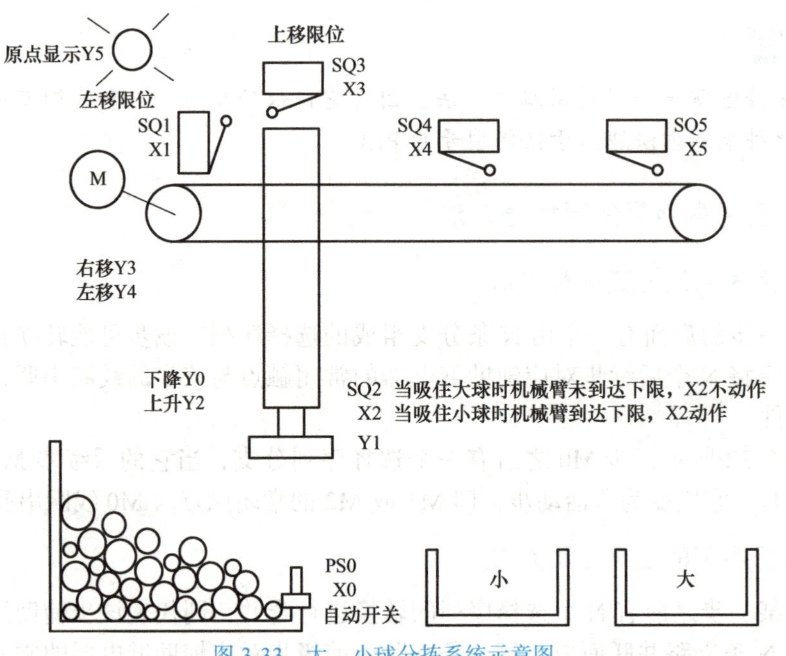

图 3-33　大、小球分拣系统示意图

释放、上升、左行。为保证安全操作，要求机械臂必须在原点状态时（即初始位置：左移到左限位装置 SQ1 处，上升到上限位装置 SQ3 处，磁铁在松开状态）才能起动运行。要求每次起动运行后，在完成一个工作周期后机械臂回到原点并停止。

2. 任务分析

1）根据图 3-33 所示，左上点为原点，机械臂下降（当磁铁压着的是大球时，限位开关 SQ2 断开，而压着的是小球时 SQ2 接通，以此可判断是大球还是小球）。左、右移分别由 Y4、Y3 控制，上升、下降分别由 Y2、Y0 控制，将球吸住由 Y1 控制，请同学们画出它的工作流程图。

2）分析本任务的 I/O 设备，完成表 3-13 输入 / 输出设备的填写。

表 3-13　大、小球分拣系统的 I/O 设备

输入设备			输出设备		
序号	元件名称	符号	序号	元件名称	符号
1			1		
2			2		
3			3		
…			…		

3. 任务实施

1）PLC 的 I/O 地址分配见表 3-14。

表 3-14　大、小球分拣系统的 I/O 地址分配

输入设备				输出设备			
序号	元件名称	符号	输入地址	序号	元件名称	符号	输出地址
1				1			
2				2			
3				3			
…				…			

2）选择 PLC 型号并设计 PLC 硬件接线图。根据物料大、小球分拣系统装置的控制要求，通过以上的 I/O 地址分配，可知需要的输入点数为________，需要的输出点数为________，总点数为________，考虑给予一定的输入 / 输出点余量，选用型号为________的 PLC。

根据选择的 PLC 型号，参照分配的 I/O 地址，请同学们完成 PLC 硬件接线图的设计。

L	N	⏚	S/S	24V	0V	X0	X1	X2	X3	X4	X5		
MITSUBISHI ELECTRIC										FX5U-______/______			
COM0	Y0	Y1	Y2	Y3	COM1	Y4	Y5	Y6	Y7				

3）顺序功能图的绘制。根据工艺要求知，该控制流程可依据 SQ2 的状态（即碰铁压到的是大球还是小球）设两个分支，此处应为分支点，且属于选择性分支。分支在机械臂下降之后根据 SQ2 的通断、分别将球吸住、上升、右行到 SQ4 或 SQ5 处下降，此处应为汇合点。然后再释放、上升、左移到原点。请同学们根据流程分析，绘制其顺序功能图。

4）程序编写。根据顺序功能图，应用起保停编程方法编写对应的梯形图。

5）程序调试与运行，总结调试中遇见的问题及解决方法。

任务三　混料罐加热与报警系统的编程与实现

任务要求

混料罐系统具有加热、报警和空桶传送的功能。按下起动按钮 SB1，开启进料泵 1 和进料泵 2，到达中液位 SQ2 后，进料泵 2 关闭，到达高液位 SQ1 后，进料泵 1 关闭。同时起动混料泵和加热丝。

1. 搅拌电动机起动，进行匀速搅拌 25s。

2. 同时加热丝自动开启加热功能，溶液温度通过温控仪进行设定和监测，到达设定温度，温控开关 KTP 闭合，加热器停止加热，若在 20s 内温度不能升到设定温度，加热器报警指示灯以 1Hz 的频率闪烁报警，按下复位按钮 SB2 后，解除报警，系统需重新起动。

3. 混料泵搅拌均匀后，料桶传送带正转 10s 将空桶运至出料口停止运行，由限位开关 SQ4 监测到出料口下方是否有桶，若在 20s 内监测不到空桶，传送带报警指示灯以 0.5Hz 频率进行报警，按下复位按钮 SB2 后，解除报警，系统需重新起动。

4. 若液体温度和空桶监测符合要求则出料泵打开，到达低液位后延迟 3s 关闭出料泵，料桶传送带反转 10s，将装满溶液的桶运至下一工位，至此完成 1 周期的运行。

按下停止按钮 SB3，系统完成本周期后停止运行。

任务目标

1. 掌握并行序列顺序功能图的绘制，并用步进指令转换成梯形图。

2. 掌握并行序列顺序控制步进指令的编程方法。

3. 能够编写混料罐配方加热与报警系统的程序并在 GX Works3 软件中进行步进指令程序的输入，然后将其写入 PLC 进行调试运行。

4. 能对出现的故障根据设计要求独立检修，直至系统正常工作。

5. 引导学生利用多种编程方法实现一种控制，要有创新有变化地学习编程，学会思考，形成编程思维。

任务分析

1. 工艺流程的分析

根据控制要求可知，混料罐在完成进料之后的混料、加热工作是同时进行的，执行总时间一致，是典型的并行分支。它的工艺流程如图 3-34 所示。

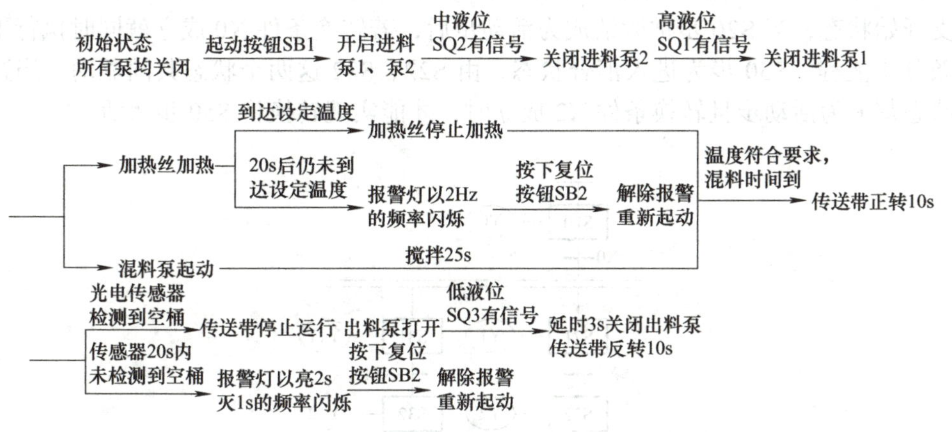

图 3-34　混料罐加热与报警系统工艺流程图

2. I/O 设备的确定

通过分析，本案例的输入设备是________、输出设备是________。请同学们完成表 3-15 的填写。

表 3-15　混料罐加热和报警系统的 I/O 设备

输入设备			输出设备		
序号	元件名称	符号	序号	元件名称	符号
1	起动按钮	SB1	1	进料泵 1	YV1
2	高液位传感器	SQ1	2	进料泵 2	YV2
3	中液位传感器	SQ2	3	出料泵	YV3
4	低液位传感器	SQ3	4	混料泵	YV4
5			5		
6			6		
…			…		

3. PLC 型号的选择

根据混料罐加热和报警系统的控制要求，通过I/O设备的确定，可知需要的输入点数为________，需要的输出点数为________，总点数为________，根据电源类型、I/O点数和成本最低原则，考虑便于今后调整和扩充，加上10%～15%的备用量，根据手册，确定PLC的型号为________。

恭喜你，完成了任务分析，明确了被控对象、输入/输出设备、PLC型号的选择以及混料罐加热和报警系统的工作流程，接下来进入知识链接环节。

知识链接

一、并行分支结构

多个流程分支可同时执行的分支流程称为并行分支。如图3-35所示，S20步为分支开始状态，当S20步被激活成为活动步后，若转换条件X0成立就同时执行下面两条分支流程。S50步为进入汇合状态，由S22、S32这两个状态共同驱动，当这两个状态都成为活动步且转换条件X2成立时，才能实现转换将S50步激活。

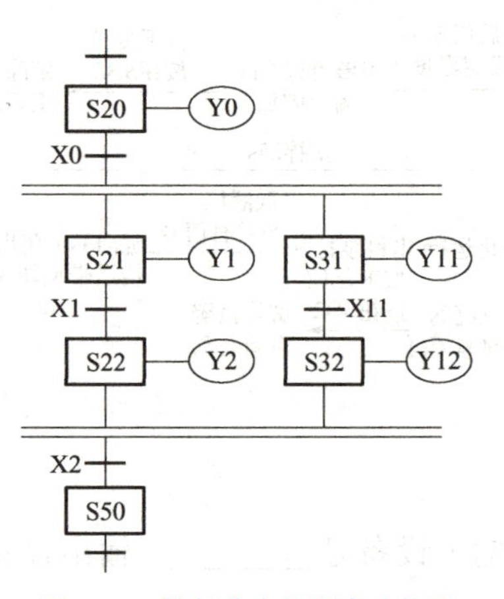

图3-35　并行分支的顺序功能图

小提示

一般用双实线表示并行分支的分支点和汇合点。

二、并行分支流程的顺控编程

并行分支、汇合的编程原则是先集中处理分支转换情况，然后依据顺序进行各分支程序处理，最后集中处理汇合状态。

1. 分支状态的编程

分支编程是先进行驱动处理，然后按照顺序进行状态转换处理。以图3-35为例，状态S20是分支状态，当条件S20满足时，同时向S21和S31两个状态转换。首先应用指令 STL S20 进入步进触点，驱动输出继电器 Y0，当转换条件 X0 满足时，其常开触点闭合，分别用 SET 指令将状态 S21、S31 置位，实现了同时到两个并行分支的转换，如图 3-36 所示。

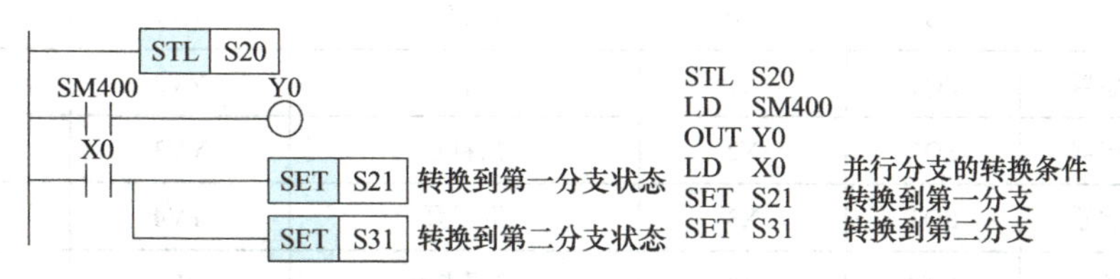

图 3-36　分支状态编程

2. 汇合状态的编程

汇合编程是先进行汇合前的中间状态的驱动和转换，再按顺序由各分支向汇合状态转换。如图 3-37 所示，S50 是汇合状态，由两个并行分支的最后状态 S22 和 S32 转入。所以，在汇合编程时，把状态 S22 和状态 S32 的步进触点串联，通过 SET 指令实现向状态 S50 的转换。

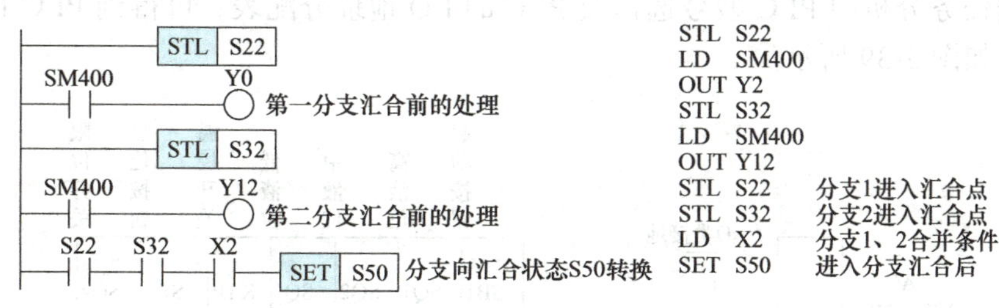

图 3-37　汇合状态编程

三、绘制并行序列顺序功能图的注意事项

1）并行分支结构最多实现 8 个分支的汇合。

2）并行序列分支处的转换符号必须画在水平双线的上方，且只允许有一个转换符号。其合并处的转换符号必须画在水平双线下方，且只允许有一个转换符号，如图 3-38 所示。

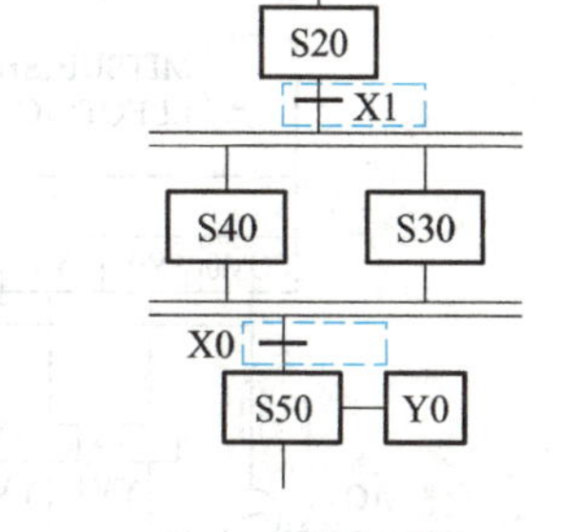

图 3-38　并行序列顺序功能图绘制原则

任务实施

1. PLC 的 I/O 地址分配

根据任务分析中确定的输入 / 输出设备可知，本案例的输入设备有温控开关、复位按钮和限位开关等共 7 个输入点；输出设备有加热丝、加热器报警指示灯、传送带报警指示灯、传送带的正反转等共 9 个输出点。I/O 地址分配见表 3-16。

表 3-16　混料罐加热和报警系统 I/O 地址分配

输入设备			输出设备		
元件名称	符号	输入地址	元件名称	符号	输出地址
起动按钮	SB1	X0	进料泵 1	YV1	Y0
高液位传感器	SQ1	X1	进料泵 2	YV2	Y1
中液位传感器	SQ2	X2	出料泵	YV3	Y2
低液位传感器	SQ3	X3	混料泵	YV4	Y3
温控开关	KTP	X4	加热器指示灯	HL1	Y4
复位按钮	SB2	X5	加热器报警指示灯	HL2	Y5
限位开关	SQ4	X6	传送带报警指示灯	HL3	Y6
			传送带电动机正转	KM1	Y7
			传送带电动机反转	KM2	Y10

2. I/O 硬件接线设计

根据任务分析中 PLC 型号选择及 PLC 的 I/O 地址分配表，可得到 PLC I/O 外部接线图，如图 3-39 所示。

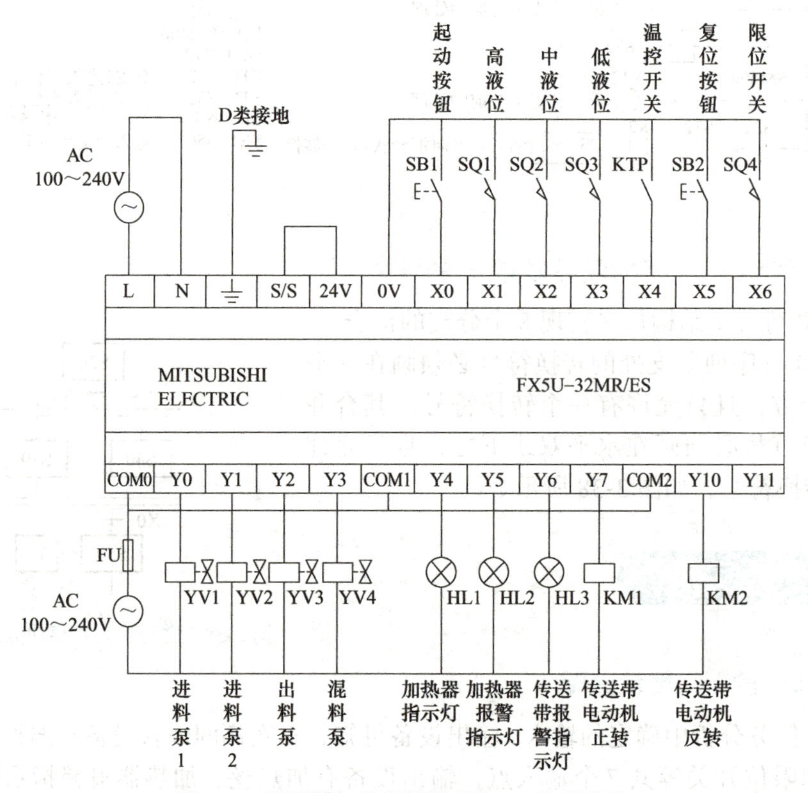

图 3-39　混料罐加热和报警系统 I/O 外部接线

3. 顺序功能图绘制

根据混料罐加热与报警系统的工作流程，按照顺序功能图的绘制步骤，可得顺序功能图如图 3-40 所示。

4. PLC 程序编写

根据顺序功能图，利用步进指令编写的梯形图如图 3-41 所示。

5. 调试仿真

利用 GX Works3 编程软件在计算机上输入图 3-41 所示的程序，将调试好的用户程序以及设备组态分别下载到 CPU 中，并连接线路。

按下起动按钮 SB1（X0 接通），进料泵 1 和进料泵 2 同时起动（Y0、Y1 得电）。接通 X2，即到达中液位（Y0 得电，Y1 失电），代表进料泵 2 关闭，进料泵 1 持续打开。接通 X1，即到达高液位，进料泵 1 关闭，混料泵和加热丝同时动作。一条支路为混料泵均匀混料 25s（Y3 得电 25s），另一条支路为加热丝进行加热（Y4 得电）。若在 20s 内，加热丝加热温度达到要求，则接通 X4，标志位 M1 得电，代表加热达到要求；若在 20s 内，加热丝加热温度未达到要求，则加热器报警指示灯 Y5 以 1Hz 的频率闪烁，此时需按下复位按钮 SB2，系统重新起动。

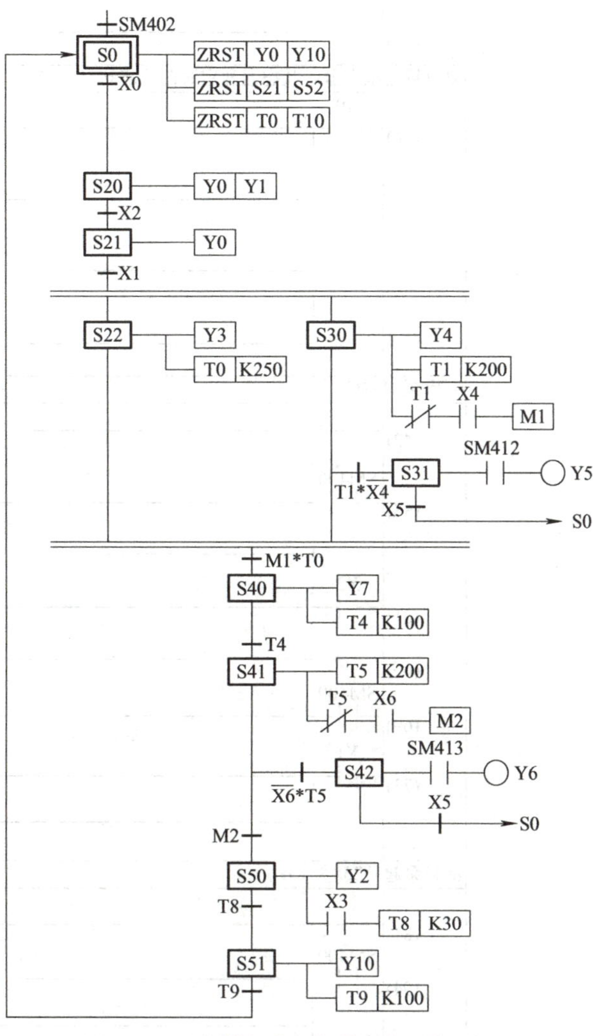

图 3-40 混料罐加热与报警系统顺序功能图

当混料泵搅拌 25s，且加热丝在 20s 内达到预设温度，即 M1 和 M2 均置为 1 后，Y7 得电 10s，代表传送带正转 10s，限位开关 X6 用来检测空桶，20s 后，X6 置为 0，代表未检测到空桶，Y6 以 0.5Hz 频率闪烁，代表传送带报警指示灯进行报警。按下复位按钮 SB2（即 X5 置为 1），系统重新起动。将 X6 强制置为 1，代表检测到空桶，Y2 得电 3s 代表出料泵打开 3s，然后，Y10 得电 10s，即传送带反转 10s 进入到下一个周期。

6. 硬件接线，联机调试

使用网线将本地计算机与 PLC 连接，接通电源。然后单击工具栏中的下载按钮，将程序下载到 PLC 中，进行联机调试。根据控制要求，按下起动按钮、停止按钮，记录调试过程中出现的问题和解决措施，并填写表 3-17。

学习笔记

思考1：M1 和 M2 在程序中的作用是什么？

思考2：并行分支的步数影响并行汇合的时间吗？

学习笔记

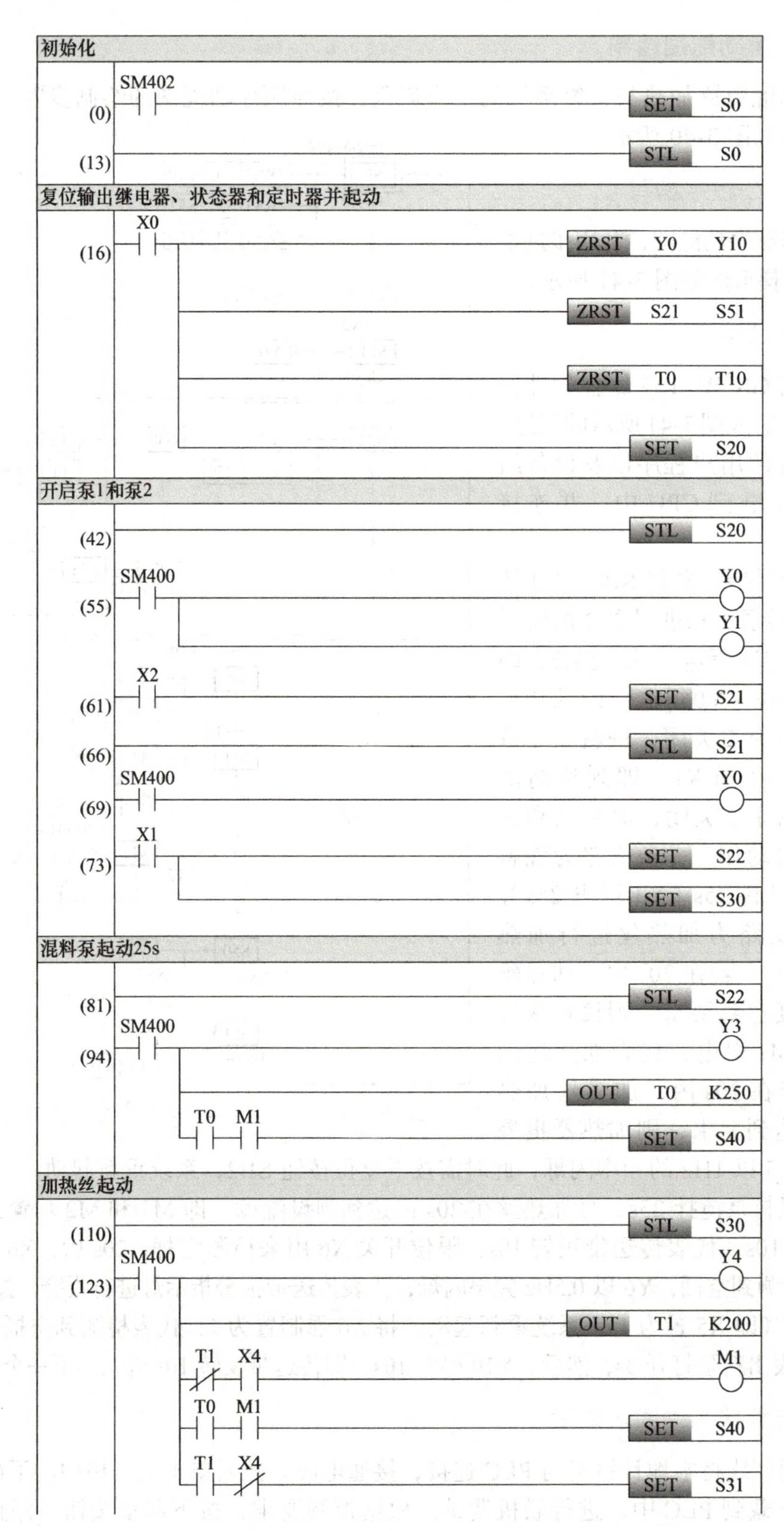

图 3-41 混料罐加热与报警系统梯形图

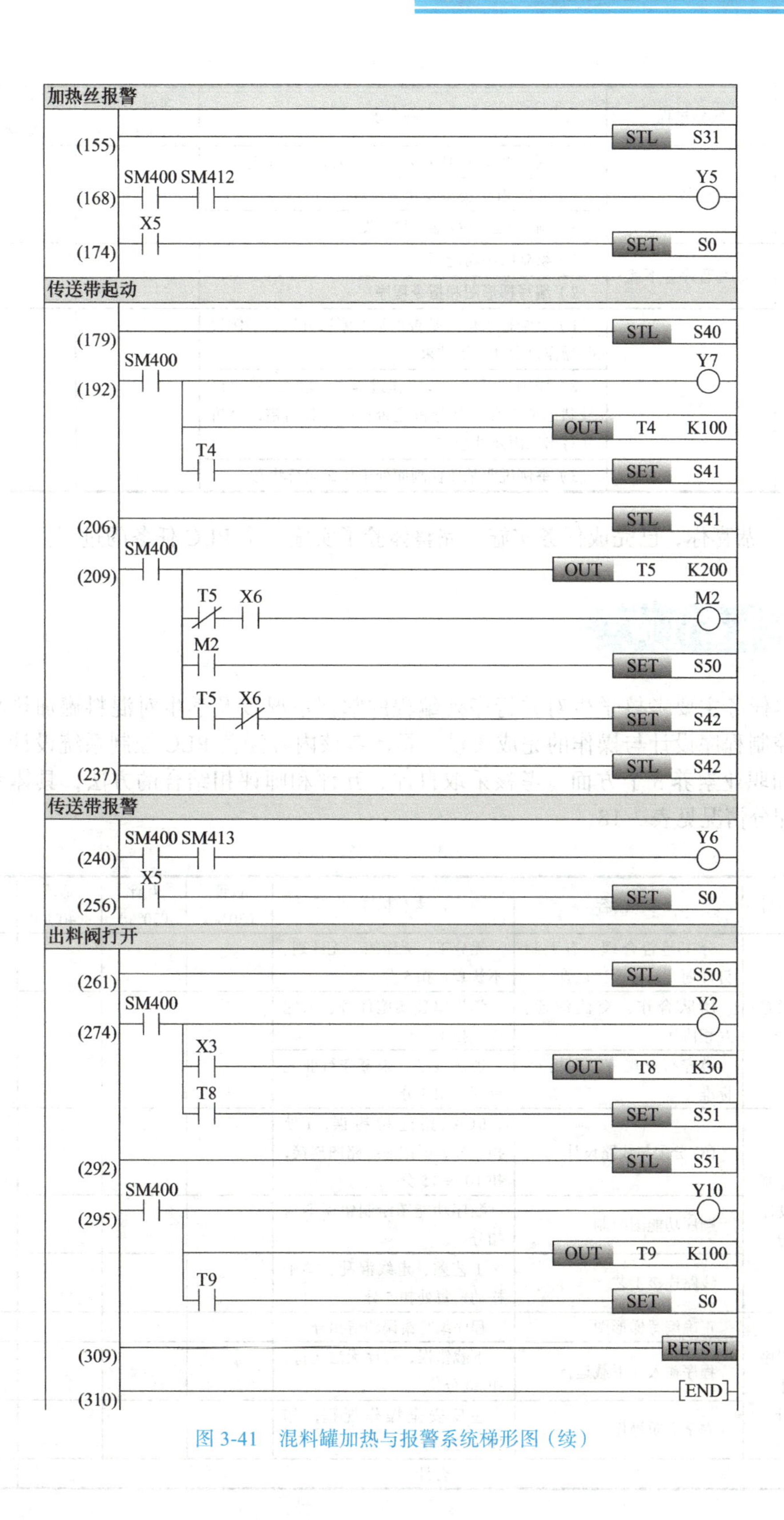

图 3-41　混料罐加热与报警系统梯形图（续）

表 3-17　实施过程、实施方案或结果、出现异常原因及处理方法记录

序号	实施过程	实施要求	实施方案或结果	异常原因分析及处理方法
1	电路绘制	1）列出 PLC 控制 I/O 端口元件地址分配表		
		2）写出 PLC 类型及相关参数		
		3）画出 PLC I/O 端口接线图		
2	编写程序并下载	1）绘制顺序功能图		
		2）编写梯形图和指令程序		
3	运行调试	1）总结输入信号是否正常的测试方法，举例说明操作过程和显示结果		
		2）详细记录每一步操作过程中，输入 / 输出信号状态的变化，并分析是否正确，若出错，分析并写出原因及处理方法		
		3）举例说明某监控画面处于什么运行状态		

恭喜你，已完成任务实施，完整体验了实施一个 PLC 任务的过程。

任务评价

本任务主要考核学生对并行序列编程的掌握情况以及学生对混料罐加热与报警系统控制程序设计与操作的完成质量。具体考核内容涵盖 PLC 控制系统设计、程序设计和职业素养 3 个方面。考核采取自评、互评和师评相结合的方法，具体考核内容与配分情况见表 3-18。

表 3-18　任务评价

考核项目	考核内容	考核标准	自评（30%）	互评（30%）	师评（40%）	得分
职业素养 20 分	分工是否合理、有无制订计划、是否严谨认真	无分工、无组织、无计划、不认真，扣 5 分				
	团队合作、交流沟通、互相协作	学生单独实施任务、未完成，扣 10 分				
	遵守行业规范、现场 6S 标准	现场混乱、未遵守行业规范等，扣 5 分				
PLC 控制系统设计 40 分	I/O 分配与线路设计	I/O 线路连接错误，1 处扣 5 分，不按照线路图连接，扣 10 ～ 15 分				
	顺序功能图绘制	顺序功能图绘制错误酌情扣分				
	线路连接工艺	工艺差、走线混乱、端子松动，每处扣 5 分				
PLC 程序设计 40 分	正确编写梯形图	程序编写错误酌情扣分				
	程序输入并下载运行	下载错误，程序无法运行，扣 20 分				
	安全文明操作	违反安全操作规程，扣 10 ～ 20 分				
合计						

恭喜你，完成任务评价。通过本任务的实现，掌握了如何用并行序列编程实现对混料罐加热与报警系统的设计。这是混料罐系统的最后一个任务，其控制过程较前两个任务难度又进一步升级。掌握本任务的编程方法，领会其精华，则今后在处理顺控类项目会得心应手。下面让我们走进拓展提高环节，领略 PLC 的灵活性吧。

拓展提高

【任务拓展】

党的二十大报告指出："推进新型工业化，加快建设制造强国、质量强国、航天强国、交通强国、网络强国、数字中国。"机械设备行业在近几年步入高质量发展新阶段，从"中国制造"向"中国智造"迈进。我国在机、泵、阀等各类通用机械设备等核心领域不断打破国外垄断，实现国产化，打造大国重器。全自动送料剪板机作为金属加工业的重要锻压设备，在我国行业发展前景大好。

1. 任务描述

剪板机控制过程如图 3-42 所示，在开始状态，压钳和剪刀在最上端，限位开关 X1 和 X2 为 ON，按下起动按钮后，工料向右行至限位开关 X4，X4 为 ON，压钳下行，压紧工料后，压力继电器为 ON，压钳保持压紧。剪刀下行，工料剪完后 X3 为 ON，压钳和剪刀同时上行，碰到 X1 和 X2 后停止，等待下一次起动。

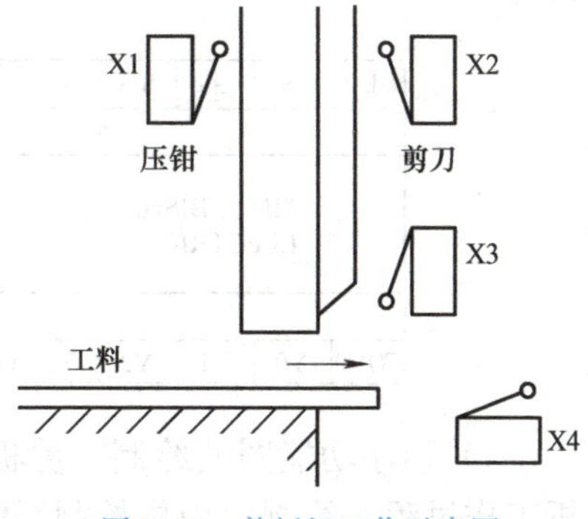

图 3-42　剪板机工作示意图

2. 任务分析

1）通过对剪板机工作过程分析可知，它是典型的并行序列控制，请同学们画出它的工作流程图。

2）分析本任务的 I/O 设备，完成表 3-19 输入 / 输出设备的填写。

表 3-19　剪板机的 I/O 设备

输入设备			输出设备		
序号	元件名称	符号	序号	元件名称	符号
1			1		
2			2		
3			3		
…			…		

3. 任务实施

1）PLC 的 I/O 地址分配见表 3-20。

学习笔记

表 3-20 剪板机的 I/O 地址分配

输入设备				输出设备			
序号	元件名称	符号	输入地址	序号	元件名称	符号	输出地址
1				1			
2				2			
3				3			
…				…			

2）选择 PLC 型号并设计 PLC 硬件接线图。根据剪板机控制要求，通过以上的 I/O 地址分配，可知需要的输入点数为________，需要的输出点数为________，总点数为________，考虑给予一定的输入 / 输出点余量，选用型号为________的 PLC。

根据选择的 PLC 型号，参照分配的 I/O 地址，请同学们完成 PLC 硬件接线图的设计。

L	N	⏚	S/S	24V	0V	X0	X1	X2	X3	X4	X5			

MITSUBISHI
ELECTRIC

FX5U-______/______

COM0	Y0	Y1	Y2	Y3	COM1	Y4	Y5	Y6	Y7					

3）顺序功能图的绘制。剪板机的控制系统是典型的并行顺序控制，请同学们分析工作过程，绘制剪板机控制系统的顺序功能图。

4）程序编写。根据顺序功能图，编写对应的梯形图（不局限编程方法）。

5）程序调试与运行，总结调试中遇见的问题及解决方法。

【视野拓展】

党的二十大报告强调："坚持尊重劳动、尊重知识、尊重人才、尊重创造"。

2022 年 6 月 23 日上午，长征二号丁运载火箭搭载着遥感三十五号 02 组卫星一箭冲天，卫星顺利进入预定轨道，发射任务获得圆满成功。强化使命担当，勇于创新突破，全面提升现代化航天发射能力，努力建设世界一流航天发射场……火箭腾飞背后，有着这样一群航天人，他们周密组织实施，确保圆满成功，用精益求精托举"中国星"遨游太空。

西昌卫星发射中心指挥控制中心作为航天发射的指挥枢纽，有着诸多精密设备，这些设备的运行都需要配电"输血"和空调"供氧"，而这项 24h 不间断保障的工作正是由勤保分系统承担完成。他们甘居幕后、坚守使命，以出色的"看家"本领为航天发射指挥控制任务提供了稳妥可靠的保障。这个平均年龄只有 25 岁的年轻团队，就像一颗永不停歇的“心脏”，为任务成功保驾护航。无论白天还是黑夜，每次发射任务，他们都时刻紧绷神经注意机器的运转状态，每半小时检查 1 次设备数据，在噪声高达 80dB、充满电磁辐射的环境中足足待上 8h。

聒噪单调的岗位工作，没有动摇过他们坚守岗位的初心和矢志航天的决心，他们用 8h 的有备无患，24h 的刻苦坚守，确保了电能质量稳定可靠、温湿环境控制精准、设备状态运行良好，以实际行动确保航天发射万无一失。

步步为赢，精益求精!

顺序功能图按照规定的顺序，步步为赢，做好当前步应该执行的每一个动作，等待转换条件，一旦满足转换条件，就进行步的转换，继续执行下一步，有条不紊地按顺序执行。

我们也应该给自己的人生规划一个合理的目标，将大目标分割成小目标，为实现每个小目标而不断努力，并与时俱进，不断前进，逐个实现小目标，最终实现自己的大目标。做一个有为青年，用所学的知识实现个人价值，报效祖国。

项目小结

本项目以混料罐系统的控制要求及解决方案为例，引出顺序功能图的编程思想、编程方法。顺序功能图是用于顺序控制系统编程的一种简单易学、直观易懂的编程方法。在顺序功能图中，用状态继电器（S）表示每个状态，每个状态有 3 个要素，即负载输出、转换条件和转换目标。用于顺序功能图编程的专用指令有顺序控制开始（STL）指令、顺序控制结束（RETSTL）指令。

顺序控制按控制要求可分为单序列、选择序列和并行序列 3 种形式。单序列和选择序列的顺序功能图转化为梯形图时比较简单，对并行序列进行转化时，必须处理好分支汇合处的编程。

在使用顺序功能图编程时，必须注意系统停止的控制方式。一般情况下可能有两种停止要求，立即停止和完成当前周期后停止。对于立即停止的要求，可以通过使初始状态以外的其他所有状态器同时复位来解决；对于完成当前周期后停止的要求，可以通过按下停止按钮后，断开初始状态及与初始状态的转换目标状态之间的转换条件来实现。

逻辑思维　深思虑远

“故经之以五事，校之以计，而索其情”。工程设计中要遵从逻辑规律，采用科学的逻辑方法，养成严密、有条理、准确全面地分析与设计的习惯。这也是工程人员所必需的一种技术素养。

学习笔记

思考与练习

一、判断题

1. 状态元件是用于步进顺控编程的重要软元件，随状态动作的转换，原状态元件自动复位，只是状态元件的常开 / 常闭触点使用次数有所限制。（　　）

2. 在状态转换过程中，在一个扫描周期内会出现两个状态同时动作的可能性，因此两个状态中不允许同时动作的驱动元件之间应进行联锁控制。（　　）

3. 在步进触点后面的电路块中不允许使用主控指令或主控复位指令。（　　）

4. 当状态继电器不用于步进顺序控制时，它可作为输出继电器用于程序中。（　　）

5. 顺序控制程序中不允许出现双线圈输出。（　　）

二、选择题

1. PLC 中步进触点返回指令 RETSTL 的功能是（　　）。

A. 程序的结束指令

B. 程序的复位指令

C. 将步进触点由子母线返回到原来的左母线

D. 将步进触点由左母线返回到原来的副母线

2. 步进触点只有（　　）。

A. 常闭触点　　B. 常开触点　　C. 动断触点　　D. 循环

3. STL 指令的操作元件为（　　）。

A. 定时器（T）　　B. 计数器（C）

C. 辅助继电器（M）　　D. 状态元件（S）

4. 状态元件（S）是用于步进顺控编程的重要软元件，其中初始状态元件为（　　）

A. S10 ~ S19　　B. S20 ~ S499　　C. S0 ~ S9　　D. S500 ~ S899

5. 既可以向下面状态直接转换，又可以向系列外状态转换的结构是（　　）

A. 选择分支　　B. 并行分支　　C. 跳转程序结构　　D. 循环

三、填空题

1. FX5U 系列 PLC 的状态继电器中，初始状态继电器为________。

2. FX5U 系列 PLC 的步进梯形图中，开始指令 STL 的目标元件是________。

3. 顺序功能图一般由________、________、________、________和________组成。

4. 在顺序功能图中，过程的初始步由________来表示。

5. FX5U 系列 PLC 中，________是编写顺控程序的重要软元件，并与________指令配合使用来方便地编写对应的梯形图。

四、简答题

1. 状态继电器分哪几类？举例说明各状态继电器的使用场合。
2. 什么是顺序功能图？试说明顺序功能图的结构和种类。
3. 简述状态步与步直接转换的条件。

五、程序题

1. 编写如图 3-43 所示顺序功能图所对应的梯形图。

2. 设计一个用 PLC 控制的工业洗衣机的控制系统，其控制要求是：起动后洗衣机进水，高水位开关动作时开始洗涤。

洗涤方式有标准和轻柔两种，分别如下所述。

标准方式：正转洗涤 3s 停止 1s，再反转洗涤 3s 停止 1s，如此循环 3 次，洗涤结束。然后排水至低水位时进行脱水 5s（同时排水），这样就完成从进水到脱水的一个大循环。经过 3 次大循环后，洗衣机报警，2s 后自动停机。

轻柔方式：正转洗涤 3s 停止 1s，循环 3 次，洗涤结束。然后排水至低水位时进行脱水 5s（同时排水），这样就完成从进水到脱水的一个大循环。经过 2 次大循环后，洗衣机报警，2s 后自动停机。

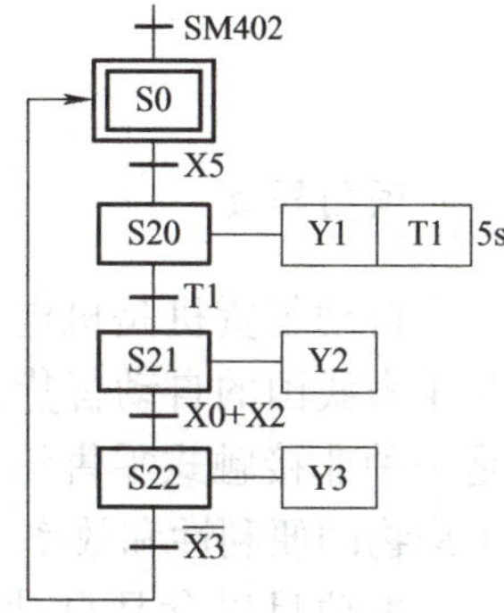

图 3-43　顺序功能图

3. 设计一个用 PLC 控制的双头钻床的控制系统。

1）双头钻床用来加工圆盘状零件均匀分布的 6 个孔，如图 3-44 所示。操作人员将工件放好后，按下起动按钮，工件被夹紧，夹紧后压力继电器为 ON，此时两个钻头同时开始向下进给加工。大钻头钻到设定的深度（SQ1）时，钻头上升，升到设定的起始位置（SQ2）时，停止上升；小钻头钻到设定的深度（SQ3）时，钻头上升，升到设定的起始位置（SQ4）时，停止上升。两个都到位后工件旋转 120°，旋转到位时 SQ5 为 ON，然后开始钻第 2 对孔。3 对孔都钻完后工件松开，到位后 SQ6 为 ON，系统返回初始位置。

2）具有紧急停止功能。

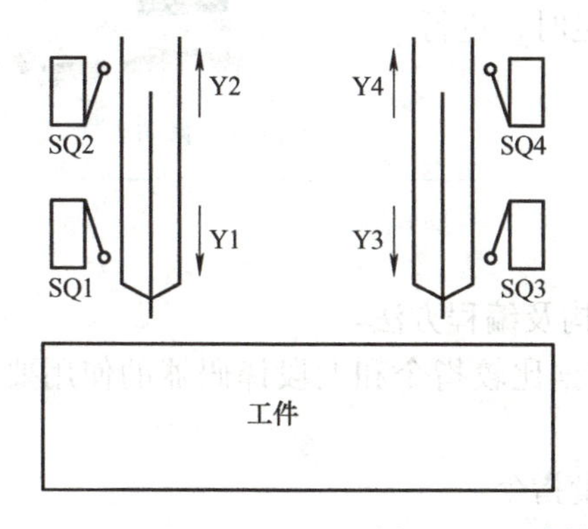

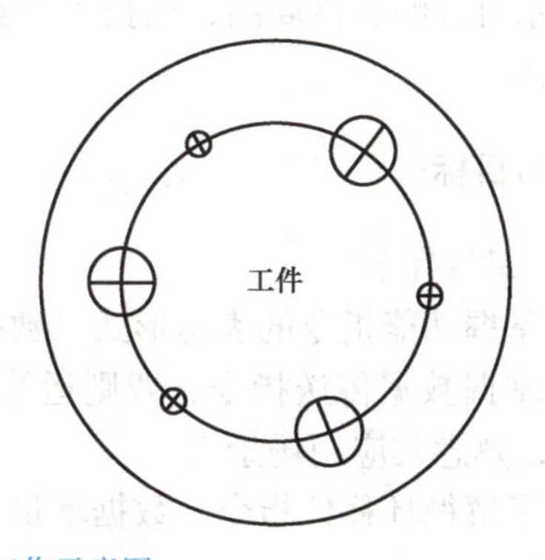

图 3-44　双头钻床的工作示意图

项目四

自动售货机控制系统的编程与实现

学习笔记

思考：AR 增强现实技术、5G 通信技术的迅速发展对自动售货机的智能化发展有什么现实意义？

项目导读

自动售货机是机电一体化的商业自动化设备，被称为 24h 营业的微型超市，近几年来我国的自动售货行业突飞猛进，以 PLC 为控制核心的大型食品自动售货系统是一种非接触式零售销售设备，消费者只需投币或扫码即可完成购买，极大地提高了购物的便利性和效率。

本项目以食品自动售货机控制系统的设计为例，通过自动售货机的投币计数、计价购买和数码显示等功能，学习数据传送指令、四则运算、数据比较指令和七段译码器等相关功能指令的功能、程序的设计分析和调试运行，使用 GX Works3 设计梯形图，并将其写入 PLC 进行调试运行。

项目描述

图 4-1 所示的自动售货机可出售瓜子（3 元 / 包）、可乐和雪碧（6 元 / 瓶）、冰柠檬和美年达（8 元 / 瓶）共 5 种商品，通常有 1 元、5 元和 10 元投币口，货币采用 LED 七段数码显示（投入 1 元则显示 1）。当投入金额大于等于商品售价时，对应商品指示灯点亮，表示可以购买该商品，当投入金额不足时，进行提醒操作。

图 4-1　自动售货机示意图

学习目标

【知识目标】

※ 掌握功能指令的表达形式、数据结构及编程方法。

※ 掌握数据传送指令、四则运算、数据比较指令和七段译码器的使用要素、编程方法，熟悉其应用场景。

※ 了解循环移位指令、数据增量 / 减量指令。

【技能目标】

※ 能根据项目控制要求，基于功能指令的使用要素，设计出自动售货机运行的梯形图程序，精准实现自动售货机的起动检测、货币累计、计价购买、金额比

较和找零等功能。

※ 能熟练使用 GX Works3 编程软件设计梯形图，并将其写入 PLC 进行调试运行。

【素质目标】

※ 培养学生耐心、认真、严谨的工作态度。程序的设计和调校是反复尝试和检验调整变量的过程，需要学生以认真的态度、极大的耐心来一步一步操作，程序设计过程中的数据不能弄虚作假，每个指标都需要严谨治学的态度。

※ 通过程序的编写和优化，培养学生精益求精的工匠精神，让学生在实践中体验学习的乐趣。

※ 自动售货机是科技兴国战略的有力体现，通过本项目的学习，让学生真正做到学以致用，从而在日常生活中可以发现问题并改进，培养学生的问题意识和主动探索的品质。

任务一　自动售货机起动检测的编程与实现

任务要求

1. 初始状态：自动售货机和 PLC 等相关元件处于原始状态，等待投币购买。

2. PLC 上电后，瓜子、可口可乐、雪碧、冰柠檬、美年达可购买指示灯、找零指示灯、余额指示灯依次点亮，亮 0.5s，熄灭 0.5s。

任务目标

1. 掌握功能指令的表达形式和数据结构。

2. 掌握数据传送指令和循环移位指令的使用，并能绘制梯形图。

3. 能够编写自动售货机的起动程序，会在 GX Works3 软件中进行梯形图输入，并将其写入 PLC 进行调试运行。

4. 通过对自动售货机起动检测功能的实现，让学生明白在工作和生活中做事要严谨，培养学生认真、严谨、一丝不苟的工匠精神。

任务分析

1. 工艺流程的分析

自动售货机起动检测工作流程图如图 4-2 所示，PLC 上电时，对存储投入货币数的寄存器清零，同时对售货机的指示灯进行上电检测，采用每隔 1s 的方式逐一进行检测，保证设备的正常运行。

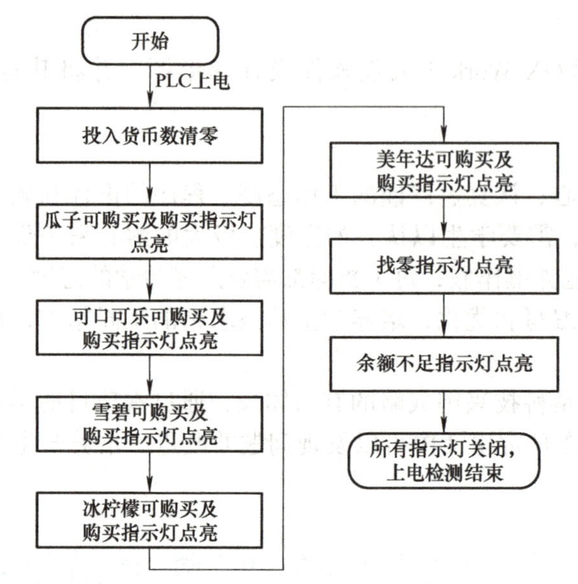

图 4-2　自动售货机起动检测工作流程图

2. I/O 设备的确定

请同学们分析本任务的输入 / 输出设备，完成表 4-1 的填写。

表 4-1　自动售货机起动检测功能的 I/O 设备

输入设备			输出设备		
序号	元件名称	功能描述	序号	元件名称	功能描述
1			1		
2			2		
3			3		
…			…		

3. PLC 型号的选择

根据自动售货机起动检测系统的控制要求，通过 I/O 设备的确定，可知需要的输入点数为________，需要的输出点数为________，总点数为________。根据电源类型、I/O 点数和成本最低原则，考虑便于今后调整和扩充，加上 10% ～ 15% 的备用量，根据手册确定 PLC 型号为________。

恭喜你，完成了任务分析，明确了任务要求、输入 / 输出设备、PLC 型号的选择以及自动售货机起动检测的工作流程，接下来进入知识链接环节。

一、功能指令

功能指令是具有特定功能意义的指令，一条基本指令只完成一个特定的操作，而一条功能指令却能完成一系列的操作，相当于执行了一个子程序，所以功能指令的功能更加强大，使编程更加精练。基本指令与其梯形图之间是互相对应的，而功能指令采用梯形图和助记符（又称操作码）相结合的形式，意在表达本指令要做什么。

1. 功能指令的格式

功能指令主要由助记符和操作数两部分组成，与基本指令不同，执行一条功能指令相当于实现某种特定功能的程序，相比基本指令实现特定功能更为简单，梯形图格式如图 4-3 所示。

图 4-3　功能指令的梯形图格式

2. 功能指令的使用说明

1）操作数使用说明见表 4-2。

表 4-2　操作数使用说明

操作数	使用说明	表达方式
源操作数（s）	执行指令后数据不变的操作数	使用变址功能时表示为“(s)”，两个及以上时表示为“(s1)”“(s2)”等
目标操作数（d）	执行指令后数据被刷新的操作数	使用变址功能时表示为“(d)”，两个及以上时表示为“(d1)”“(d2)”等
其他操作数 m、n	补充注释的常数	用十进制（K）和十六进制（H）表示，两个及以上时表示为 m1、m2、n1、n2 等

2）功能指令的助记符表示指令的功能，即实现的相关程序，如数据传送（MOV）指令、减法（SUB）指令等。

3）可处理 16 位数据和 32 位数据，助记符前加字母“D”（Double）表示处理 32 位数据，如 DADD。如图 4-4 所示，32 位数据由元件号相邻的两个 16 位字元件组成，首地址通常统一采用偶数编号。

4）功能指令有连续型执行方式（每个扫描周期均执行一次）和脉冲型执行方式（只有在执行信号由 OFF 转为 ON 时执行一次）两种，脉冲型执行方式在助记符后加“P”（Pulse），如 DMOV（P），表示 32 位操作数的脉冲执行方式。

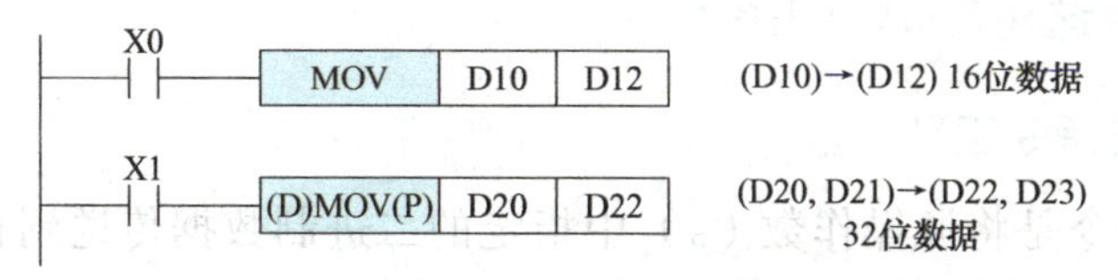

图 4-4　数据长度的表达方法

学习笔记

二、功能指令的数据结构

1. 位元件、字元件、位组合元件和变址寄存器

位元件只具有接通（ON 或 1）或断开（OFF 或 0）两种状态的元件，将多个位元件按一定的规律组合起来就称为字元件，也称为位组件。变址寄存器是寄存器的一种类型，主要用于存放存储单元在段内的偏移量。位元件、字元件、位元件组合和变址寄存器使用说明见表 4-3。

表 4-3　数据结构使用说明

操作数	使用说明	表现形式
位元件	只处理 ON 或 OFF 两种状态的元件	X、Y、M、S
字元件	处理数据的元件	KnX、KnY、KnM、KnS、T、C、D、V、Z
位元件组合	用于表示数据，4 个连续位元件作为一个基本单元进行组合，表示 4 位 BCD 码或 1 位十进制数	用 KnP 表示，K 为十进制，n 为位元件组合的组数，P 为位组合元件的首地址位元件
变址寄存器	用于改变操作数的地址，存放改变地址的数据	由 V0 ～ V7、Z0 ～ Z7 共 16 点 16 位变址数据寄存器构成

小提示

位元件组合 n 的取值范围为 1 ～ 8，P 一般用 0 编号的元件；当一个 16 位数据传送到 K1M0 ～ K3M0 时，只传送低位，高位溢出。

2. 应用说明

变址寄存器的使用如图 4-5 所示，实际地址 = 当前地址 + 变址地址，当处理 32 位数据时，V（高 16 位）和 Z（低 16 位）组合使用。

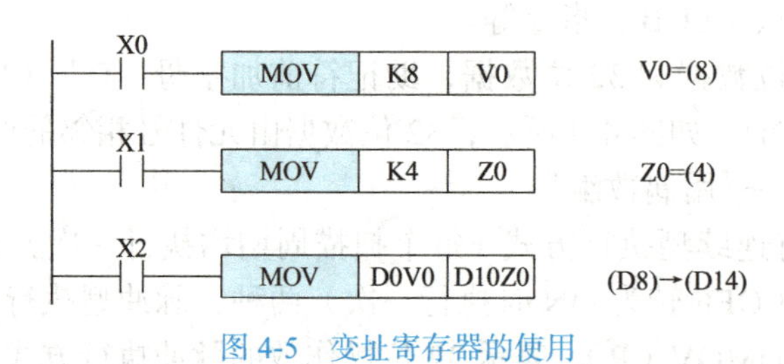

图 4-5　变址寄存器的使用

三、数据传送（MOV）指令

1. 数据传送指令定义

数据传送指令是将源操作数（s）中指定的二进制数据传送到目标操作数（d）指定的软元件中，梯形图格式如图 4-6 所示。

2. 数据传送指令使用说明

1）MOV 指令可进行二进制 16 位 /32 位数据长度操作，操作方式有连续型执行方式和脉冲型执行方式 MOV（P）两种。

2）若源操作数（s）为十进制常数，则先自动转化为二进制常数后再执行数据传送指令。

3）若执行条件不满足时，将不执行 MOV 指令，目标操作数（d）的数据保持不变。

4）数据传送指令的应用。如图 4-7 所示，当 X0 接通时，该指令把源操作数 K100 送入（D11，D10）中，即（D11，D10）=K100。

图 4-6　数据传送指令格式　　图 4-7　数据传送指令应用

四、不带进位的循环移位指令

1. 指令格式

不带进位的循环移位指令是一种计算机指令，它对指定的寄存器或存储器操作数进行循环移位操作，该指令是将目标操作数（d）中的数据进行循环移位 n 位并将结果存储到指定的软元件中，梯形图格式如图 4-8 所示。

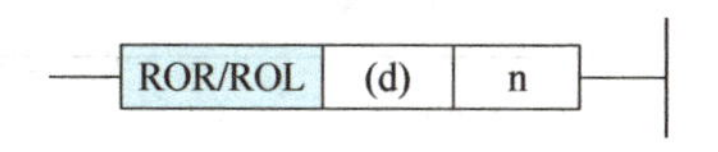

图 4-8　不带进位的循环移位指令格式

2. 指令使用说明

1）根据循环移位方向可分为右循环移位（ROR）和左循环移位（ROL），每次移出（d）的低位（或高位）数据循环进入（d）的高位（或低位），即移位指令会影响进位标志位的状态。

2）有连续型执行方式和脉冲型执行方式两种，脉冲型右循环移位指令操作数对应关系如图 4-9 所示。

3）n 的取值范围为 0 ～ 15 或 0 ～ 31，即小于数据位数，若 n>d，则以 n ÷ 16（16 位）或 n ÷ 32（32 位）的余数进行实际移位。

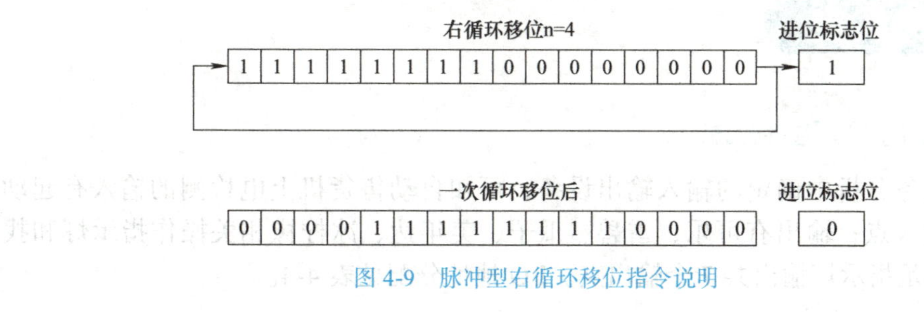

图 4-9　脉冲型右循环移位指令说明

学习笔记

小提示

当目标操作数是位元件组合时，以 n 指定的软元件范围进行移位；若 n>d，则以 n÷d 的余数进行实际移位。

五、带进位的循环移位指令

1. 指令格式

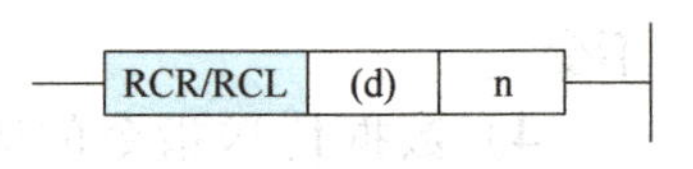

图 4-10　带进位的循环移位指令格式

带进位的循环移位指令是一种计算机指令，它对指定的寄存器或存储器操作数进行循环移位操作，同时将进位标志位也参与到移位过程中，该指令是将目标操作数（d）中的数据及进位标志位数据一起进行循环移位 n 位，并将移位结果存储到指定的软元件中，梯形图格式如图 4-10 所示。

2. 指令使用说明

1）根据循环移位方向可分为右循环移位（RCR）和左循环移位（RCL）。

2）有连续型执行方式和脉冲型执行方式两种，脉冲型左循环移位指令操作数对应关系如图 4-11 所示。

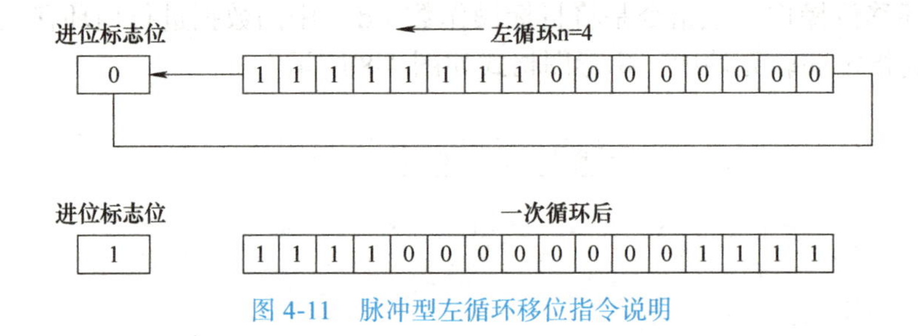

图 4-11　脉冲型左循环移位指令说明

思考

请同学们思考一下带进位和不带进位的循环移位指令可分别应用到哪些不同的场景呢？

恭喜你，完成了功能指令、数据传送指令等相关知识的学习，并且初步学会相关指令梯形图的绘制，接下来，进入任务实施阶段。

1. PLC 的 I/O 地址分配

根据任务分析中确定的输入输出设备，可知自动售货机上电检测的输入有起动按钮 1 个输入点；输出有可乐、雪碧、瓜子、美年达、冰柠檬相关操作指示灯和找零、余额不足指示灯输出共 7 个输出点。I/O 地址分配见表 4-4。

表 4-4 自动售货机起动检测功能的 I/O 地址分配

输入设备			输出设备		
元件名称	符号	输入地址	元件名称	符号	输出地址
起动按钮	SB	X0	瓜子指示灯	HL1	Y0
			可乐指示灯	HL2	Y1
			雪碧指示灯	HL3	Y2
			美年达指示灯	HL4	Y3
			冰柠檬指示灯	HL5	Y4
			找零指示灯	HL6	Y5
			余额不足指示灯	HL7	Y6

学习笔记

思考：FX3U 的辅助继电器与 FX5U 的区别是什么？

2. I/O 硬件接线设计

根据任务分析中 PLC 型号选择及 PLC 的 I/O 地址分配表，可得到 PLC I/O 外部接线图，如图 4-12 所示。

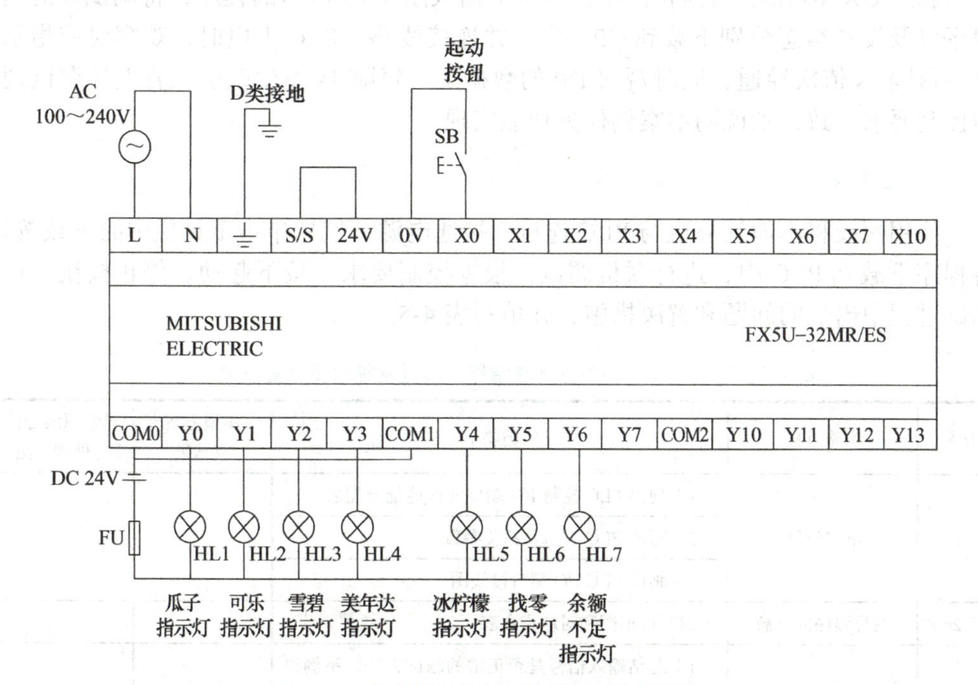

图 4-12 自动售货机起动检测 I/O 外部接线

3. PLC 梯形图绘制

根据自动售货机工作流程，可得自动售货机上电检测程序如图 4-13 所示，PLC 运行瞬间，数据传送指令将二进制数 1 传送至 D0，每隔 1s 实行一次左循环移位指令，

学习笔记

自动售货机上电后，从瓜子指示灯到余额不足指示灯依次导通，亮 0.5s、灭 0.5s，用于上电检测。

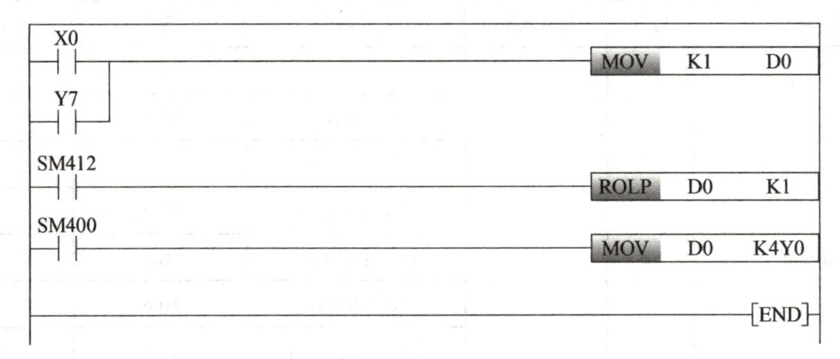

图 4-13 自动售货机上电检测程序梯形图

思考

请同学们思考一下如果只用数据传送指令如何实现本任务。

4. 调试仿真

自动售货机上电检测程序仿真

利用 GX Works3 编程软件在计算机上输入图 4-13 所示的程序，将调试好的用户程序以及设备组态分别下载到 CPU 中，并连接线路。PLC 上电时，观察对应指示灯是否每隔 1s 依次导通；同时观察 D0 的数据是否每隔 1s 发生改变。若上述调试现象与控制要求一致，则说明本案例任务功能实现。

5. 硬件接线，联机调试

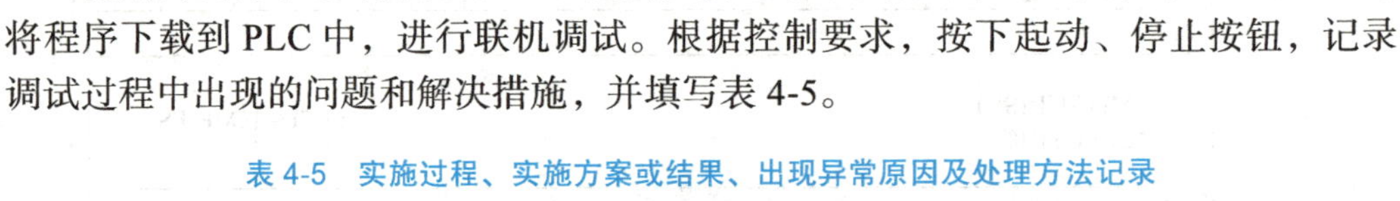

使用网线将本地计算机与 PLC 连接，接通电源。然后单击工具栏中的下载按钮，将程序下载到 PLC 中，进行联机调试。根据控制要求，按下起动、停止按钮，记录调试过程中出现的问题和解决措施，并填写表 4-5。

表 4-5 实施过程、实施方案或结果、出现异常原因及处理方法记录

序号	实施过程	实施要求	实施方案或结果	异常原因分析及处理方法
1	电路绘制	1）列出 PLC 控制 I/O 端口元件地址分配表		
		2）写出 PLC 类型及相关参数		
		3）画出 PLC I/O 端口接线图		
2	编写程序并下载	编写梯形图和对应指令表		
3	运行调试	1）总结输入信号是否正常的测试方法，举例说明操作过程和显示结果		
		2）详细记录每一步操作过程中，输入 / 输出信号状态的变化，并分析是否正确，若出错，分析并写出原因及处理方法		
		3）举例说明某监控画面处于什么运行状态		

学习笔记

恭喜你，已完成项目实施，完整体验了实施一个 PLC 项目的过程。

任务评价

本任务主要考核学生对功能指令概念、表现形式及应用的了解以及学生对自动售货机起动检测控制程序的设计与操作质量。具体考核内容涵盖知识掌握、程序设计和职业素养 3 个方面。考核采取自评、互评和师评相结合的方法，具体考核内容与配分情况见表 4-6。

表 4-6　任务评价

考核项目	考核内容	考核标准	自评（30%）	互评（30%）	师评（40%）	得分
职业素养 20 分	分工是否合理、有无制订计划、是否严谨认真	无分工、无组织、无计划、不认真，扣 5 分				
	团队合作、交流沟通、互相协作	学生单独实施任务、未完成，扣 10 分				
	遵守行业规范、现场 6S 标准	现场混乱、未遵守行业规范等，扣 5 分				
PLC 控制系统设计 40 分	I/O 分配与线路设计	I/O 线路连接错误，1 处扣 5 分，不按照线路图连接，扣 10 ～ 15 分				
	梯形图绘制	梯形图绘制错误酌情扣分				
	线路连接工艺	工艺差、走线混乱、端子松动，每处扣 5 分				
PLC 程序设计 40 分	正确编写梯形图	程序编写错误酌情扣分				
	程序输入并下载运行	下载错误，程序无法运行，扣 20 分				
	安全文明操作	违反安全操作规程，扣 10 ～ 20 分				
合计						

恭喜你，完成了任务评价。通过一个简单的 PLC 控制项目，了解了如何用数据传送指令来实现自动售货机的上电检测部分。熟练掌握了自动售货机的上电检测项目，领会其精华，今后在处理每一个项目都会得心应手。

工业中运用数据传送指令的案例比比皆是，不同的应用场景下实现的功能也是多种多样，但数据传送指令的基本原理是不变的，让我们走进拓展提高环节，领略 PLC 的灵活性吧。

学习笔记

拓展提高

【知识拓展】

一、块数据传送（BMOV）指令

1. 指令格式

块数据传送指令是将（s）中指定的软元件开始的 n 点二进制 16 位 /32 位数据批量传送到（d）中指定的软元件，梯形图格式如图 4-14 所示。

2. 指令使用说明

1）（s）、（d）为有符号的 16 位或 32 位数据，n 为无符号的 16 位数据。

2）（s）、（d）均指定位软元件的位数时，必须将（s）、（d）的位数设置为相同。

自动售货机的发展历程及展望

二、数据取反传送（CML）指令

1. 指令格式

数据取反传送指令是将（s）中指定的二进制 16 位 /32 位数据进行逐位取反后，将其结果传送到（d）中指定的软元件中，梯形图格式如图 4-15 所示。

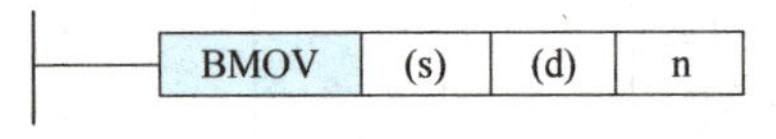

图 4-14 块数据传送指令梯形图

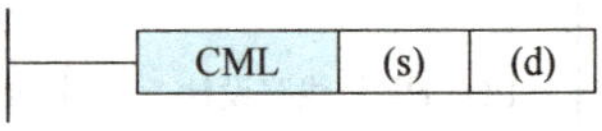

CML	(s)	(d)

图 4-15 数据取反传送指令梯形图

2. 指令使用说明

相比于 FX3U PLC，FX5U PLC 增加了 1 位数据取反传送（CMLB）指令，CMLB 指令是对源址中指定的某位数据进行取反，将其结果传送到终址。

【任务拓展】

灯光秀是 PLC 控制的典型案例，本拓展任务以最常见的天塔之光为例，旨在让学生可灵活应用数据传送指令和循环移位指令。

1. 任务描述

天塔之光模拟控制面板如图 4-16 所示。合上起动开关后，系统会每隔 1s 按以下规律显示：HL1 → HL1、HL2 → HL1、HL3 → HL1、HL4 → HL1、HL2 → HL1、HL2、HL3、HL4 → HL1、HL8 → HL1、HL7 → HL1、HL6 → HL1、HL5 → HL1、HL8 → HL1、HL5、HL6、HL7、HL8 → HL1 → HL1、HL2、HL3、HL4 → HL1、

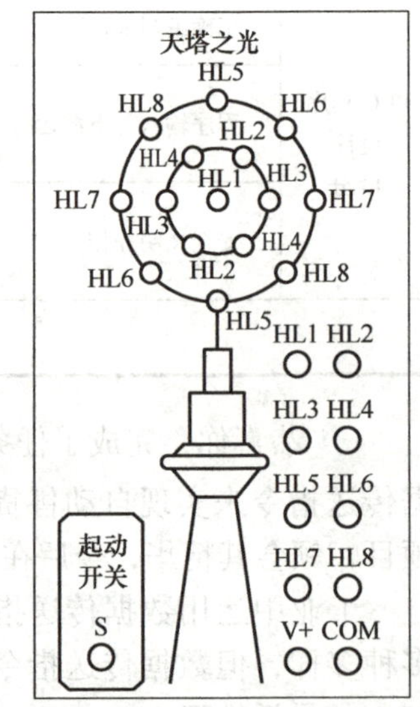

图 4-16 天塔之光模拟控制面板

HL2、HL3、HL4、HL5、HL6、HL 7、HL8 → HL1……如此循环，周而复始。断开起动开关则系统立即停止。

2. 任务分析

1）通过对天塔之光的控制要求可知，它是典型的循环移位指令的应用，请同学们画出它的工作流程图。

2）分析本任务的I/O设备，并完成表4-7输入/输出设备的填写。

表 4-7　天塔之光的 I/O 设备

输入设备			输出设备		
序号	元件名称	功能描述	序号	元件名称	功能描述
1			1		
2			2		
3			3		
…			…		

3. 任务实施

1）PLC 的I/O地址分配见表4-8。

表 4-8　天塔之光 I/O 地址分配

输入设备				输出设备			
序号	元件名称	符号	输入地址	序号	元件名称	符号	输出地址
1				1			
2				2			
3				3			
…				…			

2）选择PLC型号并设计PLC硬件接线图。根据天塔之光的控制要求，通过以上的I/O地址分配，可知需要的输入点数为________，需要的输出点数为________，总点数为________，考虑给予一定的输入/输出点余量，选用型号为________的PLC。

根据选择的PLC型号，参照分配的I/O地址，请同学们完成PLC硬件接线图的设计。

L	N	⏚	S/S	24V	0V	X0	X1	X2	X3	X4	X5			

MITSUBISHI
ELECTRIC

FX5U-______/______

COM0	Y0	Y1	Y2	Y3	COM1	Y4	Y5	Y6	Y7					

3）梯形图的绘制。请同学们分析工作过程，绘制天塔之光的梯形图。

学习笔记

思考：若采用学过的基本指令，是否可以实现此任务？

4）程序调试与运行，总结调试中遇见的问题及解决方法。

任务二　自动售货机计价购买的编程与实现

任务要求

1. 投入1元、5元及10元时分别累积相应数值，当投入自动售货机的货币总额大于或等于商品价格时，符合购买条件，商品对应指示灯亮，按下商品购买按钮购买商品，对应商品指示灯闪烁5s，表示购买成功。

2. 顾客购买完商品后，系统自动计算余额。

任务目标

1. 掌握四则运算的使用要素，熟练掌握加减法指令的应用。

2. 掌握比较计算指令的使用要素和编程方法。

3. 能够编写自动售货机计价购买程序并在GX Works3软件中进行梯形图的输入，然后将其写入PLC进行调试运行。

4. 通过任务实施模块，培养学生规范、认真严谨、精益求精的态度。

任务分析

1. 工作过程分析

通过分析自动售货机计价购买的工作过程，可知自动售货机的控制过程主要包括钱数计算控制、钱数与货物售价比较控制、选择购买物品控制和退钱找零控制。其中钱数计算控制、钱数与货物售价比较控制为控制系统的核心部分，四则运算、比较计算为实现该部分的主要指令。

2. I/O设备的确定

请同学们分析本任务的输入/输出设备，完成表4-9的填写。

表4-9　自动售货机计价购买功能的I/O设备

输入设备			输出设备		
序号	元件名称	功能描述	序号	元件名称	功能描述
1			1		
2			2		
3			3		
…			…		

学习笔记

3. PLC 型号的选择

根据自动售货机计价购买系统的控制要求，通过 I/O 设备的确定，可知需要的输入点数为________，需要的输出点数为________，总点数为________，根据电源类型、I/O 点数和成本最低原则，考虑便于今后调整和扩充，加上 10% ～ 15% 的备用量，根据手册确定 PLC 型号为________。

恭喜你，完成了任务分析，明确了任务要求、输入 / 输出设备、PLC 型号的选择以及自动售货机计价购买的工作流程，接下来进入知识链接环节。

一、加法与减法（ADD、SUB）指令

加法 / 减法指令是将指定源元件中的二进制数相加 / 相减，结果送到指定的目标元件中。其中 2 个操作数的加法 / 减法指令是将源操作数（s）中指定的二进制 16 位 /32 位数据与目标操作数（d）中指定的二进制 16 位 /32 位数据进行加法 / 减法运算，并将结果存储到（d）指定的软元件中，梯形图格式如图 4-17a 所示；3 个操作数的加法 / 减法指令是将源操作数（s1）中指定的二进制 16 位 /32 位数据与源操作数（s2）中指定的二进制 16 位 /32 位数据进行加法 / 减法运算，并将运算结果存储到（d）指定的软元件中，梯形图格式如图 4-17b 所示。

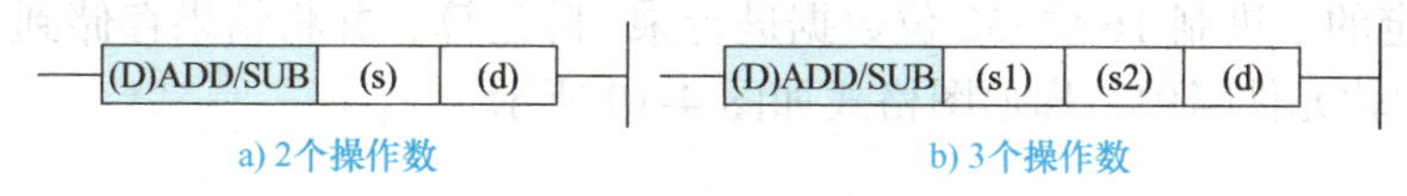

图 4-17　加法 / 减法指令格式

1. 加法与减法指令的使用要素

1）加法 / 减法运算为二进制代数运算，数据最高位为符号位，最高位为 0 则表示正数，为 1 则表示负数。

2）16 位 /32 位数据加法 / 减法指令使用说明见表 4-10，指令前面加字母“D”表示 32 位数据加法 / 减法指令，例如“D+”为 32 位有符号加法指令，“D+_U”为 32 位无符号加法指令。

表 4-10　16 位 /32 位数据加法 / 减法指令使用说明

指令符号	指令功能
+，+_U，ADD，ADD_U	16 位数据加法运算
−，−_U，SUB，SUB_U	16 位数据减法运算
D+，D+_U，DADD，DADD_U	32 位数据加法运算
D−，D−_U，DSUB，DSUB_U	32 位数据减法运算

3）当数据运算结果为 0 时，零标志位 SM700/SM8020 置位；当数据运算结果大

学习笔记

于32767（16位运算）或大于2147483647（32位运算）时，进位标志SM8022置位；当数据运算结果小于–32767（16位运算）或小于–2147483647（32位运算）时，借位标志SM8021置位。

小提示

当结果同时出现超过最大值且最后结果又为零时，进位和零标志位会同时为“1”；当结果同时出现超出最小值且最后结果又为零时，借位和零标志位会同时为“1”。

4）加法/减法指令有连续执行和脉冲执行两种方式，例如“ADDP”表示16位有符号加法指令，脉冲执行方式；“DADD_U”表示32位无符号加法指令，连续执行方式。

2. 加法与减法指令的应用

加法与减法指令的应用如图4-18所示。ADDP为加法脉冲执行指令，只有当X1由OFF变为ON时，才会执行一次16位加法指令D4=D0+D2；DSUB为减法连续执行指令，当X2接通时，每一个扫描周期都会执行一次32位减法指令D14=D10–D12。

二、乘法与除法（MUL、DIV）指令

乘法/除法指令将源操作数（s1）中指定的二进制16位/32位数据与源操作数（s2）中指定的二进制16位/32位数据进行乘/除运算，并将结果存储到目标操作数（d）指定的软元件当中，梯形图格式如图4-19所示。

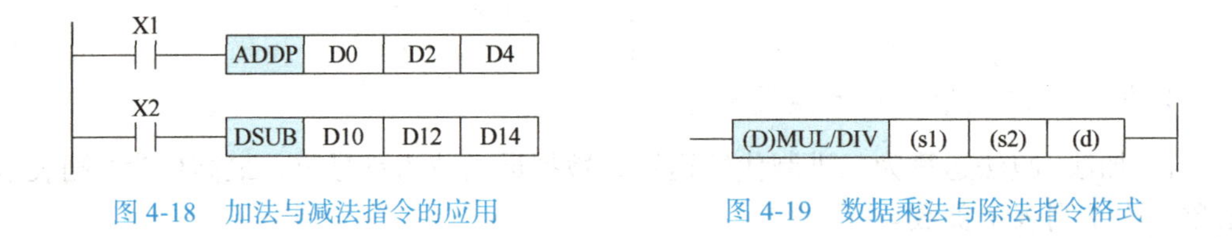

图4-18　加法与减法指令的应用　　图4-19　数据乘法与除法指令格式

1. 乘法与除法指令的使用要素

1）乘法/除法运算均为二进制代数运算，数据最高位为符号位，最高位为0则表示正数，为1则表示负数；乘法运算中，如果将乘法的目标操作数指定为16位的组合软元件，将只能得到低16位的数据。

2）16位/32位数据乘法/除法指令使用说明见表4-11，指令前面加字母“D”表示32位数据乘法/除法指令，例如“D*_U[3]”为32位无符号乘法指令，“D*[3]”为32位有符号乘法指令。

小提示

数据除法运算中，除数不能为“0”，否则将出现运算错误。

学习笔记

表 4-11　16 位 /32 位数据乘法 / 除法指令使用说明

指令符号	指令功能	数据范围
*，*_U，MUL，MUL_U	16 位数据乘法运算	有符号：-32768 ～ +32767 无符号：0 ～ 65535
/，/_U，DIV，DIV_U	16 位数据除法运算	
D*，D*_U，DMUL，DMUL_U	32 位数据乘法运算	有符号：-2147483648 ～ +2147483647 无符号：0 ～ 4294967295
D/，D/_U，DDIV，DDIV_U	32 位数据除法运算	

2. 乘法与除法指令的应用

乘法与除法指令的应用如图 4-20 所示。在图 4-20a 中，当 X0 接通时，源操作数 D0 中的指定数据乘以源操作数 D2 中的指定数据，并将计算结果存入（D5，D4）组成的双字元件中。其中，源操作数 D0 和 D2 分别占用 1 个 16 位地址，目标寄存器自动占用两个 16 位地址。当 X1 接通时，执行 32 位乘法指令（D1，D0）×（D3，D2）→（D7，D6，D5，D4），其中源操作数占用两个 16 位地址，目标寄存器自动占用 4 个 16 位地址。

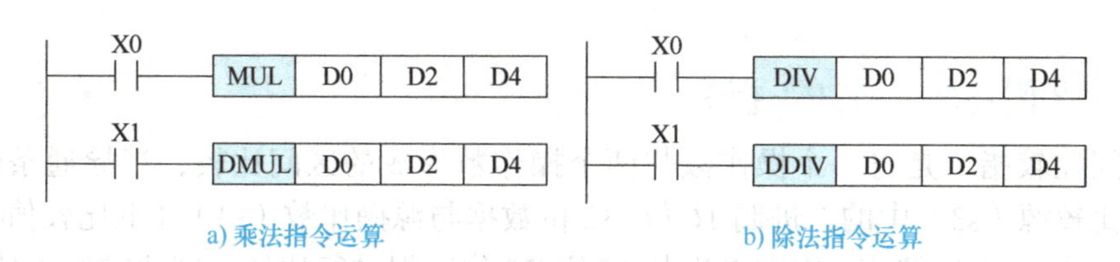

a) 乘法指令运算　　b) 除法指令运算

图 4-20　乘法与除法指令应用

在图 4-20 b 中，当 X0 接通时，源操作数 D0 中的指定数据除以源操作数 D2 中的指定数据，并将计算结果存入（D5，D4）组成的双字元件中，其中 D4 存放商，D5 存放余数，分别占用 1 个 16 位地址；当 X1 接通时，执行 32 位除法指令（D1，D0）÷（D3，D2）→（D5，D4）…（D7，D6），其中（D5，D4）存放商，占用两个 16 位地址，（D7，D6）存放余数。

三、比较（CMP）指令

比较指令用于比较两个操作数的大小，当导通条件满足时，将比较值（s1）中的二进制 16 位 /32 位数据与比较值（s2）中的二进制 16 位 /32 位数据进行比较，其比较结果使（d）、（d）+1、（d）+2 的其中一项变为 ON，梯形图格式如图 4-21 所示。

当 X0 为 ON 时，执行比较程序，若（s1）>（s2），则位元件（d）为 ON；若（s1）=（s2），则位元件（d）+1 为 ON；若（s1）<（s2），则位元件（d）+2 为 ON。

1. 比较指令的使用要素

1）当控制条件断开后，不再执行比较指令，（d）～（d）+2 也将保持指令从 ON 变为 OFF 之前的状态，可采用复位指令 RST 或区间复位指令 ZRST 清除比较结果。

2）当指令中操作数不全、元件超出范围、软元件地址不对时，程序出错。

学习笔记

2. 比较指令的应用

图 4-22 所示为 16 位连续型比较指令应用。当 X0 为 ON 时，源操作数 K100 和源操作数 C20 每一扫描周期执行一次比较指令。若计数器 C20 的当前值小于 K100 时，M0 导通；若计数器 C20 的当前值等于 K100 时，M1 导通；若计数器 C20 的当前值大于 K100 时，M2 导通。当 X0 为 OFF 时不再执行比较指令，M0 ～ M2 保持断开前状态不变。当 X1 接通时，M0 ～ M2 置为 0。

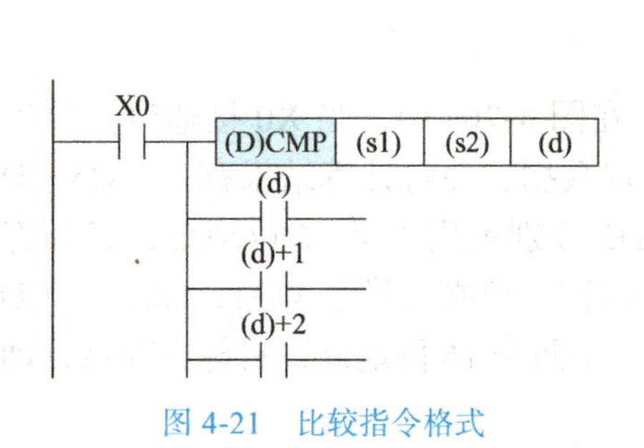

图 4-21　比较指令格式

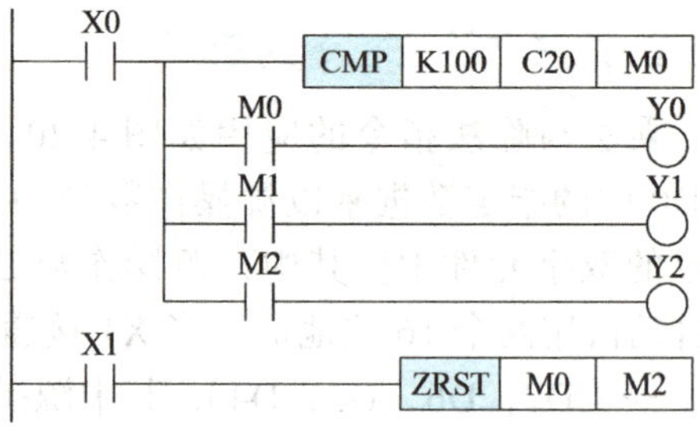

图 4-22　比较指令的应用

四、区间比较（ZCP）指令

区间比较指令是将一个操作数与两个操作数形成的区间比较，当导通条件满足时，将比较源（s3）中的二进制 16 位 /32 位数据与源操作数（s1）（下比较值）和源操作数（s2）（上比较值）中的二进制 16 位 /32 位数据进行比较，其比较结果使（d）、（d）+1、（d）+2 的其中一项变为 ON，梯形图格式如图 4-23 所示。

当 X0 为 ON 时，执行区间比较程序，若（s1）>（s3），则位元件（d）为 ON；若（s1）≤（s3）≤（s2），则位元件（d）+1 为 ON；若（s3）>（s2），则位元件（d）+2 为 ON。

1. 区间比较指令的使用要素

1）当控制条件断开后，不再执行区间比较指令，（d）～（d）+2 也将保持指令从 ON 变为 OFF 之前的状态，可采用复位指令 RST 或区间复位指令 ZRST 清除比较结果。

2）该指令可进行二进制 16 位 /32 位数据处理，且（s1）<（s2），有连续执行和脉冲执行两种方式。

2. 区间比较指令的应用

图 4-24 所示为 16 位脉冲型区间比较指令应用。当 X0 由 OFF 变为 ON 时，源操作数 C30 与源操作数 K80、K100 执行一次区间比较指令。若计数器 C30 的当前值小于 K80 时，M10 导通；若 K80≤C30 的当前值≤K100 时，M11 导通；若 C30 的当前值大于 K100 时，M12 导通。当 X0 为 OFF 时不再执行区间比较指令，M10 ～ M12 保持断开前状态不变。当 X1 接通时，M10 ～ M12 置为 0。

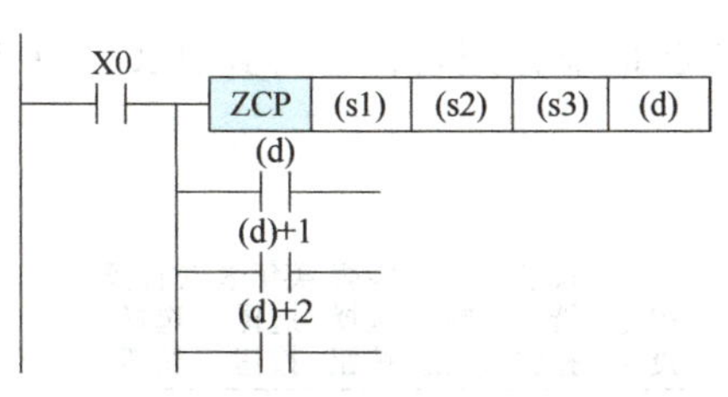

图 4-23　区间比较指令格式

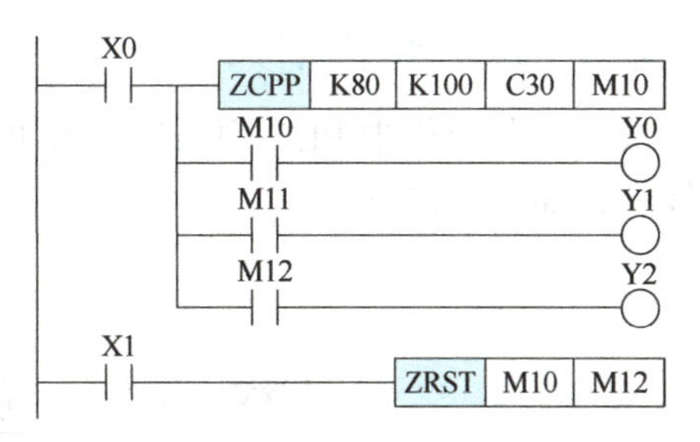

图 4-24　区间比较指令应用

思考

比较指令和区间比较指令在实际应用中如何实现相同的功能？

恭喜你，完成了四则运算指令、比较指令等相关知识的学习，并且初步学会了四则运算指令梯形图的绘制，接下来，进入任务实施阶段。

任务实施

1. PLC 的 I/O 地址分配

根据任务分析中确定的输入/输出设备，可知自动售货机计价购买的输入有 1 元、5 元和 10 元投入 3 个输入点；瓜子、可乐、雪碧、美年达和冰柠檬选择按钮 5 个输入点，找零按钮 1 个输入点，共 9 个输入点。输出有瓜子、可乐、雪碧、美年达、冰柠檬、找零和余额不足相关操作指示灯 7 个输出点。I/O 地址分配见表 4-12。

表 4-12　自动售货机计价购买功能的 I/O 地址分配

输入设备			输出设备		
元件名称	符号	输入地址	元件名称	符号	输出地址
1 元投入	S1	X0	瓜子指示灯	HL1	Y0
5 元投入	S2	X1	可乐指示灯	HL2	Y1
10 元投入	S3	X2	雪碧指示灯	HL3	Y2
瓜子选择按钮	SB1	X3	美年达指示灯	HL4	Y3
可乐选择按钮	SB2	X4	冰柠檬指示灯	HL5	Y4
雪碧选择按钮	SB3	X5	余额不足指示灯	HL7	Y6
美年达选择按钮	SB4	X6			
冰柠檬选择按钮	SB5	X7			

学习笔记

2. I/O 硬件接线设计

根据任务分析中 PLC 型号选择及 PLC 的 I/O 地址分配表，可得到 PLC I/O 外部接线图，如图 4-25 所示。

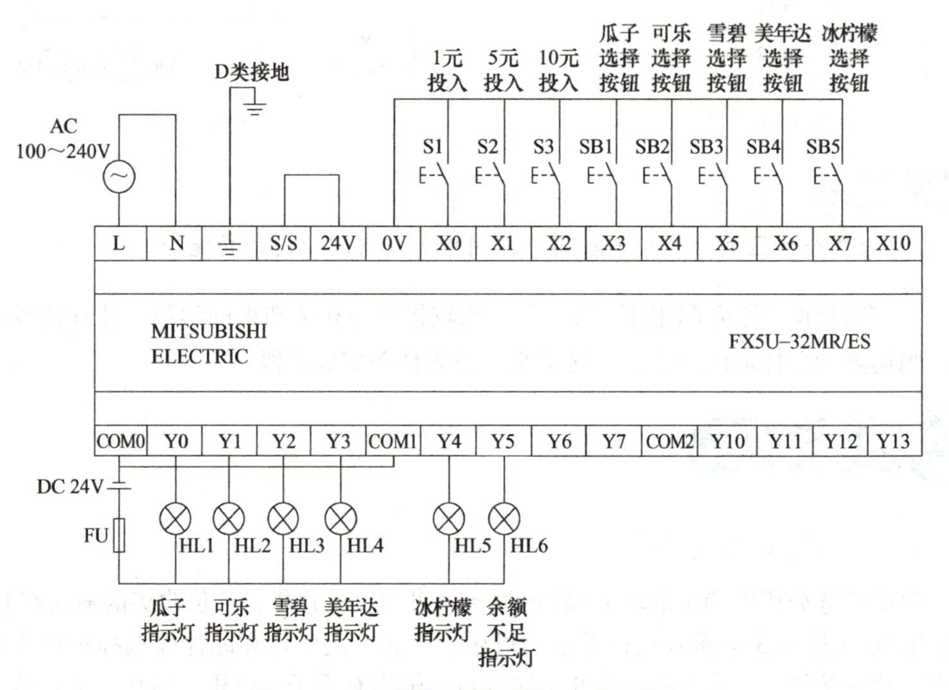

图 4-25　自动售货机计价功能 I/O 外部接线

3. PLC 梯形图绘制

自动售货机计价购买程序仿真

根据自动售货机计价购买的工作流程，可得梯形图如图 4-26 所示。

由图 4-26 可知，自动售货机计价购买功能可分为投币控制模块、金额判断模块、购物控制模块和出货控制模块，指令应用程序注释如下：

（1）投币模块　当投入 1 元硬币，X0 由 OFF 变为 ON 时，该触点接通一个扫描周期，执行一次加法指令运算，因此 D0=D0+1，即将数字寄存器 D0 内的数字加 1 再重新存入 D0；同理，当投入 5 元时，X1 由 OFF 变为 ON，D0=D0+5；当投入 10 元时，X2 由 OFF 变为 ON，D0=D0+10；当投入金额不足 3 元时，余额不足指示灯 Y5 每隔 0.5s 闪烁一次。

（2）金额判断模块　当投入相应数量的货币后，货币的数额总额和程序设定好的饮料价格进行比较。若 D0≥3，即大于瓜子价格，则瓜子指示灯 Y0 亮，显示可购买该商品；若 D0≥6，则可乐和雪碧指示灯 Y1 和 Y2 均点亮；同理，若 D0≥8，所有饮品可购买的指示灯 Y0 ～ Y4 均被点亮；若输入金额不足，即 D0<3，则余额不足指示灯 Y5 每隔 0.5s 闪烁一次。

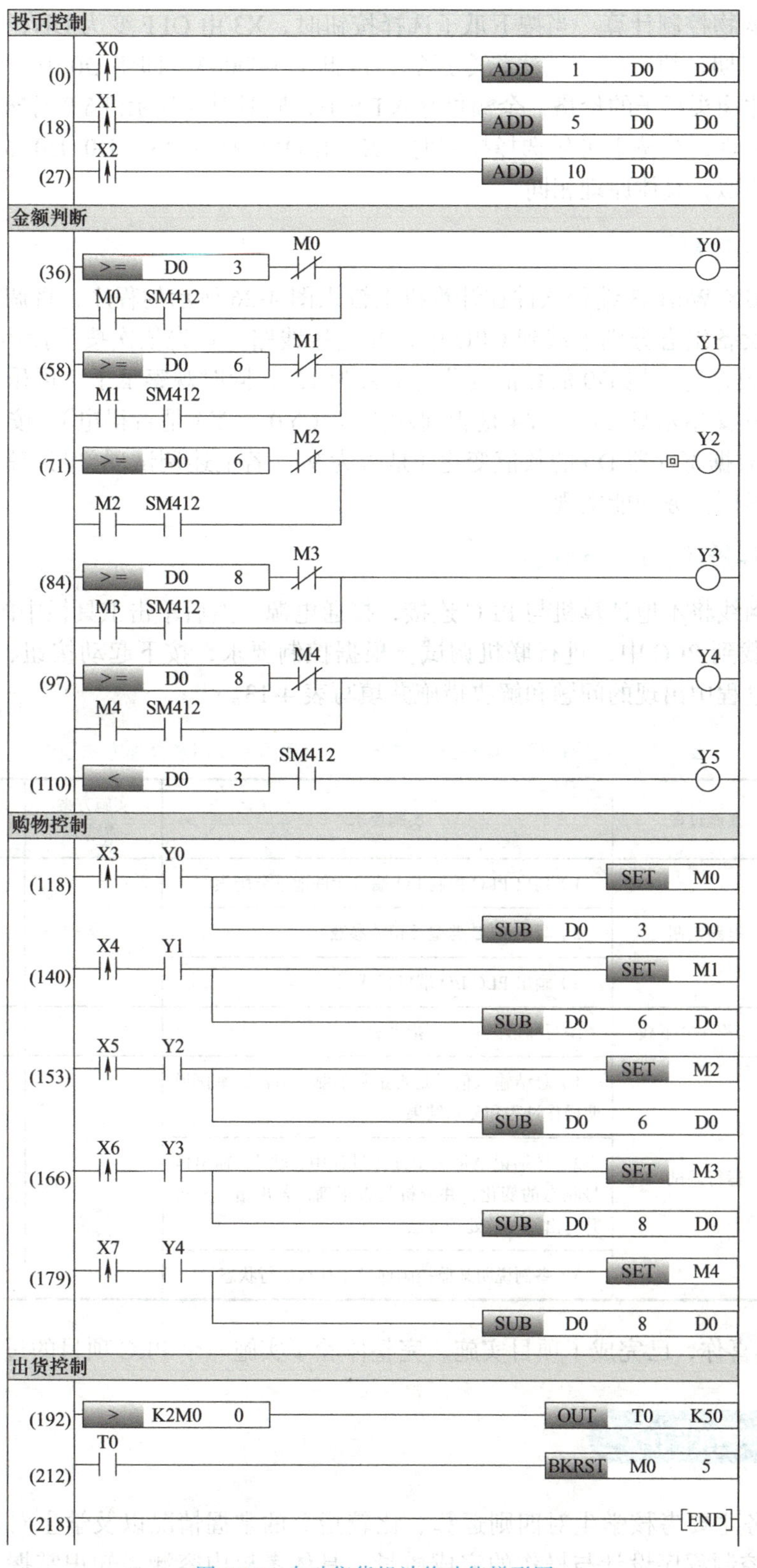

图 4-26　自动售货机计价功能梯形图

学习笔记

（3）购物控制计算　当按下瓜子选择按钮时，X3 由 OFF 变为 ON，该触点接通一个扫描周期，执行一次减法指令运算，因此 D0=D0−3，即将 D0 中存储的货币总和减去刚才购买瓜子的价格，余额再存入 D0 中，同时对应指示灯 Y0 闪烁 5s，代表购买成功。同理，当按下可乐选择按钮时，X4 由 OFF 变为 ON，D0=D0−6；每种饮料购买程序相似，具体原理相同。

4. 调试仿真

利用 GX Works3 编程软件在计算机上输入图 4-26 所示的程序，将调试好的用户程序以及设备组态分别下载到 CPU 中，并连接线路。首先依次按下投币按钮 X1 和 X2，观察数据寄存器 D0 的数值变化（是否为 15），同时观察瓜子、可乐、雪碧、美年达和冰柠檬指示灯 Y0 ～ Y4 是否起动点亮（Y0 ～ Y4 是否得电）。按下购买按钮 X4，观察数据寄存器 D0 的数值变化（是否为 9）。若上述调试现象与控制要求一致，则说明本案例任务功能实现。

5. 硬件接线，联机调试

使用网线将本地计算机与 PLC 连接，接通电源。然后单击工具栏中的下载按钮，将程序下载到 PLC 中，进行联机调试。根据控制要求，按下起动按钮、停止按钮，记录调试过程中出现的问题和解决措施并填写表 4-13。

表 4-13　实施过程、实施方案或结果、出现异常原因及处理方法记录

序号	实施过程	实施要求	实施方案或结果	异常原因分析及处理方法
1	电路绘制	1）列出 PLC 控制 I/O 端口元件地址分配表		
		2）写出 PLC 类型及相关参数		
		3）画出 PLC I/O 端口接线图		
2	编写程序并下载	编写梯形图和对应指令表		
3	运行调试	1）总结输入信号是否正常的测试方法，举例说明操作过程和显示结果		
		2）详细记录每一步操作过程中，输入 / 输出信号状态的变化，并分析是否正确，若出错，分析并写出原因及处理方法		
		3）举例说明某监控画面处于什么运行状态		

恭喜你，已完成了项目实施，完整体验了实施一个 PLC 项目的过程。

本任务主要考核学生对四则运算、比较指令的掌握情况以及学生对自动售货机计价购买控制程序设计与操作的完成质量。具体考核内容涵盖知识掌握、程序设计

学习笔记

和职业素养3个方面。考核采取自评、互评和师评相结合的方法，具体考核内容与配分情况见表4-14。

表4-14　任务评价

考核项目	考核内容	考核标准	自评（30%）	互评（30%）	师评（40%）	得分
职业素养 20分	分工是否合理、有无制订计划、是否严谨认真	无分工、无组织、无计划、不认真，扣5分				
	团队合作、交流沟通、互相协作	学生单独实施任务、未完成，扣10分				
	遵守行业规范、现场6S标准	现场混乱、未遵守行业规范等，扣5分				
PLC控制系统设计 40分	I/O分配与线路设计	I/O线路连接错误，1处扣5分，不按照线路图连接，扣10～15分				
	梯形图绘制	梯形图绘制错误酌情扣分				
	线路连接工艺	工艺差、走线混乱、端子松动，每处扣5分				
PLC程序设计 40分	正确编写梯形图	程序编写错误酌情扣分				
	程序输入并下载运行	下载错误，程序无法运行，扣20分				
	安全文明操作	违反安全操作规程，扣10～20分				
合计						

恭喜你，完成了任务评价。通过一个简单的PLC控制项目，了解了如何用四则运算指令和比较指令来实现对自动化商店中复杂的计价购买部分。熟练掌握了第一个自动售货机计价购买的项目，领会其精华，今后在处理每一个项目时都会得心应手。

拓展提高

【知识拓展】

数据增量（INC）/减量（DEC）指令梯形图格式如图4-27所示，该指令是对指定的软元件（d）中的16位/32位二进制数进行加1/减1运算，并将运算结果存放在目标操作数（d）中。

1. 使用要素

1）有连续型执行方式和脉冲型执行方式两种，实际应用中采用脉冲执行方式。

学习笔记

2）数据增量 / 减量指令与零标志、借位标志和进位标志无关，即不影响标志位。

3）数据增量 / 减量指令为循环计数，如在 16 位运算时，+32767 加 1 为 –32768。

2. 指令应用

数据增量 / 减量指令应用如图 4-28 所示，当 X0 接通时，INC（P）为有符号脉冲型执行方式，因此数据寄存器 D10 中的数据执行加 1 运算，并将运算结果存于 D10 中；当 X1 接通时，DEC_U（P）为无符号脉冲型执行方式，因此数据寄存器 D11 中的数据执行减 1 运算，结果仍存于 D11 中。

图 4-27　数据增量 / 减量指令格式　　图 4-28　数据增量 / 减量指令应用

【任务拓展】

智慧停车场是指运用互联网、大数据、云计算等信息技术，实现城市停车智慧式管理和运行，让百姓生活更加便捷，充分显现出我国加快建设创新型国家的步伐，本任务拓展以最基本的智慧停车系统为例，旨在让学生可灵活应用数据增量 / 减量指令。

1. 任务描述

有一个可以容纳 500 辆汽车的停车场，其中 Y0 灯亮表示停车场未停满，还有空余车位，Y1 灯亮则表示停车场已停满，不可再进行停车，试用 PLC 程序来实现控制要求。

2. 任务分析

1）通过对停车场车位统计的工作过程分析，可知主要应用指令为数据增量 / 减量指令，请同学们画出它的工作流程图。

2）分析本任务的 I/O 设备，完成表 4-15 输入 / 输出设备的填写。

表 4-15　智慧停车场系统的 I/O 设备

输入设备			输出设备		
序号	元件名称	功能描述	序号	元件名称	功能描述
1			1		
2			2		
…			…		

3. 任务实施

1）PLC 的 I/O 地址分配见表 4-16。

表 4-16　智慧停车场的 I/O 地址分配

输入设备				输出设备			
序号	元件名称	符号	输入地址	序号	元件名称	符号	输出地址
1				1			
2				2			
3				3			
…				…			

2）选择 PLC 型号并设计 PLC 硬件接线图。根据停车场车位统计的控制要求，通过以上的 I/O 地址分配，可知需要的输入点数为________，需要的输出点数为________，总点数为________，考虑给予一定的输入 / 输出点余量，选用型号为________的 PLC。

根据选择的 PLC 型号，参照分配的 I/O 地址，请同学们完成 PLC 硬件接线图的设计。

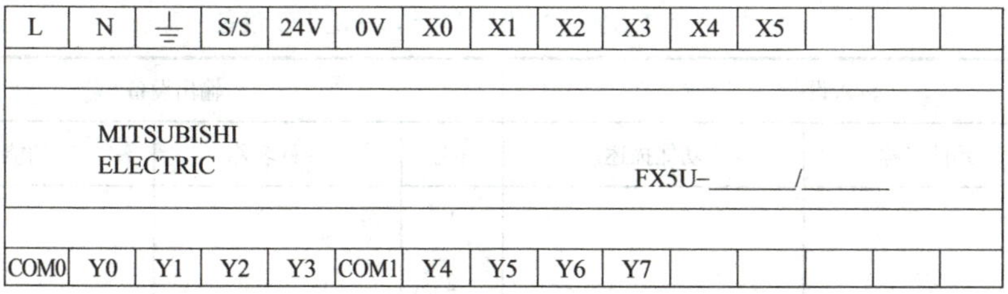

L	N	⏚	S/S	24V	0V	X0	X1	X2	X3	X4	X5			
MITSUBISHI ELECTRIC								FX5U-______/______						
COM0	Y0	Y1	Y2	Y3	COM1	Y4	Y5	Y6	Y7					

3）梯形图的绘制。请同学们分析工作过程，绘制停车场车位统计控制系统的梯形图。

4）程序调试与运行，总结调试中遇见的问题及解决方法。

任务三　自动售货机数码显示的编程与实现

任务要求

1. 投入 1 元、5 元或 10 元货币后，数码管显示当前投入钱数（例如：投入 1 张 5 元货币、1 张 1 元货币时显示 6），当投入金额不足时，进行提醒操作。

2. 购买商品成功后（购买过程与任务二相同），如需找零，按下找零按钮，找零指示灯点亮，表示正在找零，5s 后找零完毕，数码管清零。

任务目标

1. 掌握七段译码器的使用要素，并能熟练绘制梯形图。

2. 掌握数据变换指令的使用要素，可熟练使用 BCD 指令。

3. 能够编写自动售货机数码显示的程序并在 GX Works3 软件中进行梯形图的输

学习笔记

入，然后将其写入PLC进行调试运行。

4. 引导学生在分别实现不同功能的前提下，整体实现自动售货机功能，培养学生整体意识和优化意识，学会思考，形成编程思维。

任务分析

思考：PLC是怎样实现不同国家语言显示的呢？

1. 工艺流程的分析

对自动售货机数码显示的工作过程进行分析，相比于任务一和任务二，主要增加了投币累积显示模块和找零后清零模块，七段译码指令和数据转换指令为实现该部分的主要指令。

2. I/O设备的确定

请同学们分析本任务的输入/输出设备，完成表4-17的填写。

表4-17　自动售货机数码显示功能的I/O设备

输入设备			输出设备		
序号	元件名称	功能描述	序号	元件名称	功能描述
1			1		
2			2		
3			3		
…			…		

3. PLC型号的选择

根据自动售货机数码显示系统的控制要求，通过I/O设备的确定，可知需要的输入点数为________，需要的输出点数为________，总点数为________，根据电源类型、I/O点数和成本最低原则，考虑便于今后调整和扩充，加上10%～15%的备用量，根据手册，确定PLC型号为________。

恭喜你，完成了任务分析，明确了被控对象、输入/输出设备、PLC型号的选择以及自动售货机数码显示的工作流程，接下来进入知识链接环节。

知识链接

一、七段译码（SEGD）指令

七段译码指令是将源操作数（s）中指定元件的低4位所确定的十六进制数（0～F）经译码后存于（d）指定的元件中，以确定七段数码管，（d）的高八位保持不变，梯形图格式如图4-29所示。

学习笔记

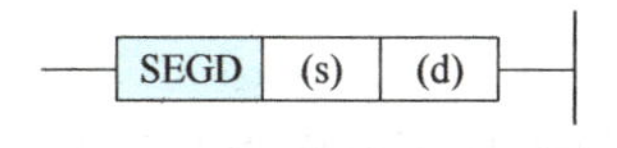

图 4-29　七段译码指令格式

1. 七段译码指令使用要素

1）七段译码指令是对 4 位二进制数进行编码。

2）七段译码指令的译码范围为一位十六进制数字 0 ～ 9、A ～ F。

小提示

使用七段译码指令时，若源操作数大于 4 位，则只对低 4 位编码。

2. 七段译码指令的应用

如图 4-30 所示，当 X0 为 ON 时，对十进制常数 5 执行七段译码指令，并将译码 H6D 存入输出位组件 K2Y0，即输出继电器 Y7 ～ Y0 的位状态为 01101101。

二、BCD 指令

BCD 指令是将源元件（s）中的二进制数转化为 8421BCD 码送入目标元件（d）中，常用于将 PLC 中的二进制数变换成 BCD 码输出以驱动显示器，梯形图格式如图 4-31 所示。

图 4-30　七段译码指令应用　　图 4-31　BCD 指令格式

1. BCD 指令使用要素

1）目标操作数中每 4 位表示 1 位十进制数，最低位为个位，由低到高依次为个位、十位、百位、千位……如：十进制的 123 用 BCD 码表示为 000100100011。

2）16 位数表示的范围为 0 ～ 9999，32 位数表示的范围为 0 ～ 99999999，若变换结果超出表示范围则会出错。

2. BCD 指令应用

如图 4-32 所示，当 X0 接通时，执行 BCD 指令，将操作数 D10 的数据转化为 8421BCD 码存入输出位元件组合 K2Y0 中。

图 4-32　BCD 指令应用

三、BIN 指令

BIN 指令是将源元件（s）中的 BCD 码转化为二进制数送入目标元件（d）中，BIN 指令常用于将 BCD 数字开关的设定值输入 PLC 中，梯形图格式如图 4-33 所示。

1. BIN 指令使用要素

1）十进制数 K 和十六进制数 H 不能作为 BIN 指令的操作数。

2）源操作数必须为 BCD 码，否则将会出错。

2. BIN 指令应用

如图 4-34 所示，当 X0 接通时，执行 BIN 指令，将操作数位元件组合 K2X0 中的 BCD 码转换为二进制数，存入输出位数据寄存器 D12 中。

图 4-33　BIN 指令格式　　图 4-34　BIN 指令应用

思考

采用数据传送指令，该如何实现数字显示功能呢？

恭喜你，完成了七段译码、BCD、BIN 指令等相关知识的学习，接下来，进入任务实施阶段。

任务实施

1. PLC 的 I/O 地址分配

根据任务分析中确定的输入/输出设备，可知自动售货机计价购买的输入有 1 元、5 元和 10 元投入 3 个输入点，瓜子、可乐、雪碧、美年达和冰柠檬选择按钮 5 个输入点，找零按钮 1 个输入点，共 9 个输入点；输出有瓜子、可乐、雪碧、美年达和冰柠檬相关操作指示灯 5 个输出点，找零指示灯和余额不足指示灯两个输出点，以及余额显示输出点。I/O 地址分配见表 4-18。

表 4-18　自动售货机数码显示功能的 I/O 地址分配

输入设备			输出设备		
元件名称	符号	输入地址	元件名称	符号	输出地址
1 元投入	S1	X0	瓜子指示灯	HL1	Y0
5 元投入	S2	X1	可乐指示灯	HL2	Y1
10 元投入	S3	X2	雪碧指示灯	HL3	Y2
瓜子选择按钮	SB1	X3	美年达指示灯	HL4	Y3
可乐选择按钮	SB2	X4	冰柠檬指示灯	HL5	Y4
雪碧选择按钮	SB3	X5	找零指示灯	HL6	Y5
美年达选择按钮	SB4	X6	余额不足指示灯	HL7	Y6
冰柠檬选择按钮	SB5	X7	显示余额个位	a1 ～ g1	Y10 ～ Y16
找零按钮	SB6	X10	显示余额十位	a2 ～ g2	Y20 ～ Y26

学习笔记

思考：如何实现三位数的七段译码显示？更多位数呢？

2. I/O 硬件接线设计

根据任务分析中 PLC 型号选择及 PLC 的 I/O 地址分配表，可得到 PLC I/O 外部接线图，如图 4-35 所示。

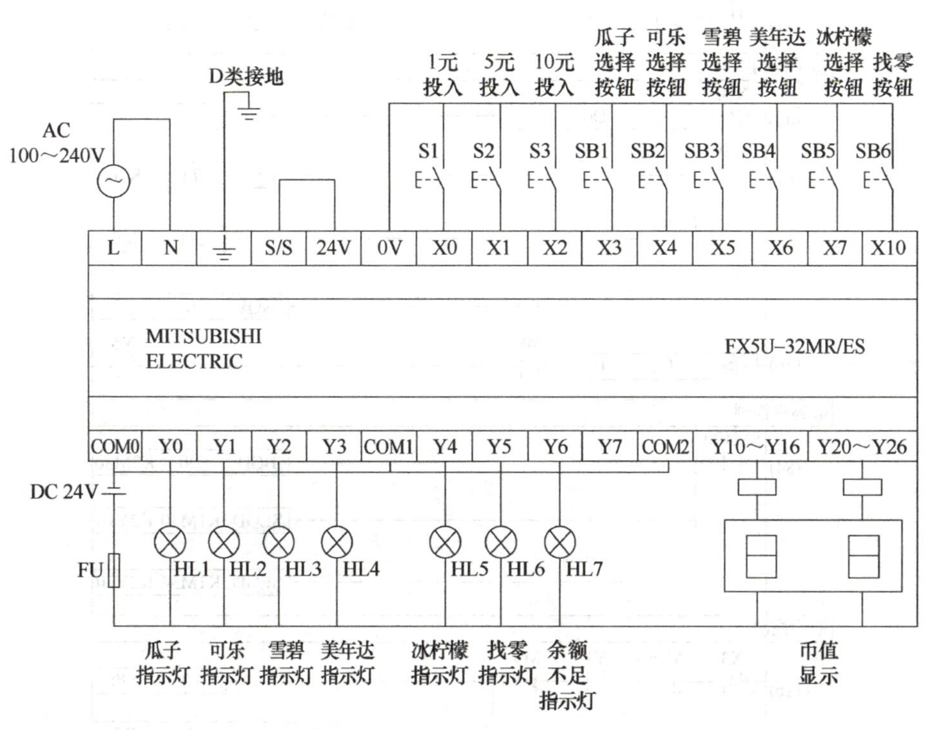

图 4-35 自动售货机数码显示 I/O 外部接线

3. PLC 梯形图绘制

根据自动售货机工作流程可得梯形图如图 4-36 所示。

自动售货机梯形图如图 4-36 所示，可分解为投币控制模块、退币控制模块、数码管控制模块、购物控制模块、出货控制模块和金额判断模块。投币控制模块、金额判断模块和购物控制模块在任务二中已讲解，不做过多赘述。

自动售货机仿真视频

（1）数码管控制模块　当投入货币时，执行 BCD 指令，将 D0 中投入币值转化为 BCD 码存入位元件组合 K2M30 中，然后执行七段译码指令，自动售货机的 LED 七段数码显示投入币值。

（2）出货控制模块　当按下瓜子选择按钮 X3 时，M0 接通，继电器 SM412 产生 1s 脉冲，瓜子指示灯 Y0 开始闪烁，闪烁 5s 后出货完成，自动售货机商品余量减少，若余额小于商品售价，则对应商品指示灯熄灭。每种商品出货模块程序相似，具体原理相同。

（3）找零模块　按下找零按钮 X10，此时找零指示灯 Y5 常亮，5s 后熄灭，余额清零，表示退币成功。

学习笔记

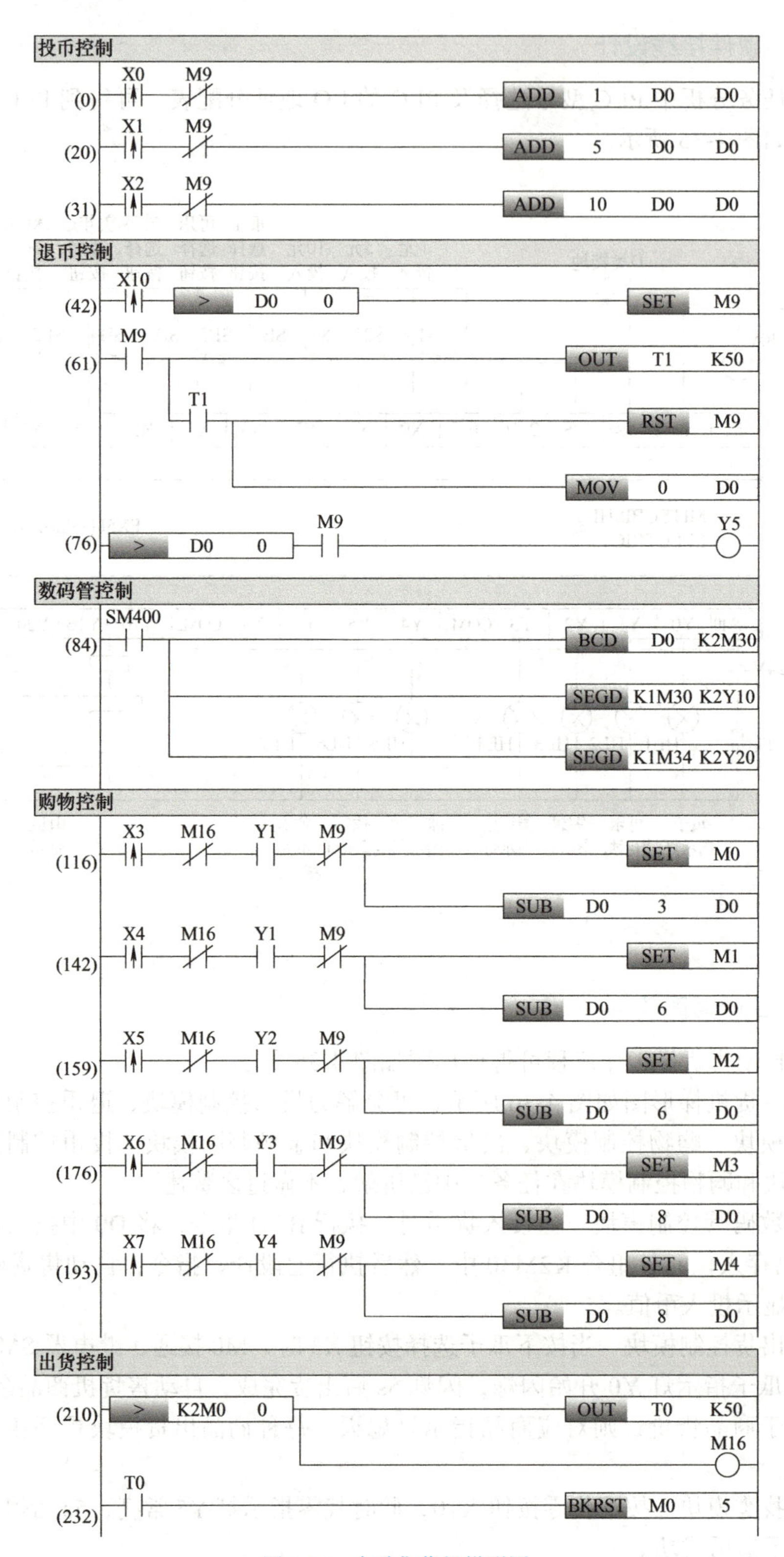

图 4-36 自动售货机梯形图

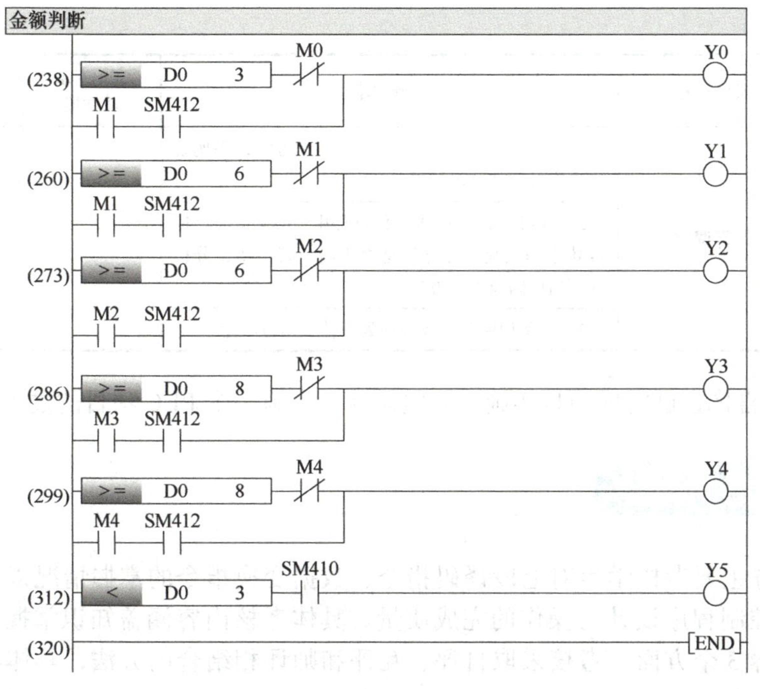

图 4-36　自动售货机梯形图（续）

4. 调试仿真

利用 GX Works3 编程软件在计算机上输入图 4-36 所示的程序，将调试好的用户程序以及设备组态分别下载到 CPU 中，并连接线路。首先按下投币按钮 X1，观察输出继电器 Y16 ～ Y10、Y26 ～ Y20 的位状态，然后按下购买按钮 X3，观察相应指示灯是否被点亮（Y6 点亮，Y0 闪烁 5s 后熄灭），最后按下找零按钮 X10，D0 的值是否为 0，Y5 是否常亮 5s 后熄灭。若上述调试现象与控制要求一致，则说明本案例任务功能实现。

5. 硬件接线，联机调试

使用网线将本地计算机与 PLC 连接，接通电源。然后单击工具栏中的下载按钮，将程序下载到 PLC 中，进行联机调试。根据控制要求，按下起动按钮、停止按钮，记录调试过程中出现的问题和解决措施并填写表 4-19。

表 4-19　实施过程、实施方案或结果、出现异常原因及处理方法记录

序号	实施过程	实施要求	实施方案或结果	异常原因分析及处理方法
1	电路绘制	1）列出 PLC 控制 I/O 端口元件地址分配表		
		2）写出 PLC 类型及相关参数		
		3）画出 PLC I/O 端口接线图		
2	编写程序并下载	编写梯形图和对应指令表		

学习笔记

（续）

序号	实施过程	实施要求	实施方案或结果	异常原因分析及处理方法
3	运行调试	1）总结输入信号是否正常的测试方法，举例说明操作过程和显示结果		
		2）详细记录每一步操作过程中，输入 / 输出信号状态的变化，并分析是否正确，若出错，分析并写出原因及处理方法		
		3）举例说明某监控画面处于什么运行状态		

恭喜你，已完成项目实施，完整体验了实施一个 PLC 项目的过程。

任务评价

本任务主要考核学生对七段译码指令、数据变换指令的掌握情况以及学生对自动售货机控制程序设计与操作的完成质量。具体考核内容涵盖知识掌握、程序设计和职业素养 3 个方面。考核采取自评、互评和师评相结合的方法，具体考核内容与配分情况见表 4-20。

表 4-20　任务评价

考核项目	考核内容	考核标准	自评（30%）	互评（30%）	师评（40%）	得分
职业素养 20 分	分工是否合理、有无制订计划、是否严谨认真	无分工、无组织、无计划、不认真，扣 5 分				
	团队合作、交流沟通、互相协作	学生单独实施任务、未完成，扣 10 分				
	遵守行业规范、现场 6S 标准	现场混乱、未遵守行业规范等，扣 5 分				
PLC 控制系统设计 40 分	I/O 分配与线路设计	I/O 线路连接错误，1 处扣 5 分，不按照线路图连接，扣 10 ~ 15 分				
	梯形图绘制	梯形图绘制错误酌情扣分				
	线路连接工艺	工艺差、走线混乱、端子松动，每处扣 5 分				
PLC 程序设计 40 分	正确编写梯形图	程序编写错误酌情扣分				
	程序输入并下载运行	下载错误，程序无法运行，扣 20 分				
	安全文明操作	违反安全操作规程，扣 10 ~ 20 分				
合计						

恭喜你，完成了任务评价。通过一个简单的 PLC 控制项目，了解了如何用七

段译码指令和数据转换指令来实现自动化商店中的数字显示部分。熟练掌握了自动售货机的全部项目，领会其精华，今后在处理每一个项目时都会得心应手。

学习笔记

拓展提高

【知识拓展】

一、指针（P）指令

指针分支指令梯形图格式如图 4-37 所示，该指令是用于执行同一程序文件内指定的位置标签（入口地址）。

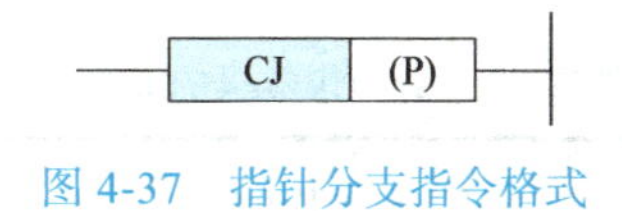

图 4-37　指针分支指令格式

指令使用说明如下：

1）CJ 是连续执行指令，CJP 是脉冲执行指令。

2）FX5U 系列 PLC 的全局指针的设置范围为 0 ～ 4096，地址编号为 P0 ～ P2047。

3）指令执行命令为 ON 时，执行指定的指针编号的程序；执行命令为 OFF 时，执行下一步程序。

4）跳转（CJ）指令只能指定同一程序文件内的指针编号。

二、子程序调用（CALL）指令

子程序调用指令梯形图格式如图 4-38 所示，该指令是用于执行指针所指定的子程序。

指令使用说明如下：

1）执行命令为 ON 时，子程序调用指令使主程序跳到指令指定的标号处执行子程序。

2）执行命令为 OFF 时，执行下一步的程序。

3）不同位置的子程序调用指令可以调用同一指针的子程序。

4）CALL（P）指令最多可嵌套 16 层。

三、子程序返回（SRET）指令

子程序返回指令梯形图格式如图 4-39 所示，该指令是用于表示子程序的结束。

图 4-38　子程序调用指令格式　　图 4-39　子程序返回指令格式

指令使用说明如下：

1）执行子程序返回指令时，将返回至调用了子程序的CALL（P）指令、XCALL指令的下一步处。

2）用户中断程序内的子程序返回指令的执行，将变为编译出错。

【任务拓展】

1. 任务描述

在任务三的基础上，实现自动售货机的最大投入金额为99元。

2. 任务分析

1）通过对自动售货机工作过程分析，请同学们画出满足任务拓展的流程图。

2）分析本任务的I/O设备，完成表4-21输入/输出设备的填写。

表4-21　自动售货机的I/O设备

输入设备			输出设备		
序号	元件名称	功能描述	序号	元件名称	功能描述
1			1		
2			2		
3			3		
…			…		

3. 任务实施

1）PLC的I/O地址分配见表4-22。

表4-22　自动售货机的I/O地址分配

输入设备			输出设备		
元件名称	符号	输入地址	元件名称	符号	输出地址

2）选择PLC型号并设计PLC硬件接线图。根据自动售货机的控制要求，通过以上的I/O地址分配，可知需要的输入点数为________，需要的输出点数为________，总点数为________，考虑给予一定的输入/输出点余量，选用型号为________的PLC。

根据选择的PLC型号，参照分配的I/O地址，请同学们完成PLC硬件接线图的设计。

学习笔记

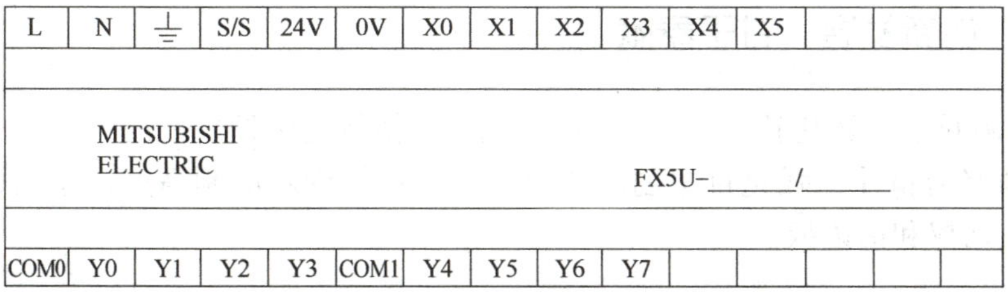

L	N	⏚	S/S	24V	0V	X0	X1	X2	X3	X4	X5			
MITSUBISHI ELECTRIC									FX5U-______/______					
COM0	Y0	Y1	Y2	Y3	COM1	Y4	Y5	Y6	Y7					

3）梯形图的绘制。请同学们分析工作过程，绘制自动售货机的梯形图。

4）程序调试与运行，总结调试中遇见的问题及解决方法。

【视野拓展】

细致毫厘精心修复——乔素凯

工作30年，10万步核燃料安全操作，零失误……这是中广核集团核燃料修复师乔素凯团队多年工作的成绩单。若将核电站比作人，核燃料就相当于心脏部位，而乔素凯的工作，就是保证这颗“心脏”健康运行。

乔素凯是我国第一代核燃料师。27年来，他用工匠精神拼搏创新，打破国外技术垄断，带领国内唯一能对受损核燃料组件进行水下修复的团队，保驾护航国家核安全。他没有很高的文凭，其主持并参与的项目有19项获得国家专利；他没有超人的智慧，却凭着一股钻劲深入细致地做好每一项工作，其所在团队共为国内20台核电机组完成了100多次核燃料装卸任务，创造了连续26年56000步操作“零”失误的纪录，实现了燃料操作“零”失误及换料设备“零”缺陷，堪称守护核安全的典范。

目前，乔素凯已经主持参与研发了30多个获得国家专利的项目。最令乔素凯骄傲的，是他的团队历经10年研发的核燃料组件水下整体修复设备，填补了国内空白，将全部的技术都掌握在中国人自己手中。

“我们的核电机组是越来越多了，我和我们国家的核电是一起成长的，从一无所有到国际领先，我感到特别自豪。”乔素凯说。

项目小结

本项目以自动售货机的控制要求及解决方案为例，引出功能指令的指令类型、编程方法。功能指令是用于PLC控制中的一种简单易学、直观易懂的编程方法。不同于基本指令，功能指令相当于实现某种特定功能的子程序，相比于实现一个特定操作的基本指令功能更为强大。

常用功能指令主要包含数据传送指令、四则运算指令、数据比较指令、七段译码指令和数据转换指令等，在使用相关功能指令时，需注意功能指令的使用次数，部分功能指令在程序中有使用次数限制，超出使用次数可能出现异常情况；同时功能指令需要占用大量的软元件，因此软元件的分配要合理，避免出现重复使用现象。

学习笔记

创新发展　甘于奉献

“满眼生机转化钧，天工人巧日争新”。创新是引领发展的第一动力，只有不断努力奋斗，强化自主创新能力，站上科技创新的制高点，才能赢得发展的主动权和话语权。

思考与练习

一、判断题

1. 功能指令由助记符和操作数两部分组成。（　　）

2. 数据寄存器用于存放各种数据的软元件。（　　）

3. 功能指令后加“P”表示脉冲型执行方式，不加“P”表示连续型执行方式。（　　）

4. 变址寄存器处理16位数据时，位元件由K1～K4指定，若只由K1～K3指定，不足部分由高位补0处理。（　　）

5. 十进制数K和十六进制数H能作为BIN指令的操作数。（　　）

二、选择题

1. CMP指令的目标操作数指定为M10，则（　　）被自动占有。

A. M10～M12　　B. M10　　C. M10～M13　　D. M11～M12

2. 使用ADD指令时，若相加结果为0，则标志位为（　　）。

A. 2　　B. 0　　C. 1　　D. 5

3. INC指令的计算结果（　　）零标志位。

A. 影响　　B. 不影响　　C. 是　　D. 不是

4. 比较指令符号为CMP，则区间比较指令符号为（　　）。

A. RET　　B. ZCP　　C. LD　　D. BCD

5. 下列（　　）元件表示字元件。

A. M　　B. Y　　C. S　　D. C

三、填空题

1. FX系列PLC的位元件有________，字元件有________。

2. 写出下列指令的名称或助记符：

CMP________，ROL________，传送指令________，七段译码指令________。

3. 功能指令的执行方式为________、________。

4. 在32位运算变址时，变址寄存器V和Z组合使用，________为高16位，________为低16位。

5. 位元件组合K2Y0表示________。

学习笔记

四、简答题

1. 位元件是如何组成字元件的？试举例说明。

2. 功能指令的组成要素有哪些？执行方式分为哪几类？

3. 32 位数据寄存器的组成要素和表达形式有什么特点，试举例说明。

五、程序题

1. 有 4 个指示灯，控制要求为：按下起动按钮后，依次亮 1s，并不断循环，按下停止按钮后，指示灯停止工作。画出 PLC 的外部接线图，并设计控制程序。

2. 用 CMP 指令实现下面功能：X0 为脉冲输入，当脉冲数大于 5 时，Y1 为 ON，反之，Y0 为 ON。试画出其梯形图。

3. 试用比较和传送指令设计一个自动控制小车运行方向的系统，如图 4-40 所示，试根据要求设计程序。工作要求如下：

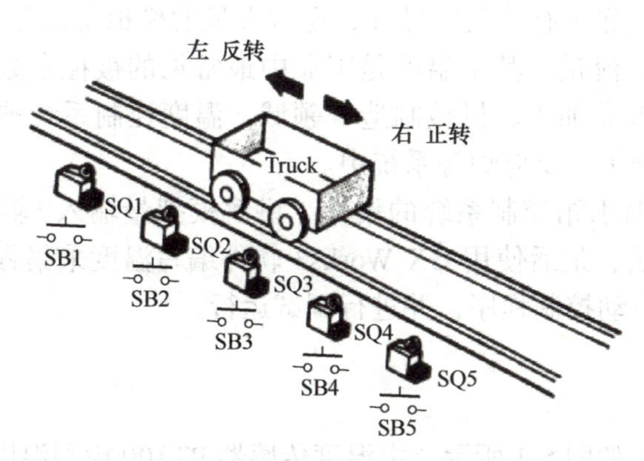

图 4-40　自动控制小车运行方向系统

1）当小车所停位置 SQ 的编号大于呼叫位置的编号 SB 时，小车向左运行至等于呼叫位置时停止。

2）当小车所停位置 SQ 的编号小于呼叫位置的编号 SB 时，小车向右运行至等于呼叫位置时停止。

3）当小车所停位置 SQ 的编号与呼叫位置的编号 SB 相同时，小车不动作。

项目五

智能恒温水箱控制系统的编程与实现

学习笔记

思考：智能控制技术对推动制造业高端化、智能化、绿色化发展有何意义？

项目导读

在工业生产中，除了有开关信号外，还有大量的模拟量信号，例如电压、电流、温度、速度、压力、流量。其中温度是工业中最常见的被控参数之一，特别是在冶金、化工、建材、食品加工、机械制造等领域，温度控制系统被广泛应用在恒温水箱、加热炉、热处理炉、反应炉等系统中。

本项目通过恒温水箱控制系统的设计，讲解模拟量输入 / 输出和闭环控制的概念、参数及应用方法，最后使用 GX Works3 软件编写温度采集程序、加热系统控制程序以及恒温水箱自动控制程序，并进行调试运行。

项目描述

某恒温水箱系统如图 5-1 所示，由温度传感器 PT100 检测温度，通过温度变送器传送至模拟量输入模块（A/D 模块），然后采用模拟量输出模块（D/A 模块）通过电力调整器控制水箱中加热棒的功率。

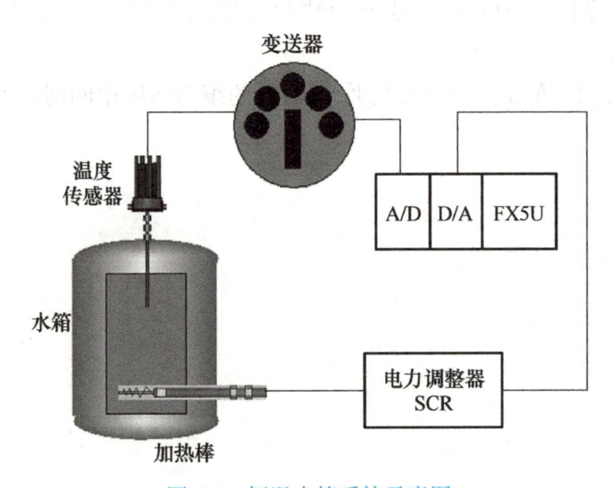

图 5-1　恒温水箱系统示意图

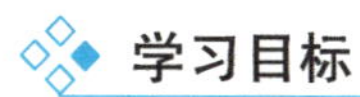

学习笔记

学习目标

【知识目标】

※ 理解 PLC 模拟量的 A/D、D/A 转换意义。

※ 理解 PID 指令和关键参数含义。

※ 掌握 A/D、D/A 转换的参数设置与程序编写方法。

【技能目标】

※ 能够正确完成内置模拟量模块输入 / 输出线路连接。

※ 能够根据任务书设计 PLC 解决方案，分析具体工作流程。

※ 能熟练使用 GX Works3 编程软件对模拟量输入 / 输出程序进行编写和调试。

【素质目标】

※ 通过对模拟量控制的实践操作，培养学生的质量意识、规范意识和遵守规章制度及生产安全的意识。

※ 通过对模拟量输入 / 输出模块的学习，培养学生分析、解决问题以及举一反三的能力。

※ 恒温控制能够在干扰作用下，依然保持稳定状态，引导学生保持初心，奋勇向前，哪怕道路曲折，依然初心不改。

任务一　恒温水箱温度采集控制系统的编程与实现

任务要求

按下起动按钮 SB1，温度传感器 PT100 开始采集水箱中的实时温度，当温度大于 80℃时，上限温度报警指示灯以 2Hz 的频率闪烁报警；当温度小于 20℃时，下限温度报警指示灯以 1Hz 的频率闪烁报警；按下停止按钮 SB2，系统停止采集。

任务目标

1. 掌握 A/D 转换的程序编写。
2. 掌握内置模拟量输入模块的线路连接。
3. 能够在 GX Works3 软件中编写温度采集程序并进行调试运行。
4. 通过模拟量输入的应用，培养学生的规范意识、安全意识、质量意识。

任务分析

1. 工艺流程的分析

将温度采集的工艺流程进行分解，工作流程图如图 5-2 所示。

学习笔记

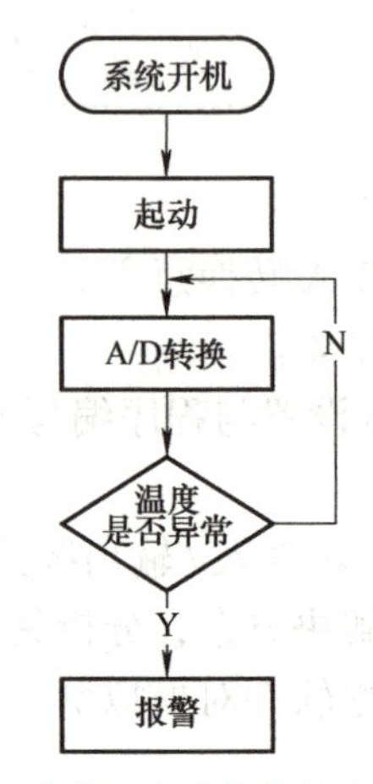

图 5-2　恒温水箱温度采集控制系统工作流程图

1）将温度传感器 PT100 检测到的水箱实际温度值，通过温度变送器转换成 0 ～ 10V 电压，传送给 PLC 模拟量输入模块，然后将转换的数字量换算成实时温度值，此过程为 A/D 转换。

2）将实时温度值和上下限温度值进行比较，若超出上下限温度值则进行报警。

2. I/O 设备与模拟量输入信号的确定

请同学们分析本任务的输入 / 输出设备、模拟量输入通道，完成表 5-1 和表 5-2 的填写。

表 5-1　恒温水箱温度采集控制系统的 I/O 设备

输入设备			输出设备		
序号	元件名称	功能描述	序号	元件名称	功能描述
1			1		
2			2		
…			…		

表 5-2　恒温水箱温度采集控制系统模拟量输入通道

序号	输入电信号	输入通道号	功能描述
1			
2			

3. PLC 型号的选择

根据恒温水箱温度采集控制系统的控制要求，通过 I/O 设备的确定，可知需要的输入点数为________，需要的输出点数为________，总点数为________，根据电源类型、I/O 点数和成本最低原则，考虑便于今后调整和扩充，加上 10% ～ 15% 的备用量，根据用户手册确定 PLC 的型号为________。

恭喜你，完成了任务分析，明确了被控对象、输入 / 输出设备、PLC 型号的选择以及恒温水箱温度采集的工作流程，接下来进入知识链接环节。

学习笔记

知识链接

模拟量输入是将工业现场标准的模拟量信号转换为PLC可以处理的数字量信号，在转换过程中首先通过变送器把模拟量转换成标准的电信号（一般标准电流信号为4～20mA、0～20mA；标准电压信号为0～10V、0～5V等），再将标准电信号转换为数字量；经过A/D转换后的数字量，可以用二进制8位、10位、12位、16位或更高位来表示，位数越高，表明分辨率越高，精度也越高。

FX5U系列PLC可以通过内置模拟量输入模块将模拟量值转化为数字量并传送到PLC。

一、内置模拟量输入

1. FX5U系列PLC内置模拟量规格参数

FX5U系列PLC内置模拟量输入模块具有2路输入通道，输入规格参数见表5-3。

表5-3　模拟量输入规格参数

项目		规格
模拟输入点数		2点（2通道）
模拟输入电压		DC 0～10V
数字输出		12位无符号二进制
软元件分配		SD6020（通道1的A/D转换后的输入数据） SD6060（通道2的A/D转换后的输入数据）
输入特性、最大分辨率	数字输出值	0～4000
	最大分辨率	2.5mV
精度	环境温度25℃ ±5℃	±5%（±20数字量）以内
	环境温度0～55℃	±1.0%（±40数字量）以内
	环境温度-20℃～0℃	±1.5%（±60数字量）以内
转换速度		30μs/通道（数据的更新为每个运算周期）
绝对最大输入		-0.5V、+15V
绝缘方式		与CPU模块内部非绝缘、输入端子之间为非绝缘
输入/输出占用点数		0点（与CPU模块最大输入/输出点数无关）

模拟量输入应用

2. 模拟量输入的线路连接

FX5U系列PLC本体内置的模拟量输入/输出端子，位于左侧盖板下方。模拟量输入端子排列见表5-4，具有2路模拟量输入通道（CH）；输入信号电压为0～10V，端子编号为V1+、V2+、V-。

表 5-4　模拟量输入端子排列

端子排	信号名称		功能	
V1+ V2+ V− V+ V− 模拟输入　模拟输出	模拟量输入	V1+	CH1	电压输入（+）
		V2+	CH2	电压输入（+）
		V−	CH1/CH2	电压输入（−）

模拟量输入接线图如图 5-3 所示。

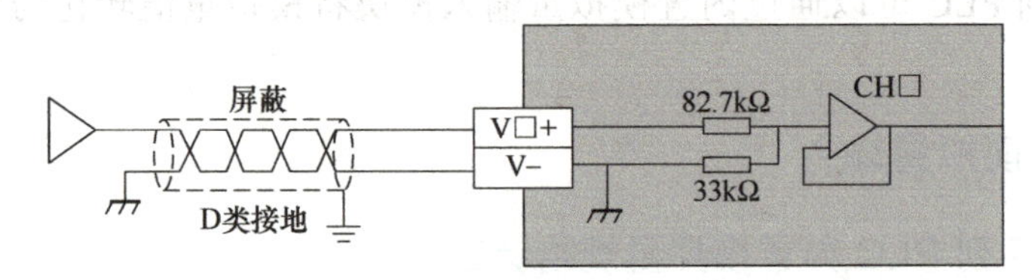

图 5-3　模拟量输入接线图

V □ +、CH □中的□为通道号。

小提示

1）模拟量输入线应使用双芯的带屏蔽层的双绞电缆，且配线时与其他动力线及容易受电感影响的线隔离，在干扰不大且精度要求不高的场合可以使用普通电缆。

2）不使用的通道应将“V+”端子和“V−”端子短接。

3. GX Work3 中参数设置

FX 5U 系列 PLC 模拟量输入设置：打开 GX Work3 软件，在最左侧导航栏中逐步单击“参数”→“FX5U CPU”→“模块参数”，双击打开“模拟输入”，如图 5-4 所示。

4. 模拟量 A/D 转换

本任务所用温度传感器为 PT100（检测温度量程为 0 ～ 100℃），转换的标准电信号为 0 ～ 10V 电压，由于 PLC 的 CPU 只能处理数字量信号，因此需要 A/D 转换将模拟量转换为 CPU 能够识别的数字值。FX5U 系列 PLC 内置的两个模拟量输入通道，均为 0～10V 电压输入，对应数字输出值为 0～4000（12 位无符号二进制），温度与 A/D 转换数据量程关系如图 5-5 所示。

将 CH1 的“A/D 转换允许 / 禁止设置”修改为“允许”，启用通道 1，如图 5-6 所示。

通过读取各通道对应数据寄存器的数据即可得到转换后的数字值，两通道对应转换的数字量寄存器地址为 SD6020（CH1）、SD6060（CH2）。模拟量输入处理流程图如图 5-7 所示。

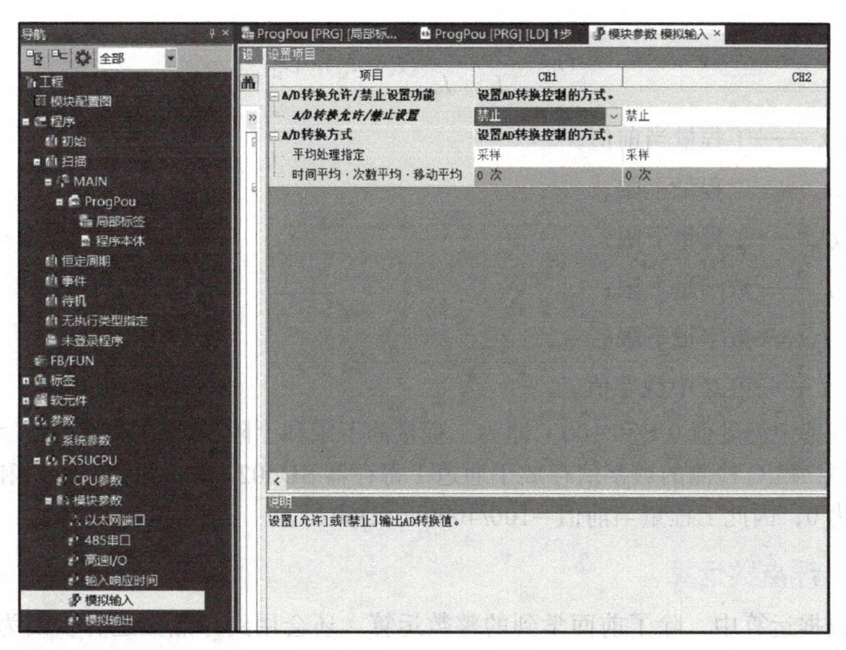

图 5-4 模拟量输入设置

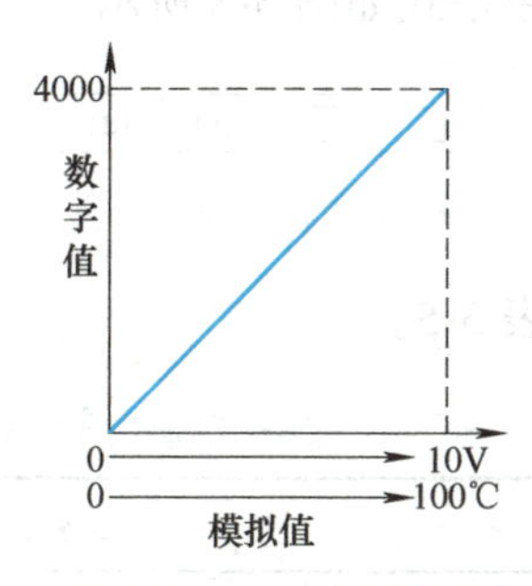

图 5-5 温度与 A/D 转换数据量程关系

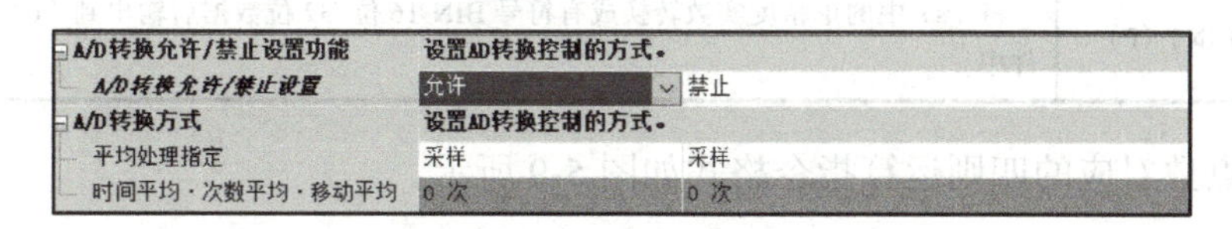

图 5-6 模拟量输入通道 1 设置

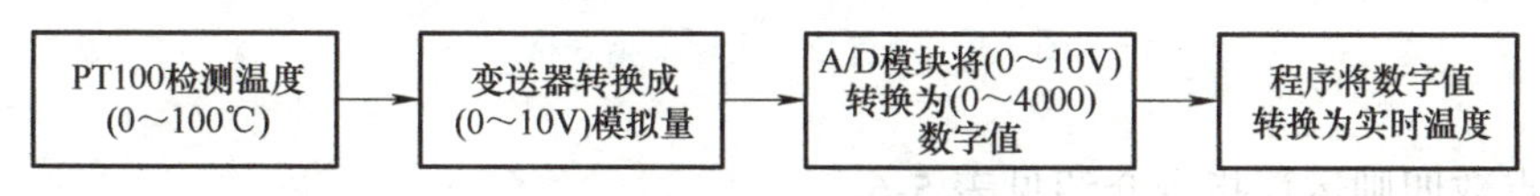

图 5-7 模拟量输入处理流程图

思考

PLC 采集的数字值如何还原为实时温度呢?

实时温度可以根据转换公式 [式（5-1）] 进行计算。

思考：对应数字输出值范围不是 0～4000，应该怎么算？

学习笔记

$$O_V=\frac{O_{sh}-O_{sl}}{I_{sh}-I_{sl}}(I_v-I_{sl})+O_{sl} \tag{5-1}$$

式中 O_V——工程量当前值；

O_{sh}——工程量上限；

O_{sl}——工程量下限；

I_{sh}——数字量上限；

I_{sl}——数字量下限；

I_v——PLC 中数字值。

本任务中温度值 0℃和 100℃即为工程量的下限和上限，0 和 4000 为数字量的下限和上限，PLC 检测的数字值存放于通道 1 寄存器 SD6020 中，因为工程量和数字量下限都为 0，因此工程量当前值 =100/4000 × SD6020。

二、浮点数运算

在数据运算中，除了前面学到的整数运算，还会用到浮点数运算。因为数据运算的数据类型必须是相同的，因此在浮点数运算时需要首先通过数据转换指令进行数据转换。常用的数据转换指令格式如图 5-8 所示。

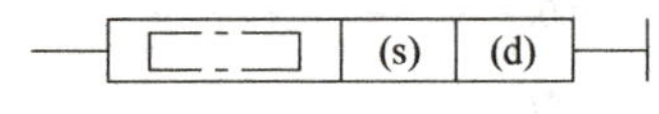

图 5-8 数据转换指令格式

常用数据转换指令介绍见表 5-5。

表 5-5 常用数据转换指令介绍

指令	指令介绍
(U) INT2FLT (P)	将 (s) 中的无 / 有符号 BIN 16 位数据转换成单精度实数后输出到 (d) 指定的软元件中
FLT2 (D) INT (P)	将 (s) 中的单精度实数转换成有符号 BIN 16 位 /32 位数据后输出到 (d) 指定的软元件中

与浮点数对应的四则运算指令格式如图 5-9 所示。

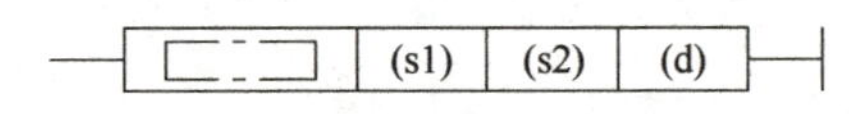

图 5-9 浮点数四则运算指令格式

浮点数四则运算指令介绍见表 5-6。

表 5-6 浮点数四则运算指令介绍

指令	指令介绍
E+ (P)	对 (s1) 中指定的单精度实数与 (s2) 中指定的单精度实数进行加法运算，结果存储到 (d) 指定的软元件中
DEADD (P)	

（续）

指令	指令介绍
E-（P）	对（s1）中指定的单精度实数与（s2）中指定的单精度实数进行减法运算，结果存储到（d）指定的软元件中
DESUB（P）	
E*（P）	对（s1）中指定的单精度实数与（s2）中指定的单精度实数进行乘法运算，结果存储到（d）指定的软元件中
DEMUL（P）	
E/（P）	对（s1）中指定的单精度实数与（s2）中指定的单精度实数进行除法运算，结果存储到（d）指定的软元件中
DEDIV（P）	

下面以圆锥体积公式运算的例子介绍浮点数指令的用法。

$$圆锥体积公式：V=\frac{1}{3}\times(\pi r^2\times h)$$

程序如图 5-10 所示，接通 M0 后首先将π存放在寄存器 D0 中，将寄存器 D2 中存储的半径 r 和寄存器 D6 中存储的高度 h，转换成单精度浮点数，然后按照公式进行乘除法运算，最后将输出结果 V 存放在寄存器 D16 中。

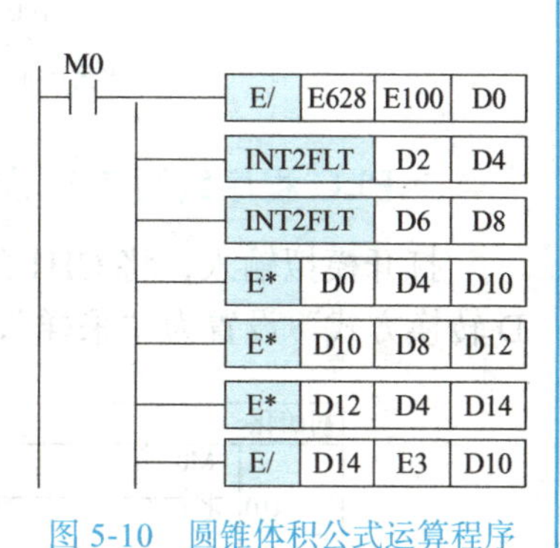

图 5-10　圆锥体积公式运算程序

恭喜你，完成了模拟量输入的相关知识的学习，并且初步学会 A/D 转换的参数设置和计算公式，接下来，进入任务实施阶段。

1. PLC 的信号地址分配

根据任务分析中确定的输入 / 输出设备，可知控制系统的输入有起动按钮 SB1 和停止按钮 SB2，共两个输入点，输出有上 / 下限温度报警指示灯 HL1/HL2，共两个负载。I/O 地址分配见表 5-7。

表 5-7　恒温水箱温度采集控制系统的 I/O 地址分配

输入设备			输出设备		
元件名称	符号	输入地址	元件名称	符号	输出地址
起动按钮	SB1	X0	上限温度报警指示灯	HL1	Y0
停止按钮	SB2	X1	下限温度报警指示灯	HL2	Y1

2. I/O 硬件接线设计

根据任务分析中 PLC 型号选择及 PLC 的 I/O 地址分配表，可得到 PLC I/O 外部接线图，如图 5-11 所示。

学习笔记

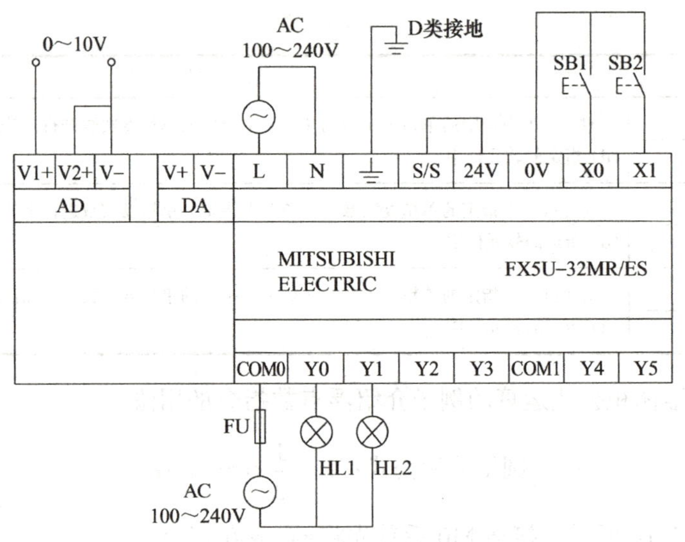

图 5-11　恒温水箱温度采集控制系统外部接线

3. PLC 程序编写与参数设置

打开模拟输入，将 CH1 的“A/D 转换允许 / 禁止设置”修改为“允许”，将“A/D 转换方式”设置为“采样”，编写梯形图如图 5-12 所示。

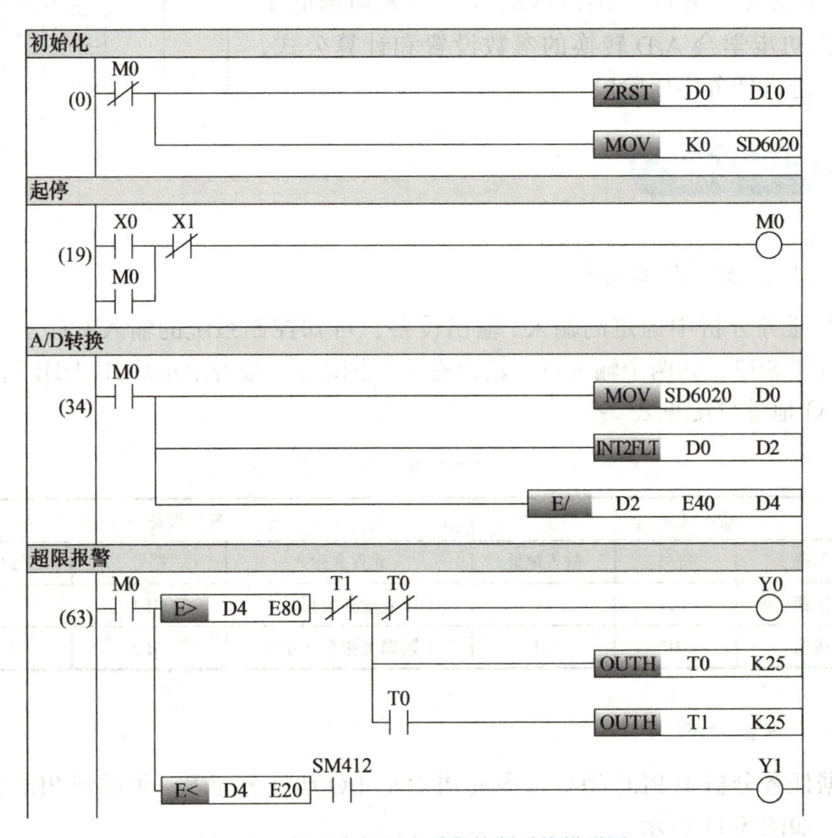

图 5-12　恒温水箱温度采集控制系统梯形图

4. 调试仿真

利用 GX Works3 编程软件在计算机上输入图 5-12 所示的程序，将写好的用户程序和参数下载到 CPU 中，并连接线路。按下起动按钮，观察寄存器 D4 中的当前温度值，当温度大于 80℃时，上限温度报警指示灯以 2Hz 的频率闪烁；当温度小于 20℃时，下限温度报警指示灯以 1Hz 的频率闪烁，按下停止按钮后，系统停止温度采集。若上述调试现象与控制要求一致，则说明本案例任务功能实现。

5. 硬件接线，联机调试

使用网线将本地计算机与 PLC 连接，接通电源。然后单击工具栏中的下载按钮，将程序下载到 PLC 中，进行联机调试。根据控制要求，按下起动按钮、停止按钮，在表 5-8 中记录调试过程中出现的问题和解决措施。

表 5-8　实施过程、实施方案或结果、出现异常原因及处理方法记录

序号	实施过程	实施要求	实施方案或结果	异常原因分析及处理方法
1	电路绘制	1）列出 PLC 控制 I/O 端口元件地址分配表		
		2）写出 PLC 类型及相关参数		
		3）画出 PLC I/O 端口接线图		
2	编写程序、参数并下载	1）设置模拟输入参数		
		2）编写梯形图		
3	运行调试	1）总结输入信号是否正常的测试方法，举例说明操作过程和显示结果		
		2）详细记录每一步操作过程中，输入 / 输出信号状态和寄存器值变化，并分析是否正确，若出错，分析并写出原因及处理方法		
		3）举例说明某监控画面处于什么运行状态		

恭喜你，已完成任务实施，完整体验了如何利用 PLC 实现模拟量信号的采集。

此任务主要考核学生对 A/D 转换的掌握情况以及学生对恒温水箱温度采集程序设计与操作的完成质量。具体考核内容涵盖知识掌握、程序设计和职业素养 3 个方面。考核采取自评、互评和师评相结合的方法，具体考核内容与配分情况见表 5-9。

学习笔记

温度采集程序模拟仿真

表 5-9　任务评价

考核项目	考核内容	考核标准	自评（30%）	互评（30%）	师评（40%）	得分
职业素养 20 分	分工是否合理、有无制订计划、是否严谨认真	无分工、无组织、无计划、不认真，扣 5 分				
	团队合作、交流沟通、互相协作	学生单独实施任务、未完成，扣 10 分				
	遵守行业规范、现场 6S 标准	现场混乱、未遵守行业规范等，扣 5 分				
PLC 控制系统设计 40 分	I/O 分配与线路设计	I/O 线路连接错误，1 处扣 5 分，不按照线路图连接，扣 20 ～ 25 分				
	线路连接工艺	工艺差、走线混乱、端子松动，每处扣 5 分				
PLC 程序设计 40 分	正确编写梯形图	程序编写错误酌情扣分				
	程序输入并下载运行	下载错误，程序无法运行，扣 20 分				
	安全文明操作	违反安全操作规程，扣 10 ～ 20 分				
合计						

恭喜你，完成了任务评价。通过一个简单的模拟量输入任务，了解了如何用 PLC 进行温度采集运算。领会其精华，今后在处理每一个项目时都会得心应手。

拓展提高

模拟量报警功能在工程实践中属于基本的应用，一般采用编写报警程序的方式实现，FX5U PLC 可以通过参数设置实现这一功能，参数设置内容见表 5-10。

表 5-10　报警功能参数设置

名称	可设置范围
过程报警上上限值	−32768 ～ +32767（上上限值 ≥ 上下限值 ≥ 下上限值 ≥ 下下限值）
过程报警上下限值	
过程报警下上限值	
过程报警下下限值	

当采集数字值大于过程报警上上限值或小于过程报警下下限值，且在报警输出范围区间内时，与通道对应的报警输出特殊继电器为 ON；报警输出后，采集数字值小于过程报警上下限值或大于过程报警下上限值，报警输出特殊继电器（过程报警上限）或报警输出特殊继电器（过程报警下限）为 OFF，如图 5-13 所示。

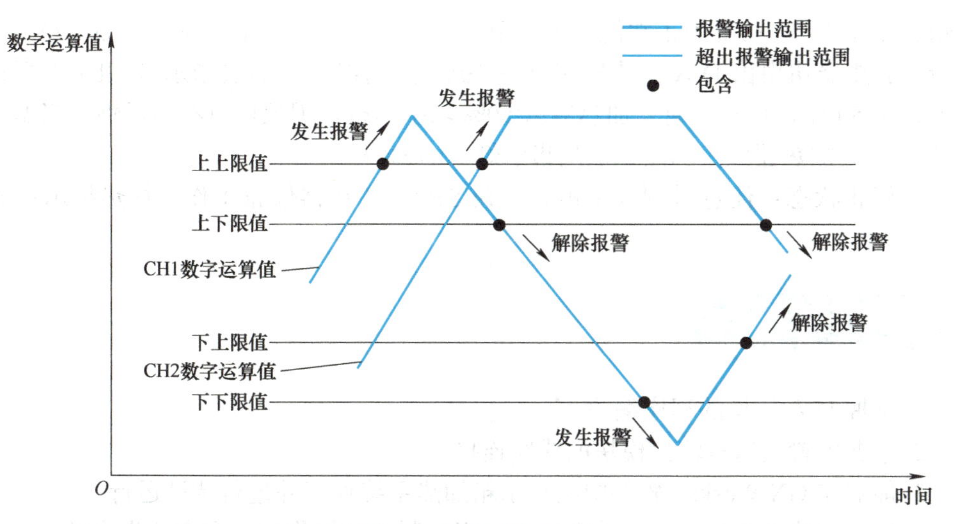

图 5-13　超限报警原理图

报警输出特殊继电器以内置模拟量输入为例，见表 5-11。

表 5-11　报警输出特殊继电器

特殊继电器		内容
CH1	CH2	
SM6031	SM6071	报警输出标志（过程报警上限）
SM6032	SM6072	报警输出标志（过程报警下限）

在模拟输入的应用设置中，找到报警输出功能，选择“过程报警报警设置”为允许，依次对过程报警的限值进行设置，参数设置如图 5-14 所示。采集通道为 CH1，当采集数字值大于 3200 时 SM6031 为 ON，当数字值下降到 3000 以内时，SM6031 为 OFF；当采集数字值小于 1000 时，SM6032 为 ON；当数字值上升到 1200 以上时，SM6032 为 OFF。

项目	CH1
报警输出功能	执行与A/D转换时的报警相关的设置
过程报警报警设置	允许
过程报警上上限值	3200
过程报警上下限值	3000
过程报警下上限值	1200
过程报警下下限值	1000

图 5-14　报警输出参数设置

任务二　恒温水箱加热系统的编程与实现

1. 运行状态：按下起动按钮 SB1，温度传感器 PT100 实时采集水箱中的温度，

水箱温度在 20 ～ 80℃为正常值。当水箱温度小于 20℃时，起动加热器以 100% 功率运行（加热器功率由 D/A 模块输出 0 ～ 10V 电压控制），加热指示灯 HL1 点亮；当温度大于 50℃小于 75℃时，加热器以 50% 功率运行。因温度具有滞后性，当温度大于 75℃时，加热器停止加热，加热指示灯 HL1 熄灭。

2. 停止状态：任意时刻按下停止按钮 SB2，加热器停止工作，加热指示灯 HL1 熄灭。

任务目标

1. 掌握 D/A 转换的程序编写。
2. 掌握内置模拟量输出模块的线路连接。
3. 能够在 GX Works3 软件中编写水箱加热系统程序并进行调试运行。
4. 通过加热系统控制，培养学生遵守规章制度、操作规范和安全生产的意识。

任务分析

1. 工艺流程的分析

将模拟量控制水箱加热的工艺流程进行分解，工作流程图如图 5-15 所示。

1）检测水箱实际温度值，通过 A/D 模块传送给 PLC。

2）将检测温度值与设定温度阈值进行比较、判断。

3）若检测温度值低于阈值则通过 D/A 模块转换为模拟电压以控制加热器按照不同功率运行。

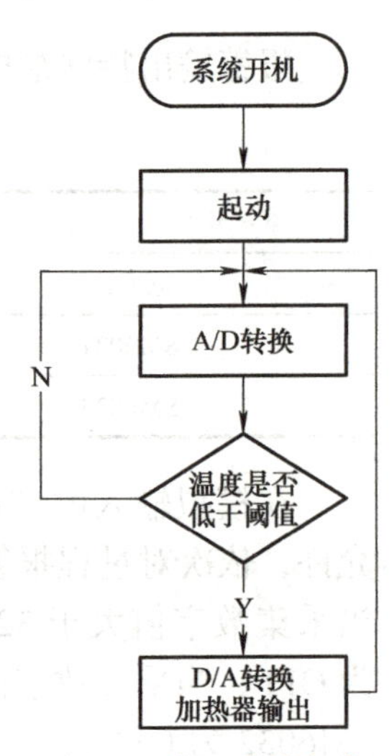

图 5-15　恒温水箱加热系统工作流程图

2. I/O 设备的确定

请同学们分析此任务的输入 / 输出设备和模拟量输出通道，完成表 5-12 和表 5-13 的填写。

表 5-12　恒温水箱加热系统的 I/O 设备

输入设备			输出设备		
序号	元件名称	功能描述	序号	元件名称	功能描述
1			1		
2			2		
3			3		
…			…		

表 5-13　恒温水箱加热系统模拟量输出通道

序号	输出电信号	输出通道号	功能描述
1			
2			

学习笔记

3. PLC 型号的选择

根据恒温水箱加热系统的控制要求，通过 I/O 设备的确定，可知需要的输入点数为________，需要的输出点数为________，总点数为________，根据电源类型、I/O 点数和成本最低原则，考虑便于今后调整和扩充，加上 10% ～ 15% 的备用量，根据用户手册确定 PLC 的型号为________。

恭喜你，完成了任务分析，明确了被控对象、输入 / 输出设备、PLC 型号的选择以及恒温水箱加热系统的工作流程，接下来进入知识链接环节。

知识链接

模拟量输出模块是把 PLC 内部的数字量转换成 4 ～ 20mA、0 ～ 20mA、0 ～ 10V 等模拟量输出的工作单元，简称 D/A 转换单元或 D/A 模块。FX5U 系列 PLC 可以采用内置模拟量输出模块实现 D/A 转换。

1. FX5U 模拟量输出规格参数

FX5U 系列 PLC 内置模拟量模块具有 1 路输出通道，输出规格参数见表 5-14。

模拟量输出应用

表 5-14　模拟量输出规格参数

项目		规格
模拟输出点数		1 点（1 通道）
模拟输出电压		DC 0 ～ 10V
数字输入		12 位无符号二进制
软元件分配		SD6180（输出设定数据）
输入特性、最大分辨率	数字输入值	0 ～ 4000
	最大分辨率	2.5mV
精度	环境温度 25℃ ±5℃	±5%（±20 数字量）以内
	环境温度 0 ～ 55℃	±1.0%（±40 数字量）以内
	环境温度 -20℃～ 0℃	±1.5%（±60 数字量）以内
转换速度		30μs/ 通道（数据的更新为每个运算周期）
绝缘方式		与 CPU 模块内部非绝缘
输入 / 输出占用点数		0 点（与 CPU 模块最大输入 / 输出点数无关）

2. 模拟量输出的线路连接

模拟量输出端子排列见表 5-15。

表 5-15　模拟量输出端子排列

端子排	信号名称		功能	
V1+ V2+ V− V+ V− 模拟输入　模拟输出	模拟量输出	V+	CH1	电压输入（+）
		V−	CH1	电压输入（−）

模拟量输出接线图如图 5-16 所示。

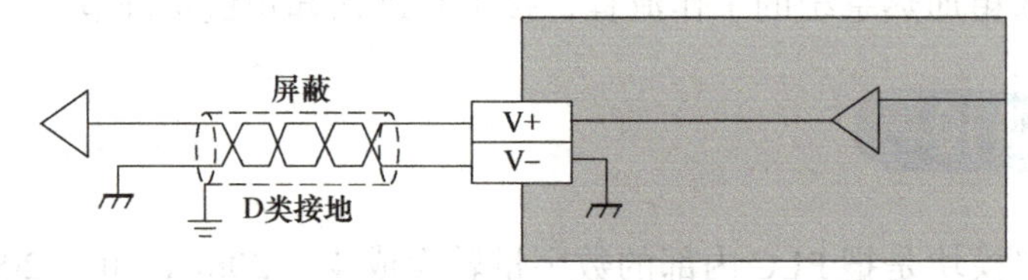

图 5-16　模拟量输出接线

3. 模拟量输出参数设置

模拟量输出设置：打开 GX Work3 软件，在最左侧导航栏依次单击选择“参数”→“FX5U CPU”→“模块参数”，双击打开“模拟输出”，如图 5-17 所示。

将“D/A 转换允许 / 禁止设置”修改为“允许”，将“D/A 输出允许 / 禁止设置”修改为“允许”，如图 5-18 所示。

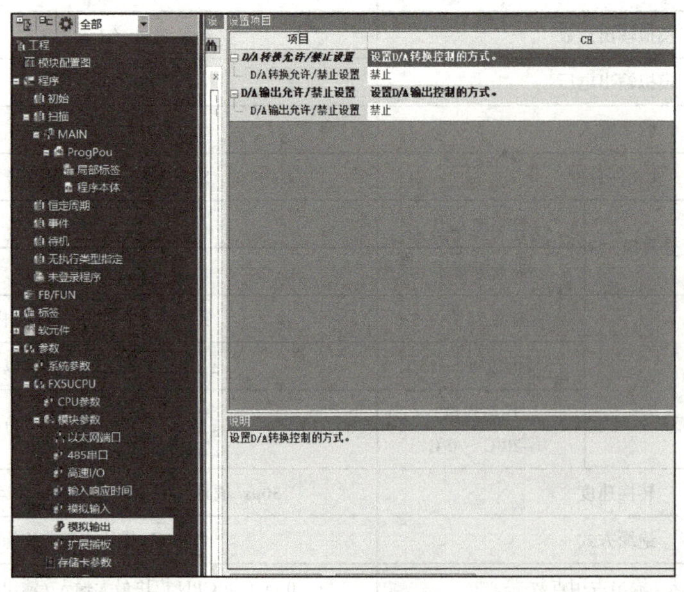

图 5-17　模拟量输出设置

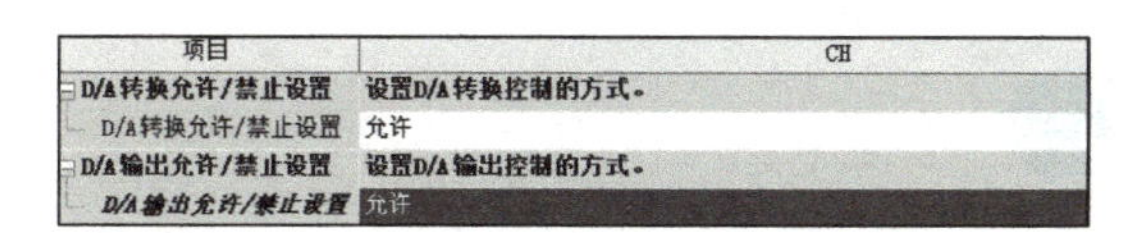

项目	CH
D/A转换允许/禁止设置	设置D/A转换控制的方式。
D/A转换允许/禁止设置	允许
D/A输出允许/禁止设置	设置D/A输出控制的方式。
D/A输出允许/禁止设置	允许

图 5-18　模拟量输出通道设置

4. 模拟量 D/A 转换

FX5U PLC 内置的模拟量输出通道有 1 个，为 0 ～ 10V 电压输出，对应数字输出值为 0 ～ 4000（12 位无符号二进制）。任务要求通过模拟量输出模块将 0 ～ 4000 数字值转化为 0 ～ 10V 模拟电压输出，控制加热器 0 ～ 100% 的功率输出，D/A 转换数据量程关系如图 5-19 所示。

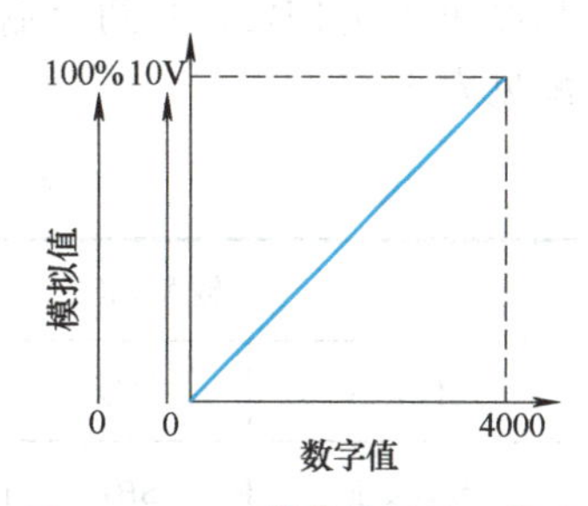

图 5-19　D/A 转换数据量程关系

内置模拟量输出对应的数字量地址为 SD6180，模拟量输出处理流程图如图 5-20 所示。

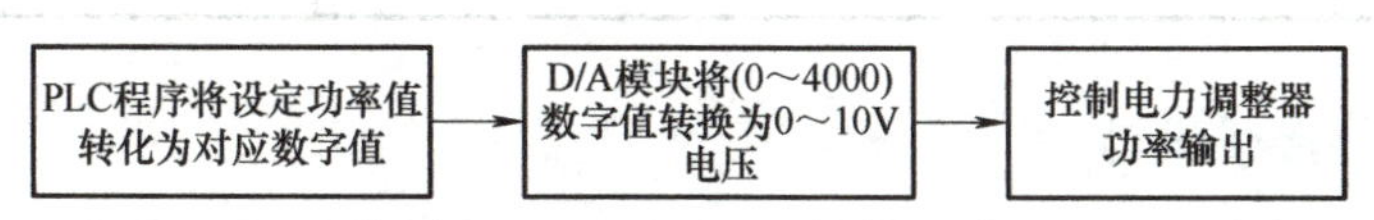

图 5-20　模拟量输出处理流程图

思考

PLC 如何根据设定功率值计算出对应数字值呢？

数字量输出值可以根据式（5-2）进行计算。

$$I_{\mathrm{v}}=\frac{I_{\mathrm{sh}}-I_{\mathrm{sl}}}{O_{\mathrm{sh}}-O_{\mathrm{sl}}}(O_{\mathrm{V}}-O_{\mathrm{sl}})+I_{\mathrm{sl}} \tag{5-2}$$

式中　O_{V}——工程量设定值；

O_{sh}——工程量上限；

O_{sl}——工程量下限；

I_{sh}——数字量上限；

I_{sl}——数字量下限；

I_{v}——PLC 中数字值。

本任务中加热器功率 0 和 100% 即为工程量下限和上限，0 和 4000 为数字量下限和上限，因为工程量和数字量下限都为 0，因此 PLC 中数字输出值 = 工程量设定值 ×4000/100%。

恭喜你，完成了模拟量输出的相关知识的学习，并且初步学会 D/A 转换的参数设置和计算公式，接下来，进入任务实施阶段。

学习笔记

1. PLC 的 I/O 地址分配

根据任务分析中确定的输入/输出设备，可知控制系统的输入有起动按钮 SB1 和停止按钮 SB2，共两个输入点，输出有加热指示灯 HL1，共 1 个负载。I/O 地址分配见表 5-16。

表 5-16　恒温水箱加热系统的 I/O 地址分配

输入设备			输出设备		
元件名称	符号	输入地址	元件名称	符号	输出地址
起动按钮	SB1	X0	加热指示灯	HL1	Y0
停止按钮	SB2	X1			

2. I/O 硬件接线设计

根据任务分析中 PLC 型号选择及 PLC 的 I/O 地址分配表，可得到 PLC I/O 外部接线图，如图 5-21 所示。

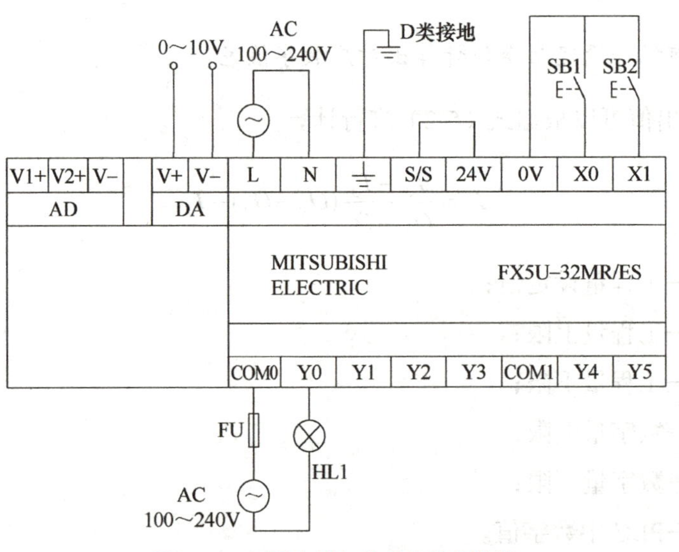

图 5-21　恒温水箱加热系统外部接线

3. PLC 程序编写与参数设置

打开模拟输出，将“D/A 转换允许/禁止设置”修改为“允许”，将“D/A 输出允许/禁止设置”修改为“允许”，编写梯形图如图 5-22 所示。

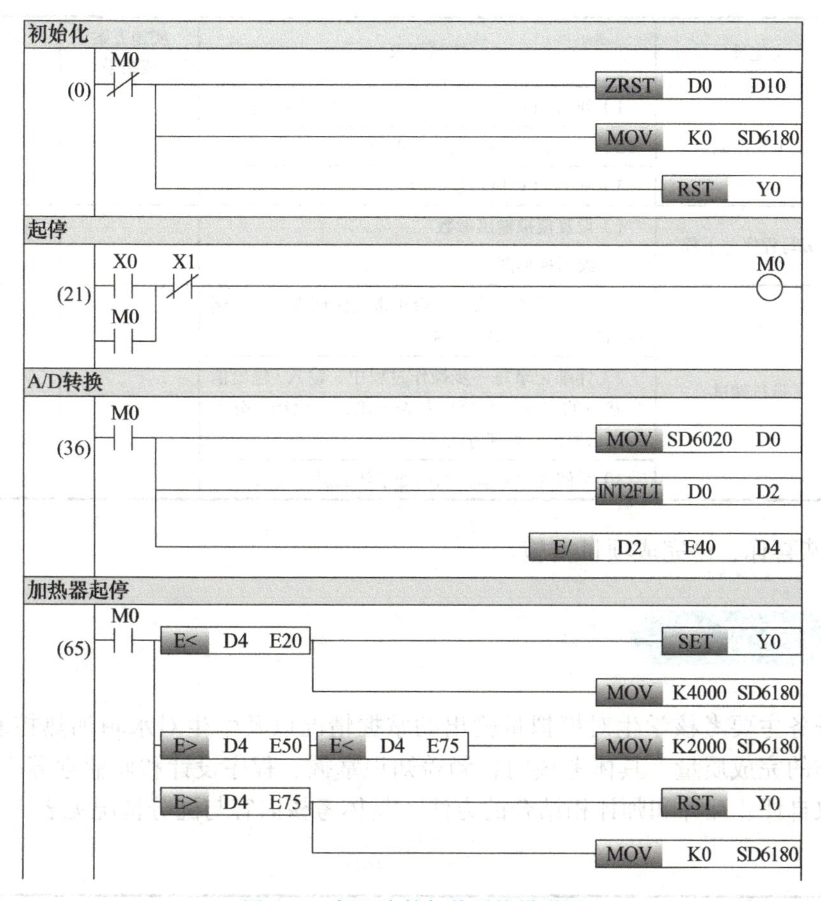

图 5-22　恒温水箱加热系统梯形图

4. 调试仿真

利用 GX Works3 编程软件在计算机上输入图 5-22 所示的程序，将写好的用户程序和设备组态下载到 CPU 中，并连接线路。按下起动按钮，观察寄存器 D4 中的当前温度值和 SD6180 里的数字值；当温度小于 20℃时，SD6180 中的值为 4000，Y0 指示灯点亮；当温度大于 50℃且小于 75℃时，SD6180 中的值为 2000；当温度大于 75℃时，SD6180 中的值为 0，Y0 指示灯熄灭；按下停止按钮后，系统停止运行。若上述调试现象与控制要求一致，则说明本案例任务功能实现。

5. 硬件接线，联机调试

使用网线将本地计算机与 PLC 连接，接通电源。然后单击工具栏中的下载按钮，将程序下载到 PLC 中，进行联机调试。根据控制要求，按下起动按钮、停止按钮，在表 5-17 中记录调试过程中出现的问题和解决措施。

加热系统程序模拟仿真

学习笔记

表 5-17　实施过程、实施方案或结果、出现异常原因和处理方法记录

序号	实施过程	实施要求	实施方案或结果	异常原因分析及处理方法
1	电路绘制	1）列出 PLC 控制 I/O 端口元件地址分配表		
		2）写出 PLC 类型及相关参数		
		3）画出 PLC I/O 端口接线图		
2	编写程序并下载	1）设置模拟输出参数		
		2）编写梯形图		
3	运行调试	1）总结模拟量输出是否正常的测试方法，举例说明操作过程和显示结果		
		2）详细记录每一步操作过程中，输入 / 输出信号状态的变化，并分析是否正确，若出错，分析并写出原因及处理方法		
		3）举例说明某监控画面处于什么运行状态		

恭喜你，已完成项目实施。

任务评价

此任务主要考核学生对模拟量输出的掌握情况以及学生对水箱加热控制程序设计与操作的完成质量。具体考核内容涵盖知识掌握、程序设计和职业素养 3 个方面。考核采取自评、互评和师评相结合的方法，具体考核内容与配分情况见表 5-18。

表 5-18　任务评价

考核项目	考核内容	考核标准	自评（30%）	互评（30%）	师评（40%）	得分
职业素养 20 分	分工是否合理、有无制订计划、是否严谨认真	无分工、无组织、无计划、不认真，扣 5 分				
	团队合作、交流沟通、互相协作	学生单独实施任务、未完成，扣 10 分				
	遵守行业规范、现场 6S 标准	现场混乱、未遵守行业规范等，扣 5 分				
PLC 控制系统设计 40 分	I/O 分配与线路设计	I/O 线路连接错误，1 处扣 5 分，不按照线路图连接，扣 20 ~ 25 分				
	线路连接工艺	工艺差、走线混乱、端子松动，每处扣 5 分				
PLC 程序设计 40 分	正确编写梯形图	程序编写错误酌情扣分				
	程序输入并下载运行	下载错误，程序无法运行，扣 20 分				
	安全文明操作	违反安全操作规程，扣 10 ~ 20 分				
合计						

学习笔记

恭喜你，完成了任务评价。通过一个简单的 PLC 控制项目，了解了如何用 PLC 进行加热系统控制。领会其精华，今后在处理每一个项目时都会得心应手。

任务三　恒温水箱自动控制系统的编程与实现

任务要求

恒温水箱由温度检测和加热系统两部分组成。

1. 初始化：系统初上电设定目标温度值为 50℃，水温的上下限分别为 80℃和 20℃。

2. 系统运行：当按下起动按钮 SB1 后，系统开始运行，运行指示灯 HL1 点亮，根据 PT100 反馈的温度值采用 PID 算法控制加热器的功率，使水箱水温逐渐稳定在设定温度值。

3. 报警显示：当温度大于 80℃时，上限温度报警指示灯 HL2 以 0.5Hz 的频率闪烁报警，当温度小于 20℃时，下限温度报警指示灯 HL3 以 1Hz 的频率闪烁报警。

4. 停止状态：按下停止按钮 SB2，系统停止运行，各指示灯熄灭。

任务目标

1. 了解 PID 的概念。

2. 掌握 PID 指令的用法。

3. 能够在 GX Works3 软件中编写恒温水箱自动控制系统程序并进行调试运行。

4. 通过 PID 控制的学习，培养学生分析、解决问题的能力，明白实践才能出真知的道理。

任务分析

1. 工艺流程的分析

将恒温水箱自动控制系统的工作过程进行分解，以流程图形式来表示每阶段的工作，如图 5-23 所示。

1）温度传感器 PT100 检测水箱实际温度值并通过 A/D 模块传送给 PLC。

2）将检测温度值与设定温度阈值比较，进行 PID 运算。

3）将 PID 运算输出值，通过 D/A 模块转换为模拟电压控制加热器运行。

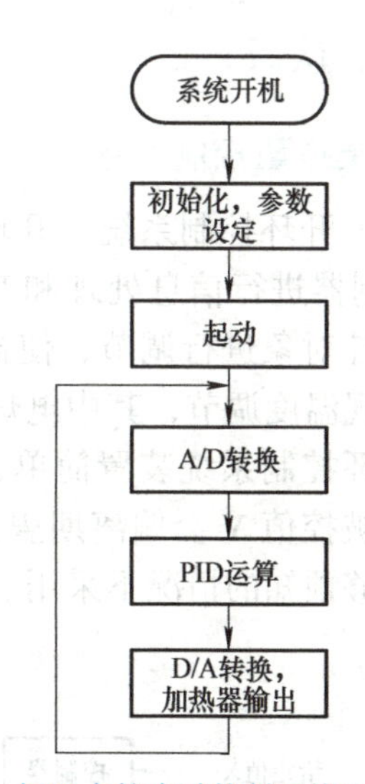

图 5-23　恒温水箱自动控制系统工作流程图

学习笔记

2. I/O 设备的确定

请同学们分析此任务的输入 / 输出设备，完成表 5-19、表 5-20 的填写。

表 5-19　恒温水箱自动控制系统的 I/O 设备

输入设备			输出设备		
序号	元件名称	功能描述	序号	元件名称	功能描述
1			1		
2			2		
…			…		

表 5-20　恒温水箱自动控制系统的模拟量输入 / 输出通道

输入通道			输出通道		
通道号	输入电信号	功能描述	通道号	输出电信号	功能描述
CH1			CH1		
CH2			CH2		

3. PLC 型号的选择

根据恒温水箱自动控制系统的控制要求，通过 I/O 设备的确定，可知需要的输入点数为________，需要的输出点数为________，总点数为________，根据电源类型、I/O 点数和成本最低原则，考虑便于今后调整和扩充，加上 10% ～ 15% 的备用量，根据用户手册确定 PLC 的型号为________。

知识链接

一、认识 PID

1. 模拟量控制系统

（1）开环控制系统　开环控制系统如图 5-24 所示，首先对控制系统输入给定值 X，控制器进行信息处理和 D/A 转换，然后向执行机构发出控制信号，控制执行机构对被控对象进行调节，使被控值达到给定值。例如：电炉中的温度由 PLC 控制加热丝实现温度调节，其中电炉为被控对象，加热丝为执行机构，PLC 为控制器。

开环控制系统装置简单，调试方便，但只有输入量的前向控制作用，在受到干扰后，被控值 Y 会偏离期望值，无法进行自动调节，因此只能在系统输入量和扰动规律能够预知的情况下采用。

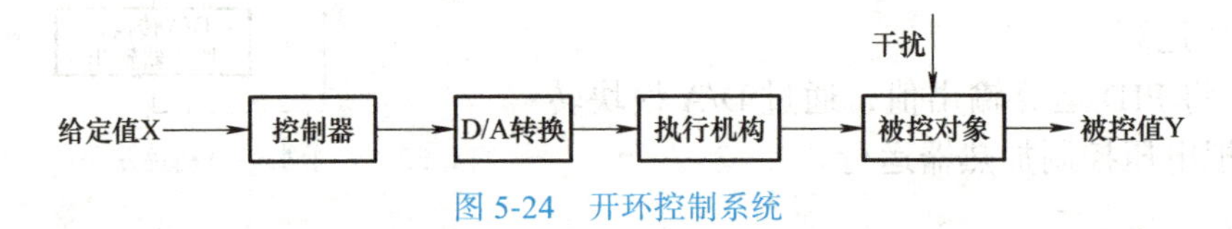

图 5-24　开环控制系统

学习笔记

（2）闭环控制系统　闭环控制系统如图 5-25 所示，在开环控制系统的基础上增加了反馈通路，即将被控值 Y 进行 A/D 转换后的数据，传送到输入端进行比较运算，只要被控值偏离给定值，即产生偏差，就会产生相应的控制作用消除偏差。在控制中将使输入信号增强的回路称为正反馈，使输入信号减弱的回路称为负反馈，一般闭环控制系统均为负反馈控制系统。

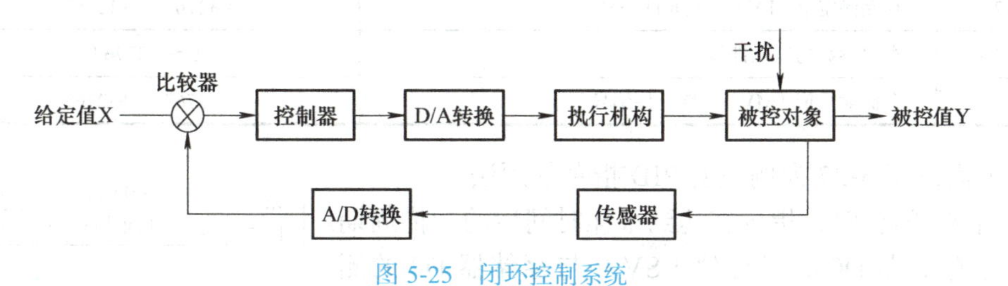

图 5-25　闭环控制系统

思考

PLC 如何根据偏差值进行控制呢？

2. PID 的概念与算法

PID 是比例积分微分控制的简称，是将系统产生的偏差，通过 P（比例）、I（积分）、D（微分）计算出输出值，控制系统动作。当系统受到扰动（包括给定值改变和干扰），被控值偏离给定值时，PID 控制器能使系统稳定、快速地自动回到给定值上。

PID 控制的数学表达式为

$$M(t)=K_{c}e+\frac{K_{c}}{T_{i}}\int_{0}^{t}e\mathrm{d}t+M(0)+K_{c}T_{d}\frac{\mathrm{d}e}{\mathrm{d}t} \tag{5-3}$$

式中　$M(t)$——PID 回路的输出；

K_c——比例系数；

T_i——积分时间常数；

T_d——微分时间常数；

e——偏差（目标值与测定值之差）；

$M(0)$——偏差为 0 时 PID 回路的输出。

通过式（5-3）可知，PID 控制是由偏差、偏差对时间的积分和偏差对时间的微分叠加而成，分别为比例控制、积分作用和微分输出。当前 PLC 基本上都配备有 PID 指令，只需要对参数进行设定即可实现 PID 功能，为用户使用 PID 控制提供了极大的方便。

3. PID 指令

三菱 FX 系列 PLC 的 PID 指令格式如图 5-26 所示。

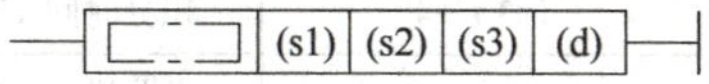

—[[ ] | (s1) | (s2) | (s3) | (d)]—

图 5-26　PID 指令格式

各操作数含义见表 5-21。

表 5-21　PID 指令操作数含义

操作数	内容	范围
(s1)	存储目标值（SV）的软元件编号	–32767 ～ +32767
(s2)	存储测定值（PV）的软元件编号	–32767 ～ +32767
(s3)	存储参数的软元件编号	1 ～ +32767
(d)	存储输出值（MV）的软元件编号	–32767 ～ +32767

下面以图 5-27 为例说明 PID 指令的用法。

当 X0 闭合时，指令在达到采样时间后的扫描周期内，把存储器 D0 的目标值（SV）与存储器 D2 的测定值（PV）进行比较，将偏差值进行 PID 运算，输出值（MV）传送到存储器 D100 中。其中 D50 是 PID 控制参数群的首地址。各地址具体含义见表 5-22。

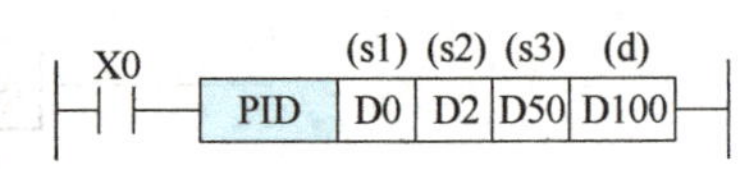

图 5-27　PID 指令示例

表 5-22　PID 参数地址

项目			设置内容 / 设置范围
(s3)	采样时间（t）		1 ～ 32767（ms）
(s3) +1	动作设置（ACT）	b0	0：正动作 1：反动作
		b1	0：无输入变化量警报 1：输入变化量警报有效
		b2	0：无输出变化量警报 1：输出变化量警报有效
		b3	不可使用
		b4	0：自动调谐不动作 1：执行自动调谐
		b5	0：无输出值上下限设置 1：输出值上下限设置有效
		b6	0：阶跃响应法 1：极限循环法
		b7	0：无过冲抑制处理（FX3U 兼容） 1：有过冲抑制处理
		b8	0：无振动抑制处理（FX3U 兼容） 1：有振动抑制处理
		b9 ～ b15	不可使用
(s3) +2	输入滤波常数 α		0 ～ 99[%]
(s3) +3	比例增益（KP）		1 ～ 32767[%]
(s3) +4	积分时间（TI）		0 ～ 32767[× 100ms]
(s3) +5	微分增益（KD）		0 ～ 100[%]

（续）

项目			设置内容 / 设置范围
（s3）+6	微分时间（TD）		0～32767[×10ms]
（s3）+7～（s3）+19	被 PID 运算的内部处理占用，请勿更改数据		
（s3）+20	输入变化量（增侧）警报设置值		0～32767
（s3）+21	输入变化量（减侧）警报设置值		0～32767
（s3）+22	输出变化量（增侧）警报设置值		0～32767
	输出上限设置值		-32768～+32767
（s3）+23	输出变化量（减侧）警报设置值		0～32767
	输出下限设置值		-32768～+32767
（s3）+24	警报输出	b0	0：输入变化量（增侧）未溢出 1：输入变化量（增侧）溢出
		b1	0：输入变化量（减侧）未溢出 1：输入变化量（减侧）溢出
		b2	0：输出变化量（增侧）未溢出 1：输出变化量（增侧）溢出
		b3	0：输出变化量（减侧）未溢出 1：输出变化量（减侧）溢出
使用极限循环法时需要以下设置			
（s3）+25	PV 值临界（滞后）宽度（SHPV）		根据测定值（PV）的变化进行设置
（s3）+26	输出值上限（ULV）		输出值（MV）的最大输出值（ULV）设置
（s3）+27	输出值下限（LLV）		输出值（MV）的最小输出值（LLV）设置
（s3）+28	从调谐周期结束到 PID 控制开始为止的等待设置参数（KW）		-50～+32717[%]

4. PID 关键参数介绍

（1）比例增益　输出值（MV）将按比例动作，与偏差（目标值与测定值的差）成正比例增加。该比例称为比例增益（KP），输出值（MV）= 比例增益（KP）× 偏差（EV）。

如图 5-28 所示，比例增益（KP）越大，测定值（PV）向目标值（SV）靠近的趋势越强。

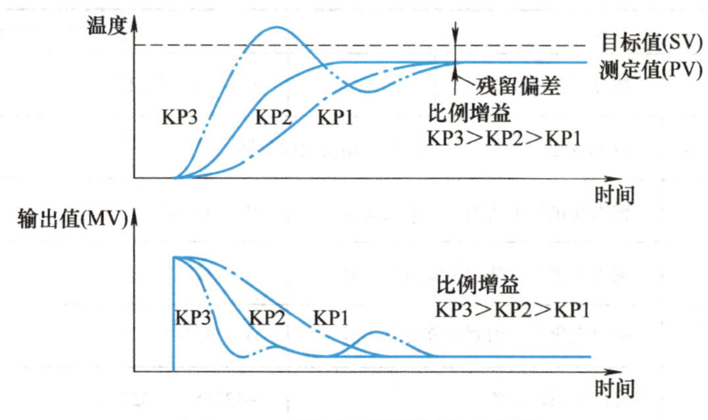

图 5-28　不同比例增益调节示意图

（2）积分时间　积分动作是在存在偏差时，连续变换输出值以消除偏差的动作，产生偏差后，积分动作的输出变为比例动作的输出所需的时间称为积分时间，用 TI 表示。

如图 5-29 所示，积分时间（TI）越长，每次变化的数值会越慢；积分时间（TI）越短，每次变化的数值会越快。积分时间的设置范围应为 0 ～ 32767（×100ms），若积分时间为 0，则作为∞处理，即无积分调节。

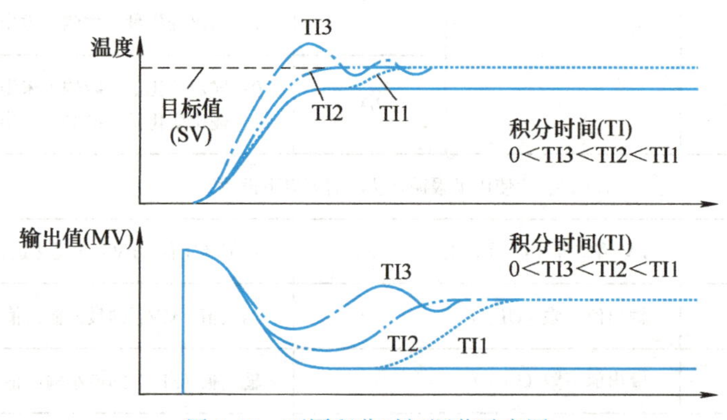

图 5-29　不同积分时间调节示意图

（3）微分时间　产生偏差后，微分动作的输出变为比例动作的输出所需的时间称为微分时间，用 TD 表示。

微分控制用于对外部干扰等引起的测定值（PV）的变动做出敏感反应，将变动控制在最小范围内。微分时间（TD）的设置范围应为 0 ～ 32767（×10ms）。

如图 5-30 所示，微分时间（TD）越长，防止因外部干扰等引起控制对象大幅变动的趋势越强，但微分常数不能过大，否则会使响应过程提前制动，延长调节时间。微分时间（TD）调节一般应用在噪声干扰比较多的场合，在外部干扰较少时，微分时间（TD）并不一定要使用。

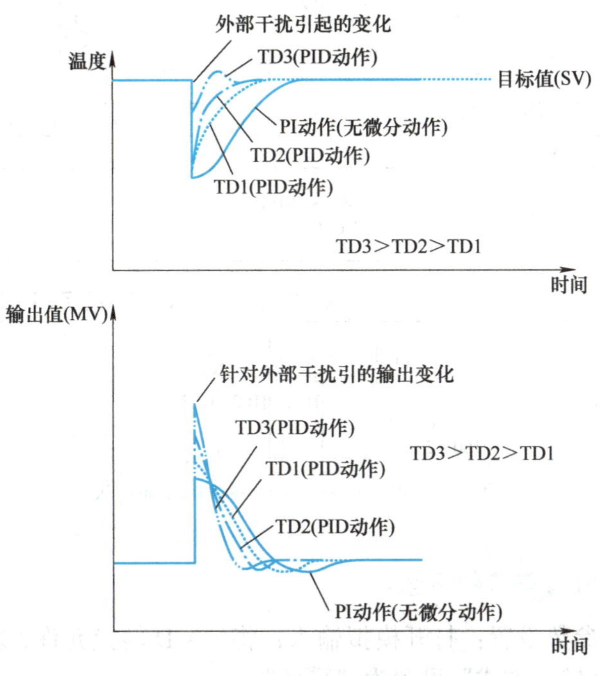

图 5-30　不同微分时间调节示意图

任务实施

1. PLC 的 I/O 地址分配

根据任务分析中确定的输入 / 输出设备，可知控制系统的输入有起动按钮 SB1、停止按钮 SB2，共两个输入点，输出有加热指示灯 HL1、上限报警指示灯 HL2、下限报警指示灯 HL3，共 3 个负载。I/O 地址分配见表 5-23。

表 5-23　恒温水箱自动控制系统的 I/O 地址分配

输入设备			输出设备		
元件名称	符号	输入地址	元件名称	符号	输出地址
起动按钮	SB1	X0	加热指示灯	HL1	Y0
停止按钮	SB2	X1	上限报警指示灯	HL2	Y1
			下限报警指示灯	HL3	Y2

2. I/O 硬件接线设计

根据任务分析中 PLC 型号选择及 PLC 的 I/O 地址分配表，可得到 PLC I/O 外部接线图，如图 5-31 所示。

学习笔记

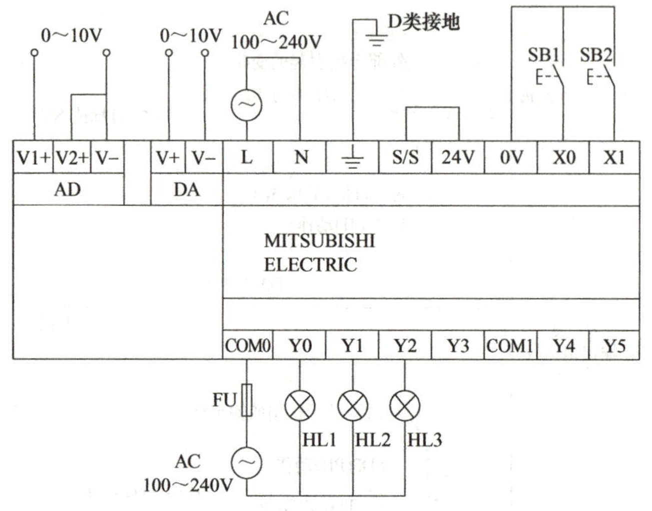

图 5-31　恒温水箱自动控制系统外部接线

3. PLC 程序编写与参数设置

1）模拟输入参数设置：打开模拟输入，将“A/D 转换允许 / 禁止设置”修改为“允许”，将“A/D 转换方式”设置为“采样”。

2）模拟输出参数设置：打开模拟输出，将“D/A 转换允许 / 禁止设置”修改为“允许”，将“D/A 输出允许 / 禁止设置”修改为“允许”。

3）编写恒温水箱自动控制程序，如图 5-32 所示。

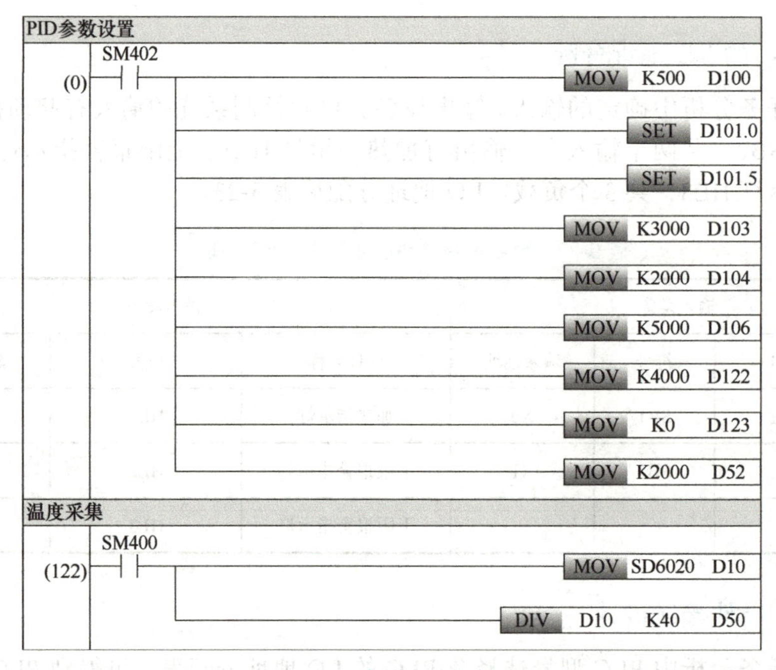

图 5-32　恒温水箱自动控制梯形图

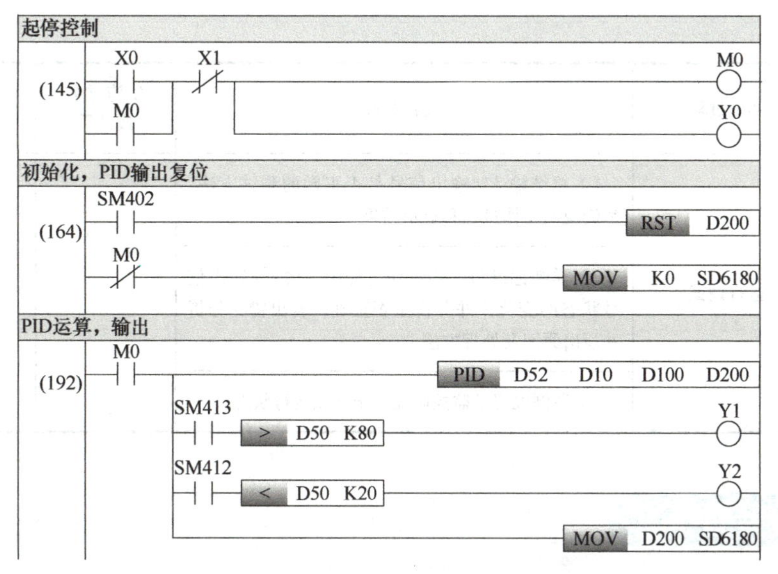

图 5-32　恒温水箱自动控制梯形图（续）

4. 调试仿真

利用 GX Works3 编程软件在计算机上输入图 5-32 所示的程序，将写好的用户程序以及设备组态下载到 CPU 中，并连接线路。按下起动按钮，加热指示灯 Y0 点亮。观察寄存器 D10 中的数字值，将逐渐接近设定值 D52。整个过程中当 D50 中的数字值大于 80 时，指示灯 Y1 以 0.5Hz 的频率闪烁，当 D50 中的数字值小于 20 时，指示灯 Y2 以 1Hz 的频率闪烁。按下停止按钮后，系统停止运行。若上述调试现象与控制要求一致，则说明本案例任务功能实现。

5. 硬件接线，联机调试

使用网线将本地计算机与 PLC 连接，接通电源。然后单击工具栏中的下载按钮，将程序下载到 PLC 中，进行联机调试。根据控制要求，按下起动按钮、停止按钮，在表 5-24 中记录调试过程中出现的问题和解决措施。

表 5-24　实施过程、实施方案或结果、出现异常原因及处理方法记录

序号	实施过程	实施要求	实施方案或结果	异常原因分析及处理方法
1	电路绘制	1）列出 PLC 控制 I/O 端口元件地址分配表		
		2）写出 PLC 类型及相关参数		
		3）画出 PLC I/O 端口接线图		
2	编写程序并下载	1）设置模拟输入 / 输出参数		
		2）编写梯形图		

学习笔记

（续）

序号	实施过程	实施要求	实施方案或结果	异常原因分析及处理方法
3	运行调试	1）总结输入/输出信号是否正常的测试方法，举例说明操作过程和显示结果		
		2）详细记录每一步操作过程中，输入/输出信号状态的变化，并分析是否正确，若出错，分析并写出原因及处理方法		
		3）举例说明某监控画面处于什么运行状态		

任务评价

本任务主要考核学生对PID指令的掌握情况以及学生对恒温控制系统设计与操作的完成质量。具体考核内容涵盖知识掌握、程序设计和职业素养3个方面。考核采取自评、互评和师评相结合的方法，具体考核内容与配分情况见表5-25。

表5-25 任务评价

考核项目	考核内容	考核标准	自评（30%）	互评（30%）	师评（40%）	得分
职业素养20分	分工是否合理、有无制订计划、是否严谨认真	无分工、无组织、无计划、不认真，扣5分				
	团队合作、交流沟通、互相协作	学生单独实施任务、未完成，扣10分				
	遵守行业规范、现场6S标准	现场混乱、未遵守行业规范等，扣5分				
PLC控制系统设计40分	I/O分配与线路设计	I/O线路连接错误，1处扣5分，不按照线路图连接，扣20～25分				
	线路连接工艺	工艺差、走线混乱、端子松动，每处扣5分				
PLC程序设计40分	正确编写梯形图	程序编写错误酌情扣分				
	程序输入并下载运行	下载错误，程序无法运行，扣20分				
	安全文明操作	违反安全操作规程，扣10～20分				
合计						

恭喜你，完成了任务评价。通过恒温水箱自动控制项目，学习了如何用PID进行闭环运算。领会其精华，今后在处理每一个项目时都会得心应手。

拓展提高

【知识拓展】

PID 自动调谐 – 极限循环法

PLC 的自动调谐功能是为使 PID 控制最优化而自动设置比例增益、积分时间的功能。极限循环法是在进行二位值控制（根据偏差，对输出上限值和输出下限值进行切换输出）时，测定输入值的变化，并求出 PID 的 3 个常数的方法。采用极限循环法可通过系统自动运算整定出比例增益（KP）、积分时间（TI）、微分时间（TD）。使用极限循环法控制恒温系统的设定参数及其详情见表 5-26。

表 5-26　设定参数及其详情

步骤	设定参数	参数详情
1	D100	设定采样时间为 500ms
2	D101	设定动作方向为反动作，启用自调谐，设置输出值上下限有效，选择极限循环法
3	D122	设定输出值上限为 4000
4	D123	设定输出值下限为 0
5	D125	设定临界值（磁滞）
6	D126	执行最大输出值上限
7	D127	执行最小输出值下限

参数设定参考程序如图 5-33 所示，设备初上电后，将参数设定值传送到相应寄存器中，进行参数设定。

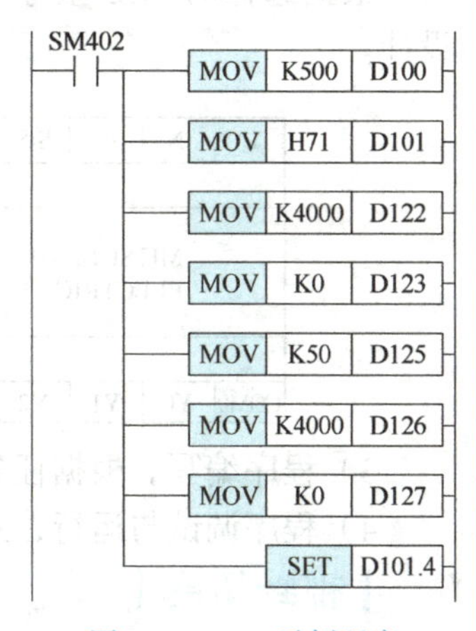

图 5-33　PID 示例程序

【任务拓展】

1. 任务描述

采用极限循环法的自调谐方式完成任务三。

2. 任务分析

分析任务要求，完成表 5-27、表 5-28 的填写。

表 5-27　恒温水箱自动控制系统的 I/O 设备

输入设备			输出设备		
序号	元件名称	符号	序号	元件名称	符号
1			1		
2			2		
…			…		

学习笔记

表 5-28 恒温水箱自动控制系统的模拟量输入 / 输出通道

输入通道			输出通道		
通道号	输入电信号	功能描述	通道号	输出电信号	功能描述
CH1			CH1		
CH2			CH2		

3. 任务实施

1）PLC 的 I/O 地址分配见表 5-29。

表 5-29 恒温水箱自动控制系统 I/O 地址分配

输入设备				输出设备			
序号	元件名称	符号	输入地址	序号	元件名称	符号	输出地址
1				1			
2				2			
3				3			
…				…			

2）选择 PLC 型号并设计 PLC 硬件接线图。通过以上的 I/O 地址分配，可知需要的输入点数为________，需要的输出点数为________，总点数为________，考虑给予一定的输入 / 输出点余量，选用型号为________的 PLC。

根据选择的 PLC 型号，参照分配的 I/O 地址，请同学们完成 PLC 硬件接线图的设计。

L	N	⏚	S/S	24V	0V	X0	X1	X2	X3	X4	X5			

MITSUBISHI
ELECTRIC

FX5U-______/______

COM0	Y0	Y1	Y2	Y3	COM1	Y4	Y5	Y6	Y7					

3）程序编写。根据任务要求，完成参数设置和梯形图编写。

4）程序调试与运行，总结调试中遇见的问题及解决方法。

【视野拓展】

大国重器：超级计算机

讨论：新一代信息技术知多少？

党的二十大报告指出：“基础研究和原始创新不断加强，一些关键核心技术实现突破，战略性新兴产业发展壮大，载人航天、探月探火、深海深地探测、超级计算机、卫星导航、量子信息、核电技术、新能源技术、大飞机制造、生物医药等取得重大成果，进入创新型国家行列。”

2022 年 10 月 9 日，国家超级计算长沙中心“天河”新一代超级计算机系统运行启动仪式举行，据介绍，新一代“天河”的综合算力是前一代的 150 倍，相当于百万台计算机的计算能力。正式启动运行的新一代“天河”系统，正是二十大报告中提到的超级计算机重大成果的最新例证。超级计算机被誉为科技创新的“发动机”，是国家科技发展水平和综合国力的重要标志，十年来，我国超级计算机事业取得了举世瞩目的成就。

2010 年 11 月，“天河一号”荣登世界超级计算机 500 强榜单第一名，让中国人首次站到了超级计算机的全球最高领奖台上；2013 年 6 月，“天河二号”亮相，凭借高性能、低能耗、兼容性强的特点，自问世以来，连续 6 次位居世界超级计算机 500 强榜首；2016 年 6 月，国际超算大会公布新一期世界超级计算机 500 强排名，中国第一台全部采用国产处理器构建的“神威·太湖之光”，成为全球最快的超级计算机，其系统的峰值性能、持续性能、性能功耗比等 3 项关键指标均为世界第一；2022 年上半年世界超级计算机 500 强榜单显示，中国共有 173 台超算上榜，上榜总数蝉联第一。

从 2010 年“天河一号”在世界超级计算机 500 强榜首首次留下中国超算的名字，到如今新一代“天河”实现每秒 20 亿亿次高精度浮点数运算，中国的算力水平不断跃升，科研人员一棒接着一棒，实现了高性能计算从“跟跑”到“领跑”的历史跨越，创新没有休止符，中国“超算人”正在向着新的“中国速度”冲锋。

项目小结

本项目以恒温水箱系统的控制方案为例，介绍了模拟量的信号采集、模拟量的输出和 PID 控制。本项目首先讲解了模拟量的输入 / 输出概念、FX5U PLC 的内置模拟量模块的规格、参数的设置、模块的线路连接、A/D 转换和 D/A 转换，并通过任务实施展示了模拟量输入 / 输出程序的编写与调试方法。

然后介绍了模拟量控制系统、PID 的概念和算法、PID 指令以及关键参数的含义，通过恒温控制的实例，展示了 PID 指令的应用方法、参数的设置方法和恒温程序编程与调试方法。

不忘初心　砥砺前行

“不忘初心，砥砺前行”。每个人都有初衷的种子，应该寻找初衷，牢记初衷，守住初衷，就如恒温控制，能够克服外界干扰，保持初始设定值。我们也要克服挫折，坚守本心，努力实现自己的目标。

思考与练习

一、填空题

1. 常用的两种标准模拟量信号为________、________。

2. FX5U 系列 PLC 内置模拟量输入的特殊寄存器为________。

3. FX5U 系列 PLC 内置模拟量输出的特殊寄存器为________。

二、选择题

1. FX5U PLC 内置模拟量模块有（　　）输入。

A. 1 路　　B. 2 路　　C. 3 路　　D. 4 路

2. FX5U PLC 内置模拟量输入模块采集的信号是（　　）。

A. 4 ～ 20mA　　B. 0 ～ 10V　　C. 0 ～ 20mA　　D. 0 ～ 5V

三、判断题

1. FX5U 系列 PLC 内置的模拟量输出通道有 1 个。（　　）

2. FX5U 系列 PLC 内置的模拟量输入通道有 1 个。（　　）

3. FX5U 系列 PLC 内置的模拟量输出为 0 ～ 10V 电压输出，对应数字输出值为 0 ～ 4000。（　　）

四、简答题

1. 12 位 A/D 转换器对应的模拟量输入信号范围是 0 ～ 10V，当前测得输入电压为 5V，则 CPU 中获得的对应数字值是多少？如果 CPU 中获得的数字值是 K699，则其等效的模拟量输入信号是多少？

2. FX5U CPU 模块内置模拟量输出通道参数如何设置？

五、程序题

1. 用电位器调节模拟量输入控制指示灯，要求当电压小于 3V 时，指示灯以 1Hz 的频率闪烁；当电压大于 3V 小于 5V 时指示灯常亮；当电压大于 5V 时，指示灯以 0.5Hz 的频率闪烁。

2. 一台直流电动机，转速范围为 0 ～ 1000r/min，通过 0 ～ 10V 模拟电压控制，采用内置模拟量输出模块，试编写控制程序。

项目六

智能仓储控制系统的编程与实现

项目导读

学习笔记

智能仓储是指利用货架（几层至几十层）对货物进行存储，并用同样设备对货物进行出入库作业。智能仓储控制系统既能实现仓库精细化管理，又能有效降低库存成本，对于企业的降本增效、增强企业核心竞争力意义重大。

本项目通过智能仓储控制系统设计，介绍高速 I/O 功能的启用及设置，要求能用 PLSV 指令、PLSY 指令控制脉冲输出，能用 DRVA 指令、DRVI 指令实现精确定位，能熟练使用 GX Works3 软件完成智能仓储控制系统程序的编写，并将程序写入 PLC 进行调试运行。

项目描述

本项目设计的智能仓储由一个 3 × 2 立体仓库和三轴堆垛机组成，如图 6-1 所示。堆垛机的 X 轴和 Z 轴方向利用丝杆传动机构和步进电动机进行控制，准确定位到相应的仓储位置，Y 轴伸出、缩回利用气缸完成。堆垛机运行，将托盘运送到仓库的相应位置存放。

智能仓储动画

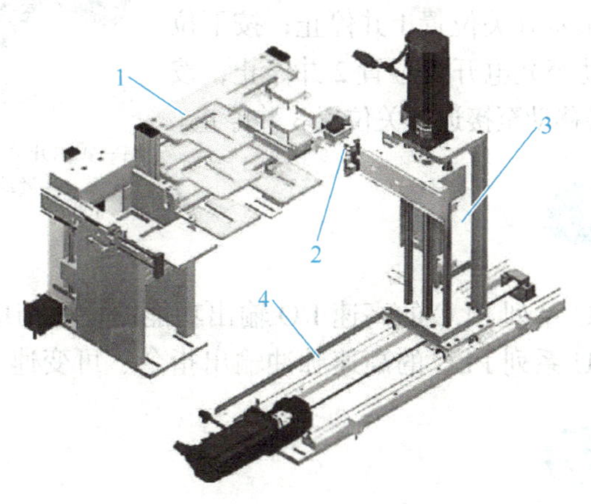

图 6-1　智能仓储单元结构

1—3 × 2 立体仓库　2—堆垛机 Y 轴　3—堆垛机 Z 轴　4—堆垛机 X 轴

学习笔记

学习目标

【知识目标】

※ 熟悉智能仓储控制系统的工作流程。

※ 掌握运动控制类指令的使用。

※ 熟悉 PLC 运动控制系统程序的编程方法。

【技能目标】

※ 能根据项目控制要求，选用合适的硬件设备。

※ 能够进行 PLC 控制系统的输入 / 输出接线。

※ 能够正确使用定位指令，实现高精度的位置控制。

※ 能熟练使用 GX Works3 编程软件编写智能仓储控制系统程序，并将程序写入 PLC 进行调试运行。

【素质目标】

※ 智能仓储控制系统需要实现工件精准出入库，提高效率。通过此任务，让学生明白在工作中要拥有严谨、细致，一丝不苟的工匠精神。

※ 通过任务分析与探究，培养团队协作能力、创新能力。

任务一　步进电动机直线运动控制的编程与实现

任务要求

步进电动机直线运动控制单元有 3 个位置开关（1、2、3）和两个限位开关（4、5），如图 6-2 所示。要求按下复位按钮，滑块将查找参考点，然后按下位置 1 按钮，滑块将移动至霍尔开关位置 1 并停止；按下位置 2 按钮，滑块将移动至光电开关位置 2 并停止；按下位置 3 按钮，滑块将移动至接近开关位置 3 并停止。

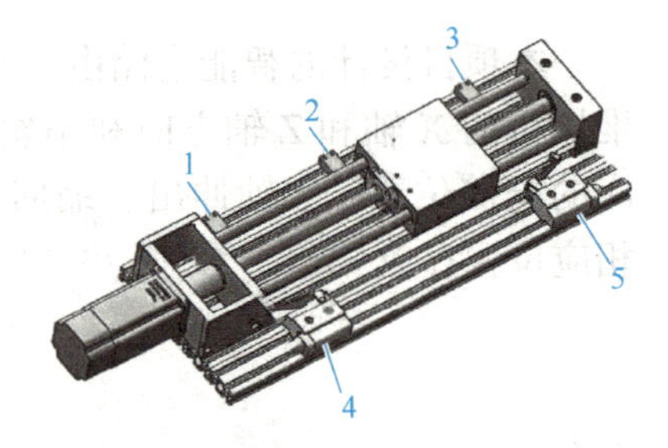

图 6-2　步进电动机直线运动控制单元

1—霍尔开关　2—光电开关　3—接近开关　4—微动开关 1　5—微动开关 2

任务目标

1. 掌握三菱 FX5U 系列 PLC 的高速 I/O 输出功能的设置与应用。
2. 掌握三菱 FX5U 系列 PLC 的高速脉冲输出指令、可变速度运行 PLSV 指令。

任务分析

1. 分析任务功能

步进电动机直线运动控制单元有 3 个位置开关和两个限位开关。要求复位时，滑块将自动查找参考点，按下位置按钮滑块可以按照指令移动到相应位置并激活对应的位置开关，然后停止等待下次指令。

2. I/O 设备的确定

请同学们根据本任务的控制要求，分析本任务的输入 / 输出设备，确定 I/O 口的分配，完成表 6-1 的填写。

表 6-1　步进电动机直线运动控制 I/O 设备

输入设备			输出设备		
序号	元件名称	功能描述	序号	元件名称	功能描述
1			1		
2			2		
3			3		
…			…		

3. PLC 型号的选择

根据步进电动机直线运动控制的要求，通过 I/O 设备的确定，可知需要的输入点数为________，需要的输出点数为________，总点数为________。根据电源类型、I/O 点数和成本最低原则，考虑便于今后调整和扩充，加上 10% ～ 15% 的备用量，根据手册，确定 PLC 型号为________。

恭喜你，完成了任务分析，明确了被控对象、输入 / 输出设备、PLC 型号的选择以及步进电动机直线运动的工作流程，接下来进入知识链接环节。

一、高速 I/O 功能的启用及设置

打开 GX Work3 软件，单击“工程”选项下的“新建”按钮，在新建界面中系列选择“FX5CPU”、机型选择“FX5U”、程序语言选择“梯形图”，单击“确定”按钮；单击“视图”下的“折叠窗口”中的“导航”按钮；单击左侧“参数”前的“+”，单击“FX5UCPU”前的“+”，单击“模块参数”前的“+”，双击“高速 I/O”按钮，在出现的界面中单击“输出功能”前的“+”，单击“定位”，双击“详细设置”，如图 6-3 和图 6-4 所示。

“详细设置”中基本参数 1 的介绍如下。

1. 脉冲输出模式设定

当选择“0：不使用”时，不使用定位功能；当选择“1：PULSE/SIGN”时，通过脉冲串和方向信号输出进行定位；当选择“2：CW/CCW”时，通过正转脉冲串、反转脉冲串的输出进行定位。

学习笔记

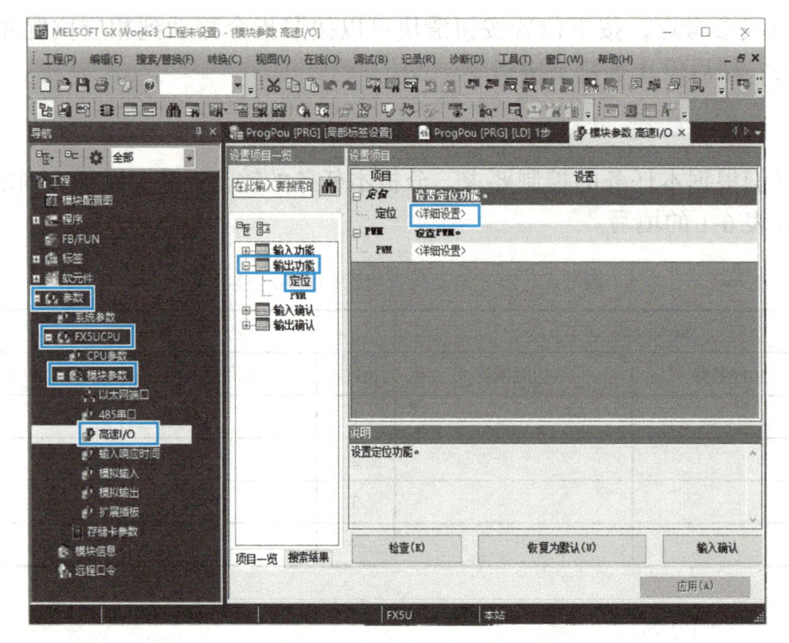

图 6-3 高速输出参数设置

设置项目

项目	轴1	轴2	轴3	轴4
基本参数1	设置基本参数1。			
脉冲输出模式	1:PULSE/SIGN	0:不使用	0:不使用	0:不使用
输出软元件(PULSE/CW)	Y0			
输出软元件(SIGN/CCW)	Y4			
旋转方向设置	0:通过正转脉冲输出增加当前地址	0:通过正转脉冲输出增加当前地址	0:通过正转脉冲输出增加当前地址	0:通过正转脉冲输出增加当前地址
单位设置	0:电机系统(pulse, pps)	0:电机系统(pulse, pps)	0:电机系统(pulse, pps)	0:电机系统(pulse, pps)
每转的脉冲数	2000 pulse	2000 pulse	2000 pulse	2000 pulse
每转的移动量	1000 pulse	1000 pulse	1000 pulse	1000 pulse
位置数据倍率	1:×1倍	1:×1倍	1:×1倍	1:×1倍
基本参数2	设置基本参数2。			
插补速度指定方法	0:合成速度	0:合成速度	0:合成速度	0:合成速度
最高速度	100000 pps	100000 pps	100000 pps	100000 pps
偏置速度	0 pps	0 pps	0 pps	0 pps
加速时间	100 ms	100 ms	100 ms	100 ms
减速时间	100 ms	100 ms	100 ms	100 ms
详细设置参数	设置详细设置参数。			
外部开始信号 启用/禁用	0:禁用	0:禁用	0:禁用	0:禁用
外部开始信号 软元件号	X0	X0	X0	X0
外部开始信号 逻辑	0:正逻辑	0:正逻辑	0:正逻辑	0:正逻辑
中断输入信号1 启用/禁用	0:禁用	0:禁用	0:禁用	0:禁用
中断输入信号1 模式	0:高速模式	0:高速模式	0:高速模式	0:高速模式
中断输入信号1 软元件号	X0	X0	X0	X0
中断输入信号1 逻辑	0:正逻辑	0:正逻辑	0:正逻辑	0:正逻辑
中断输入信号2 逻辑	0:正逻辑	0:正逻辑	0:正逻辑	0:正逻辑
原点回归参数	设置原点回归参数。			
原点回归 启用/禁用	1:启用	0:禁用	0:禁用	0:禁用
原点回归方向	0:负方向(地址减少方向)	0:负方向(地址减少方向)	0:负方向(地址减少方向)	0:负方向(地址减少方向)
原点地址	0 pulse	0 pulse	0 pulse	0 pulse
清除信号输出 启用/禁用	0:禁用	1:启用	1:启用	1:启用
清除信号输出 软元件号	Y0	Y0	Y0	Y0
原点回归停留时间	0 ms	0 ms	0 ms	0 ms
近点DOG信号 软元件号	X6	X0	X0	X0
近点DOG信号 逻辑	0:正逻辑	0:正逻辑	0:正逻辑	0:正逻辑
零点信号 软元件号	X6	X0	X0	X0
零点信号 逻辑	0:正逻辑	0:正逻辑	0:正逻辑	0:正逻辑
零点信号 原点回归零点信号数	1	1	1	1
零点信号 计数开始时间	0:近点DOG后端	0:近点DOG后端	0:近点DOG后端	0:近点DOG后端

图 6-4 详细设置

学习笔记

2. 脉冲输出软元件的设定

脉冲输出软元件的设定见表 6-2。

表 6-2　脉冲输出软元件的设定

<table>
<tr><th>轴编号</th><th>输出模式</th><th>Y0</th><th>Y1</th><th>Y2</th><th>Y3</th><th>Y4</th><th>Y5</th><th>Y6</th><th>Y7</th></tr>
<tr><td rowspan="2">轴 1</td><td>PULSE/SIGN</td><td>PLS</td><td colspan="7">SIGN</td></tr>
<tr><td>CW/CCW</td><td>CW</td><td>—</td><td>CCW</td><td colspan="5">—</td></tr>
<tr><td rowspan="2">轴 2</td><td>PULSE/SIGN</td><td>SIGN</td><td>PLS</td><td colspan="6">SIGN</td></tr>
<tr><td>CW/CCW</td><td>—</td><td>CW</td><td>—</td><td>CCW</td><td colspan="4">—</td></tr>
<tr><td rowspan="2">轴 3</td><td>PULSE/SIGN</td><td colspan="2">SIGN</td><td>PLS</td><td colspan="5">SIGN</td></tr>
<tr><td>CW/CCW</td><td colspan="8">—</td></tr>
<tr><td rowspan="2">轴 4</td><td>PULSE/SIGN</td><td colspan="3">SIGN</td><td>PLS</td><td colspan="4">SIGN</td></tr>
<tr><td>CW/CCW</td><td colspan="8">—</td></tr>
</table>

注：PULSE——脉冲串信号；SIGN——方向信号；CW——正转脉冲串；CCW——反转脉冲串。

3. 旋转方向的设定

当选择“0：通过正转脉冲输出增加当前地址”时，当前地址在正转脉冲输出时增加，在反转脉冲输出时减少；当选择“1：通过反转脉冲输出增加当前地址”时，当前地址在反转脉冲输出时增加，在正转脉冲输出时减少。

4. 单位设置

设定在定位中使用的单位制（用户单位）见表 6-3。

表 6-3　单位设置

<table>
<tr><th>单位制</th><th>项目</th><th>位置单位</th><th>速度单位</th></tr>
<tr><td>电机单位制</td><td>0：电机系统（pulse，pps）</td><td>脉冲</td><td>pps</td></tr>
<tr><td rowspan="3">机械单位制</td><td>1：机械系统（μm，cm/min）</td><td>μm</td><td>cm/min</td></tr>
<tr><td>2：机械系统（0.0001inch，inch/min）</td><td>10⁻⁴inch</td><td>inch/min</td></tr>
<tr><td>3：机械系统（mdeg，10deg/min）</td><td>mdeg</td><td>10deg/min</td></tr>
<tr><td rowspan="3">复合单位制</td><td>4：复合系统（μm，pps）</td><td>μm</td><td rowspan="3">pps</td></tr>
<tr><td>5：复合系统（0.0001inch，pps）</td><td>10⁻⁴inch</td></tr>
<tr><td>6：复合系统（mdeg，pps）</td><td>mdeg</td></tr>
</table>

电机单位制和机械单位制之间有以下关系：

移动量（pulse）= 移动量（μm，10^{-4}inch，mdeg）× 每转的脉冲数 × 位置数据倍率 ÷ 每转的移动量。

学习笔记

速度指令（pps）= 速度指令（cm/min，inch/min，10deg/min）× 每转的脉冲数 × 10^4 ÷ 每转的移动量 ÷ 60。

5. 每转的脉冲数

用于在 1 ～ 2147483647 范围内对电动机每旋转 1 次所需脉冲数进行设定。将单位设置为机械单位制或复合单位制时，需要设定；电机单位制时无效。

6. 每转的移动量

用于在 1 ～ 2147483647 范围内对电动机每旋转 1 次的机械移动量进行设定。将单位设置为机械单位制或复合单位制时，需要设定；电机单位制时无效。

7. 位置数据倍率

位置数据倍率可以是定位地址值乘以位置数据倍率的值，可设定的倍率为 1、10、100、1000。

例如，当设定的倍率为 1000 时，如果定位地址 =123，则实际的地址或移动量计算如下。

电机单位制：123×10^3=123000[pulse]。

机械 / 复合单位制：123×10^3 =123000（μm，10^{-4}inch，mdeg）=123（mm，10^{-1}inch，deg）。

二、高速脉冲输出（PLSY）指令

三菱 FX5U 系列 PLC 的 PLSY 指令格式如图 6-5 所示。

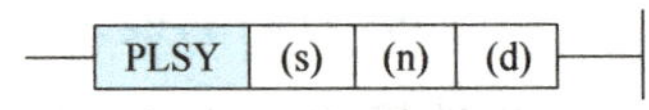

图 6-5　PLSY 指令格式

PLSY 指令功能：将指令速度（s）中指定的 BIN16 位脉冲列，从输出（d）指定的软元件中输出定位地址（n）中指定的 BIN16 位脉冲。

PLSY 指令参数见表 6-4。

表 6-4　PLSY 指令参数

操作数	内容	范围
(s)	指令速度或存储了数据的字软元件编号	0 ～ 65535
(n)	定位地址或存储了数据的字软元件编号	0 ～ 65535
(d)	输出脉冲的轴编号	K1 ～ K4

1）在（s）中指定指令速度。

2）在（n）中指定定位地址。

3）在（d）中指定输出脉冲的轴编号。当指定了未进行设定的轴编号时，不动作。

下面以图 6-6 为例说明 PLSY 指令的含义。

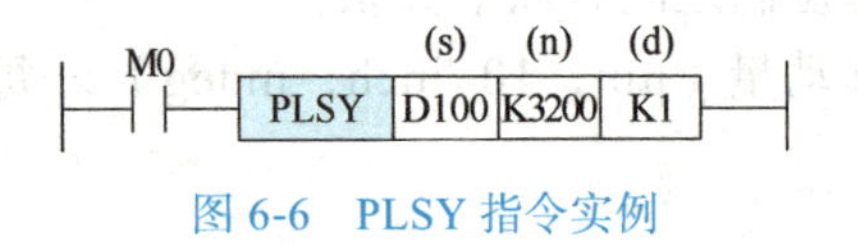

图 6-6　PLSY 指令实例

当M0接通后，在轴1上输出指令速度为寄存器D100内的数值，总计输出3200个脉冲后停止输出。

小提示

1）在指令驱动时，若指令速度为0，则异常结束；在动作中，指令速度为0，不变为异常结束而是立即停止。此外，只要驱动触点未设置为OFF，若变更指令速度，则重新开始脉冲输出。

2）在指令驱动时，若定位地址为0，将无限制输出脉冲，在脉冲减速停止指令置为ON时，正常结束；在定位动作中，若定位地址变更为小于已输出的脉冲数的值或者范围外的值，则异常结束。

三、可变速度运行（PLSV）指令

三菱FX5U系列PLC的PLSV指令格式如图6-7所示。

PLSV	(s)	(d1)	(d2)

图6-7　PLSV指令格式

PLSV指令功能：输出带旋转方向的可变速脉冲。

PLSV指令参数见表6-5。

表6-5　PLSV指令参数

操作数	内容	范围
(s)	指令速度或存储了数据的字软元件编号	-32768～+32767
(d1)	输出脉冲的轴编号	K1～K12
(d2)	指令执行结束、异常结束标志位的位软元件编号	—

1）在（s）中指定指令速度。

2）在（d1）中指定输出脉冲的轴编号。当指定了未进行设定的轴编号时，不动作。

3）在（d2）中指定指令执行结束、异常结束标志位的位软元件编号。（d2）：指令执行结束标志位；（d2）+1：指令执行异常结束标志位。

小提示

1）在动作中，将指令速度设定为0时，不变为异常结束而是进行减速停止。此外，只要驱动触点未置为OFF，如果变更指令速度，则重新开始脉冲输出。

2）指令驱动时指令速度如果为0，则不动作。

下面以图6-8为例说明PLSV指令的含义。

基本动作如下：

1）如果驱动触点置为ON，则输出脉冲，并开始从偏置速度进行加速的动作。

学习笔记

2）到达指令速度后，以指令速度进行动作。

3）在动作中变更指令速度时，进行加减速动作，变速为指定的速度并进行动作。

4）如果驱动触点置为 OFF，则进行减速动作，停止脉冲输出。

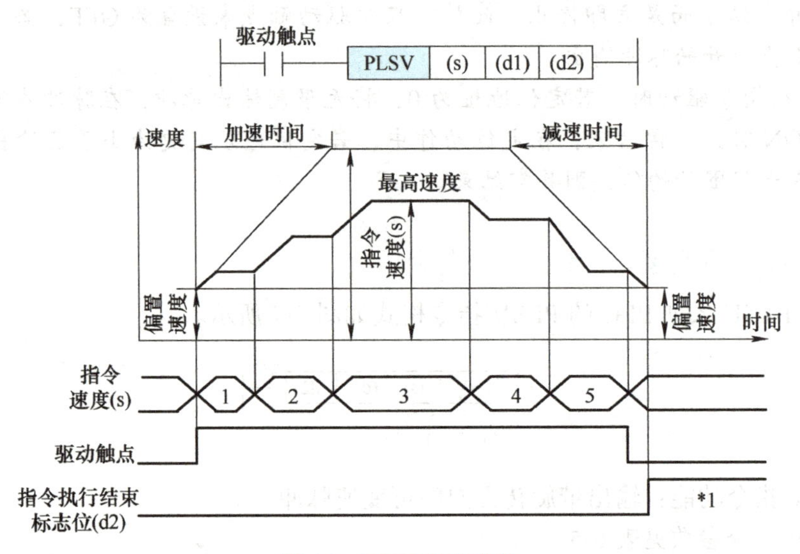

图 6-8　PLSV 指令功能

注：*1 表示通过程序或工程工具将其置为 OFF，或在重新驱动定位指令前置为 ON 状态。

1. 高速 I/O 功能的设置

打开 GX Work3 的高速 I/O 输出功能进行设置，以“轴 1”为例，将“脉冲输出模式”由“0：不使用”设置为“1：PULSE/SIGN”，并设置好“输出软元件 SIGN/CCW”（用户可以自定义），此处设置为“Y4”，将“原点回归启用 / 禁用”改为“启用”，将“近点 DOG 信号软元件号”和“零点信号软元件号”改为“X6”（原点信号可根据实际传感器接线进行设置），将“清除信号输出启用 / 禁用”设置为“禁用”，然后依次单击“确定”→“应用”退出“高速 I/O”设置。

2. PLC 的 I/O 地址分配

根据任务分析，PLC 控制步进电动机进行直线运动，I/O 地址分配见表 6-6。

3. I/O 硬件接线设计

根据任务分析中 PLC 型号选择及 PLC 的 I/O 地址分配表，可得到 PLC I/O 外部接线图，如图 6-9 所示。

表 6-6　PLC 的 I/O 地址分配

输入设备				输出设备			
序号	元件名称	符号	输入地址	序号	元件名称	符号	输出地址
1	位置 1 按钮	SB1	X0	1	脉冲输出	PLS−	Y0
2	位置 2 按钮	SB2	X1	2	方向输出	DIR−	Y4
3	位置 3 按钮	SB3	X2				
4	复位按钮	SB4	X3				
5	左侧微动开关	SQ1	X4				
6	霍尔开关	SQ2	X5				
7	光电开关	SQ3	X6				
8	接近开关	SQ4	X7				
9	右侧微动开关	SQ5	X10				

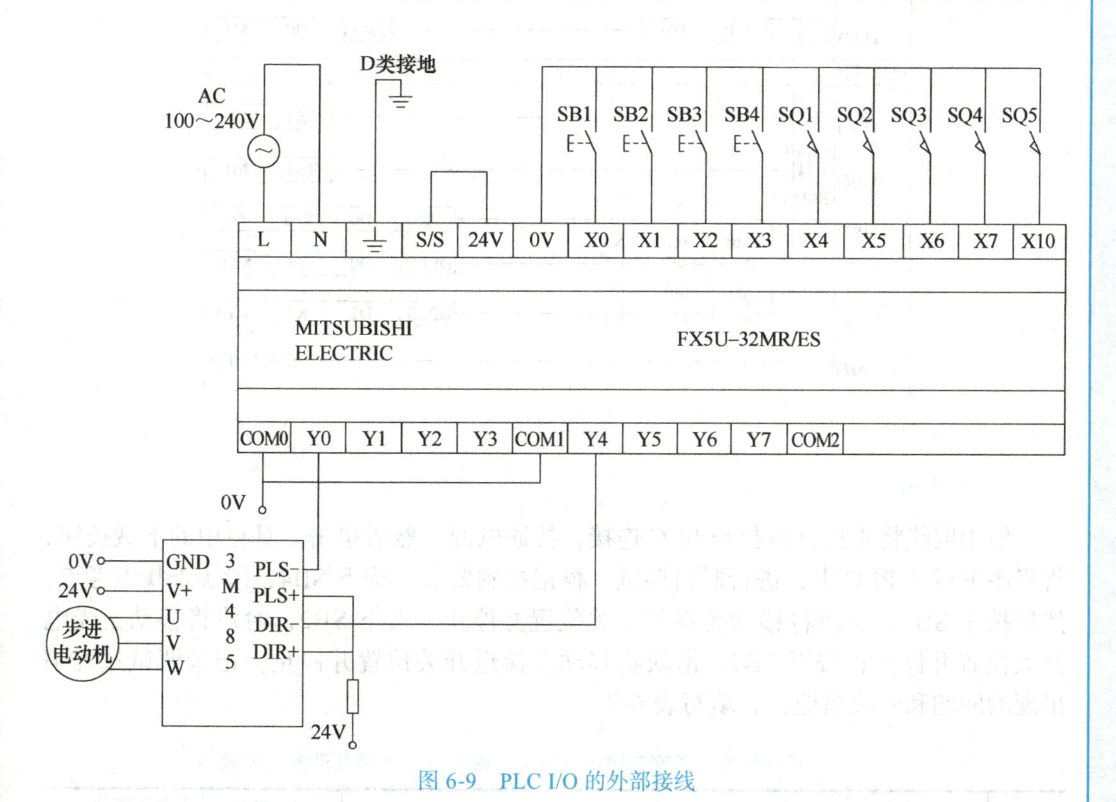

图 6-9　PLC I/O 的外部接线

4. PLC 程序编写

根据控制要求编写梯形图，如图 6-10 所示。

学习笔记

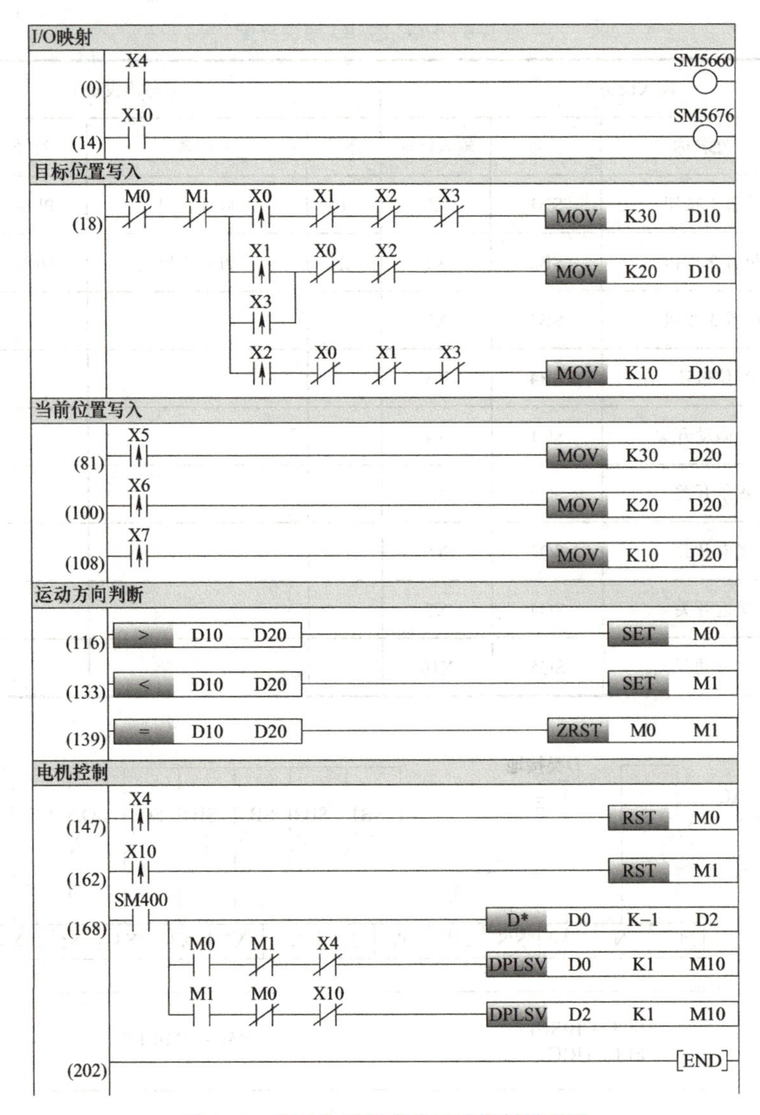

图 6-10　步进电动机直线运动控制梯形图

5. 硬件接线，联机调试

使用网线将本地计算机与 PLC 连接，接通电源。然后单击工具栏中的下载按钮，将程序下载到 PLC 中，进行联机调试。根据控制要求，按下 SB4，滑块查找参考点。然后按下 SB1，滑块将移动至霍尔开关位置并停止；按下 SB2，滑块将移动至光电开关位置并停止；按下 SB3，滑块将移动至接近开关位置并停止。记录调试过程中出现的问题和解决措施，并填写表 6-7。

表 6-7　实施过程、实施方案或结果、出现异常原因和处理方法记录

序号	实施过程	实施要求	实施方案或结果	异常原因分析及处理方法
1	电路绘制	1）列出 PLC 控制 I/O 端口元件地址分配表		
		2）写出 PLC 类型及相关参数		

学习笔记

（续）

序号	实施过程	实施要求	实施方案或结果	异常原因分析及处理方法
1	电路绘制	3）画出 PLC I/O 端口接线图		
2	编写程序并下载	编写梯形图和指令程序		
3	运行调试	1）总结输入信号是否正常的测试方法，举例说明操作过程和显示结果		
		2）详细记录每一步操作过程中，输入 / 输出信号状态的变化，并分析是否正确，若出错，分析并写出原因及处理方法		
		3）举例说明某监控画面处于什么运行状态		

恭喜你，已完成任务实施，完整体验了实施一个 PLC 任务的过程。

任务评价

本任务主要考核学生对高速 I/O 功能的参数的设置、高速脉冲输出指令的掌握情况，以及学生对步进电动机直线运动控制的完成质量。具体考核内容涵盖知识掌握、程序设计和职业素养 3 个方面。考核采取自评、互评和师评相结合的方法，具体考核内容与配分情况见表 6-8。

表 6-8 任务评价

考核项目	考核内容	考核标准	自评（30%）	互评（30%）	师评（40%）	得分
职业素养 20 分	分工是否合理、有无制订计划、是否严谨认真	无分工、无组织、无计划、不认真，扣 5 分				
	团队合作、交流沟通、互相协作	学生单独实施任务、未完成，扣 10 分				
	遵守行业规范、现场 6S 标准	现场混乱、未遵守行业规范等，扣 5 分				
PLC 控制系统设计 40 分	I/O 分配与线路设计	I/O 线路连接错误，1 处扣 5 分，不按照线路图连接，扣 20 ～ 25 分				
	线路连接工艺	工艺差、走线混乱、端子松动，每处扣 5 分				
PLC 程序设计 40 分	正确编写梯形图	程序编写错误酌情扣分				
	程序输入并下载运行	下载错误，程序无法运行，扣 20 分				
	安全文明操作	违反安全操作规程，扣 10 ～ 20 分				
合计						

恭喜你，完成了任务评价。通过 PLC 高速脉冲指令来控制步进电动机进行直线运动。熟练掌握了高速 I/O 功能的设置，能够灵活精准地对步进电动机的运动进行控制，领会其精华，今后对于多台电动机的运动控制都会得心应手。

任务二　智能仓储控制系统步进驱动控制的编程与实现

1. 智能仓储控制系统上电后，按下复位按钮，机械手由等待位置回到原点。

2. 按下起动按钮，机械手由原点位置沿 X 轴移至取料位，然后沿 Z 轴方向上升，等机械手到达托盘同等高度后，夹料气缸夹紧，此时 Y 轴气缸是缩回状态。夹料气缸收到夹紧到位信号后，继续沿 Z 轴往上运动，上行至仓库位 1（左上角）同等高度。

3. 仓库入库阶段是机械手沿 X 轴移动至仓库位 1，然后 Y 轴气缸伸出，检测到 Y 轴气缸伸出到位后，松开夹料气缸，夹料气缸松开到位后接着 Y 轴气缸缩回，机械手回到等待位置，完成本任务入库操作。

1. 熟悉智能仓储控制系统的工作流程。

2. 能够正确使用高速脉冲定位控制指令，实现高精度的位置控制。

1. 分析任务功能

本任务使用晶体管输出的 PLC 控制步进电动机对堆垛机的运行及方向进行控制，通过使用脉冲输出指令、可变速运行指令、相对定位指令或绝对定位指令对步进电动机的运行进行控制。

2. I/O 设备的确定

请同学们根据本任务的控制要求，分析本任务的输入 / 输出设备，确定 I/O 口的分配，完成表 6-9 的填写。

表 6-9　智能仓储控制系统步进驱动控制 I/O 设备

输入设备			输出设备		
序号	元件名称	功能描述	序号	元件名称	功能描述
1			1		
2			2		
3			3		
…			…		

3. PLC 型号的选择

根据智能仓储控制系统步进驱动控制的要求，通过 I/O 设备的确定，可知需要的输入点数为________，需要的输出点数为________，总点数为________。根据电源类型、I/O点数和成本最低原则，考虑便于今后调整和扩充，加上10%～15%的备用量，根据手册确定PLC型号为________。

恭喜你，完成了任务分析，明确了被控对象、输入/输出设备、PLC型号的选择以及智能仓储取件过程的工作流程，接下来进入知识链接环节。

一、相对定位（DRVI）指令

三菱FX5U系列PLC的DRVI指令格式如图6-11所示。

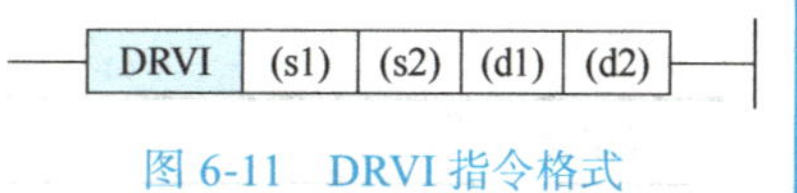

图6-11　DRVI指令格式

DRVI指令功能：通过相对地址进行1速定位。指定的定位地址通过增量方式，从当前位置开始，指定移动方向和移动量（相对地址）进行定位。

DRVI指令参数见表6-10。

表6-10　DRVI指令参数

操作数	内容	范围
(s1)	定位地址或存储了数据的字软元件编号	-32768～+32767
(s2)	指令速度或存储了数据的字软元件编号	1～65535
(d1)	输出脉冲的轴编号	K1～K12
(d2)	定位结束、异常结束标志的位软元件编号	—

1）在（s1）中通过相对地址指定定位地址。

2）在（s2）中指定指令速度。

3）在（d1）中指定输出脉冲的轴编号。当指定了未进行设定的轴编号时，不动作。

4）在（d2）中，指定指令执行结束、异常结束标志位的位软元件。（d2）：指令执行结束标志位；（d2）+1：指令执行异常结束标志位。

如图6-12所示，工作台需要从滚珠丝杠的起点运行至终点。

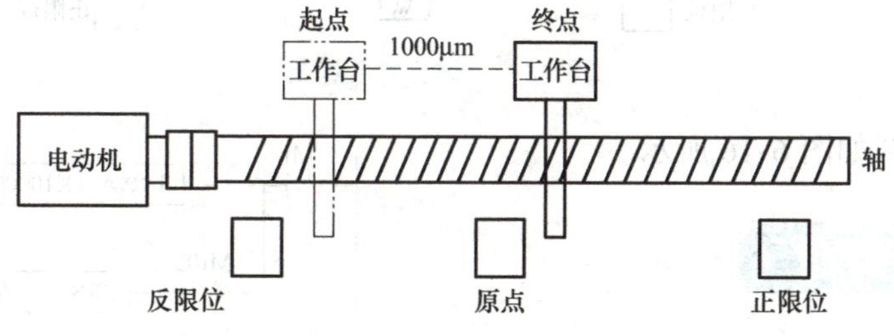

图6-12　机械装置示意图

则编写的梯形图如图6-13所示。

二、绝对定位（DRVA）指令

三菱FX5U系列PLC的DRVA指令格式如图6-14所示。

学习笔记

DRVA 指令功能：通过绝对地址驱动进行 1 速定位。指定的定位地址通过绝对方式，以原点为基准指定位置（绝对地址）进行定位动作。

DRVA 指令参数见表 6-11。

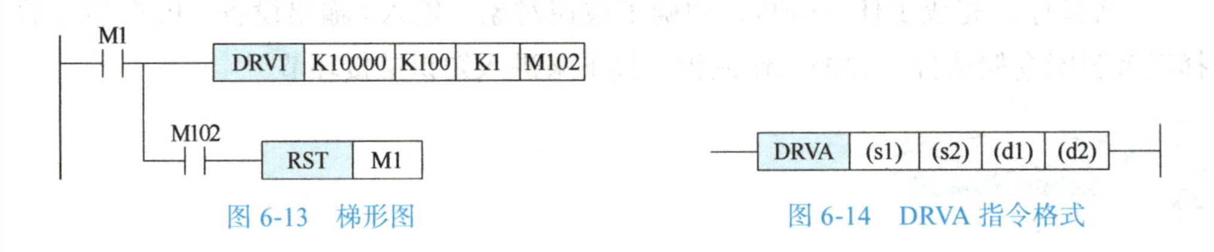

图 6-13 梯形图　　图 6-14 DRVA 指令格式

表 6-11 DRVA 指令参数

操作数	内容	范围
(s1)	定位地址或存储了数据的字软元件编号	-32768 ～ +32767
(s2)	指令速度或存储了数据的字软元件编号	1 ～ 65535
(d1)	输出脉冲的轴编号	K1 ～ K12
(d2)	指令执行结束、异常结束标志位的位软元件编号	—

1）在（s1）中通过绝对地址指定定位地址。

2）在（s2）中指定指令速度。

3）在（d1）中指定输出脉冲的轴编号。当指定了未进行设定的轴编号时，不动作。

4）在（d2）中，指定指令执行结束、异常结束标志位的位软元件。（d2）：指令执行结束标志位；（d2）+1：指令执行异常结束标志位。

如图 6-15 所示，工作台需要从滚珠丝杠的起点运行至终点。

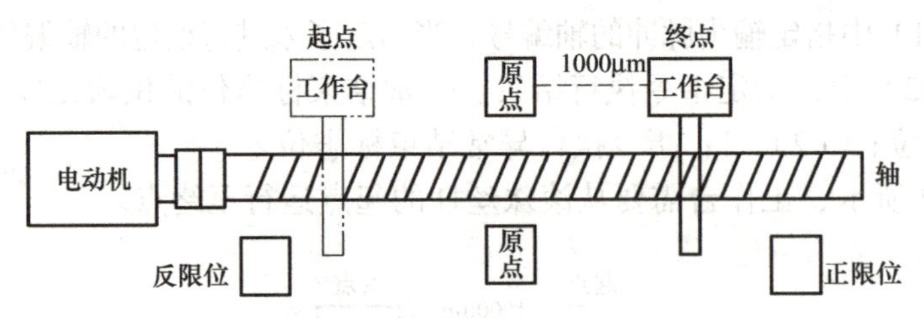

图 6-15 机械装置示意图

则编写的梯形图如图 6-16 所示。

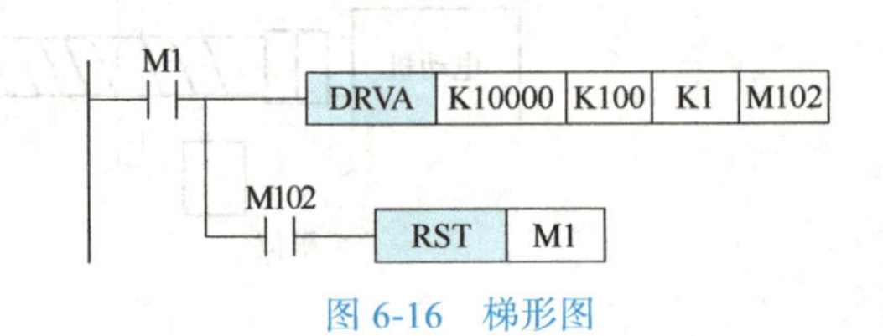

图 6-16 梯形图

1. PLC 的 I/O 地址分配

根据任务分析，PLC 控制步进电动机的运行，该系列 PLC 的 Y0 和 Y1 输出端可以产生高速脉冲，用来驱动两台步进电动机，实现速度和位置的控制。I/O 地址分配见表 6-12。

表 6-12　PLC 的 I/O 地址分配

输入设备				输出设备			
序号	元件名称	符号	输入地址	序号	元件名称	符号	输出地址
1	X 轴左限位	SQ1	X0	1	X 轴步进电动机脉冲	PLS-	Y0
2	X 轴右限位	SQ2	X1	2	Z 轴步进电动机脉冲	PLS-	Y1
3	Z 轴下限位	SQ3	X2	3	X 轴步进电动机方向控制	DIR-	Y2
4	Z 轴上限位	SQ4	X3	4	Z 轴步进电动机方向控制	DIR-	Y3
5	X 轴原点限位	SQ5	X4	5	夹料气缸松开	YV1	Y4
6	Z 轴原点限位	SQ6	X5	6	夹料气缸夹紧	YV2	Y5
7	Y 轴气缸伸出到位	SQ7	X6	7	Y 轴气缸伸出	YV3	Y6
8	Y 轴气缸缩回到位	SQ8	X7	8	Y 轴气缸缩回	YV4	Y7
9	夹料气缸夹紧到位	SQ9	X10	9			
10	夹料气缸松开到位	SQ10	X11	10			
11	复位 / 停止	SB1	X12	11			
12	起动	SB2	X13				

2. I/O 硬件接线设计

根据任务分析中 PLC 型号选择及 PLC 的 I/O 地址分配表，可得到 PLC I/O 外部接线图，如图 6-17 所示。

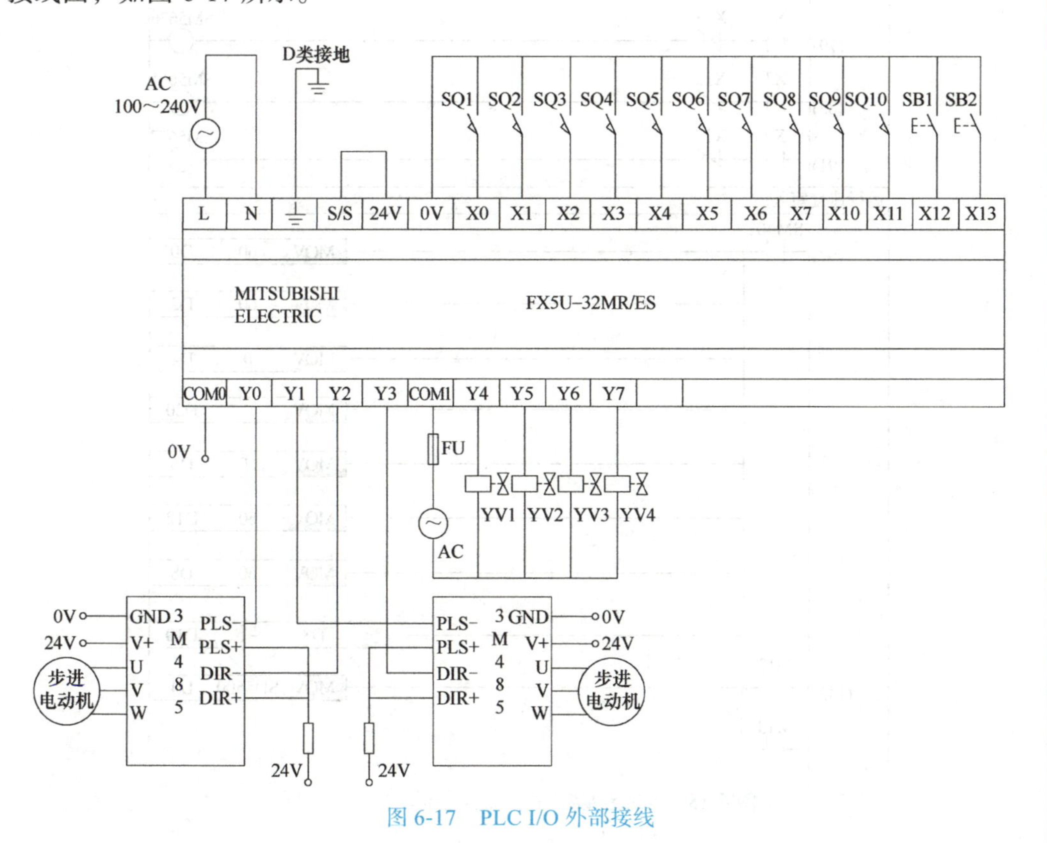

图 6-17　PLC I/O 外部接线

学习笔记

3. PLC 程序编写

根据控制要求，编写的梯形图如图 6-18 所示。

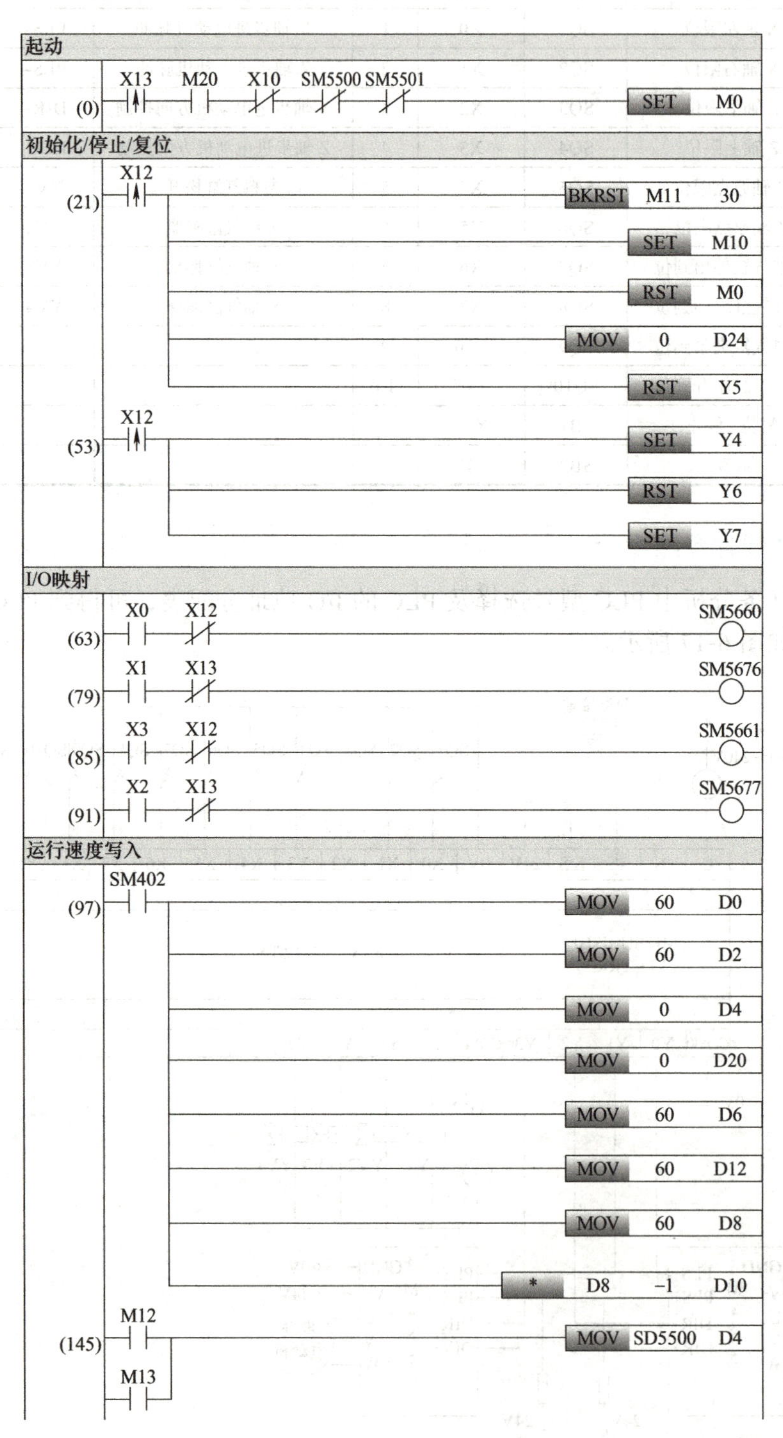

图 6-18　智能仓储控制系统步进驱动控制梯形图

学习笔记

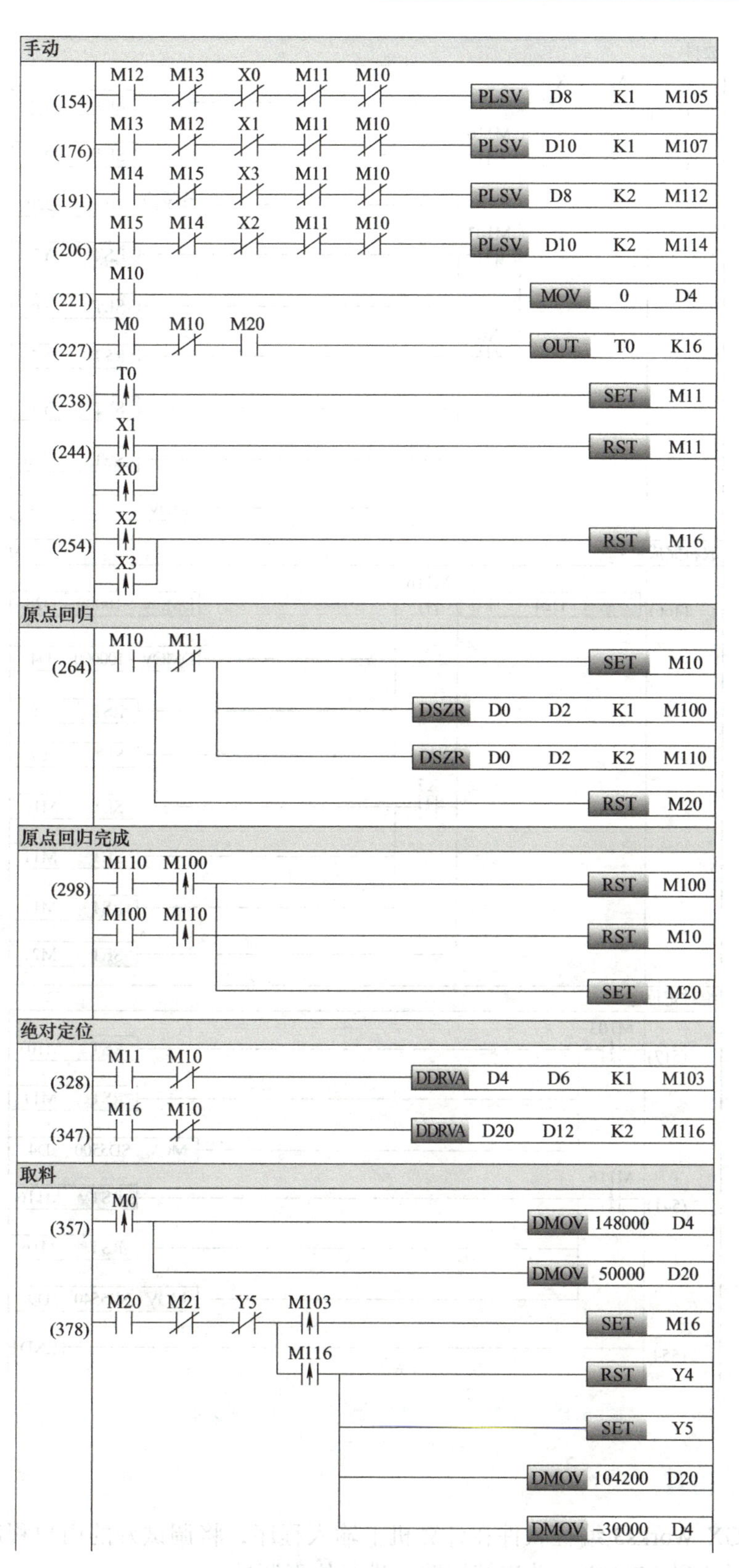

图 6-18　智能仓储控制系统步进驱动控制梯形图（续）

学习笔记

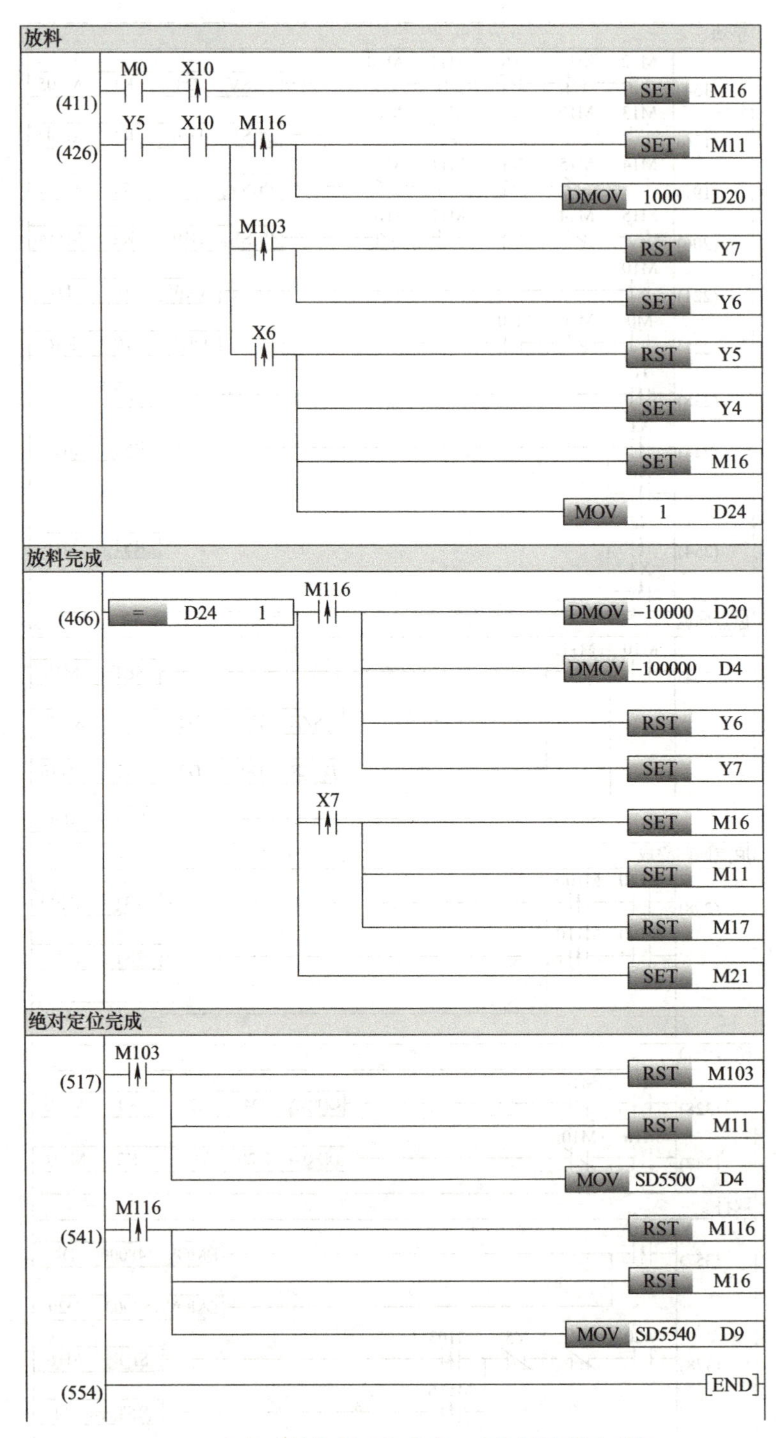

图 6-18　智能仓储控制系统步进驱动控制梯形图（续）

智能仓储模拟仿真

4. 调试仿真

利用 GX Works3 编程软件在计算机上输入程序，将调试好的用户程序以及设备组态分别下载到 CPU 中，并连接线路，进行仿真调试。

学习笔记

5. 硬件接线，联机调试

使用网线将本地计算机与 PLC 连接，接通电源。然后单击工具栏中的下载按钮，将程序下载到真实 PLC 中，进行联机调试。根据控制要求，按下复位按钮、起动按钮、停止按钮，记录调试过程中出现的问题和解决措施，并填写表 6-13。

表 6-13　实施过程、实施方案或结果、出现异常原因和处理方法记录

序号	实施过程	实施要求	实施方案或结果	异常原因分析及处理方法
1	电路绘制	1）列出 PLC 控制 I/O 端口元件地址分配表		
		2）写出 PLC 类型及相关参数		
		3）画出 PLC I/O 端口接线图		
2	编写程序并下载	编写梯形图和指令程序		
3	运行调试	1）总结输入信号是否正常的测试方法，举例说明操作过程和显示结果		
		2）详细记录每一步操作过程中，输入 / 输出信号状态的变化，并分析是否正确，若出错，分析并写出原因及处理方法		
		3）举例说明某监控画面处于什么运行状态		

恭喜你，已完成任务实施，完整体验了实施一个 PLC 任务的过程。

任务评价

本任务主要考核学生对相对定位指令和绝对定位指令的掌握情况以及学生对智能仓储控制系统程序设计与操作的完成质量。具体考核内容涵盖知识掌握、程序设计和职业素养 3 个方面。考核采取自评、互评和师评相结合的方法，具体考核内容与配分情况见表 6-14。

表 6-14　任务评价

考核项目	考核内容	考核标准	自评（30%）	互评（30%）	师评（40%）	得分
职业素养 20 分	分工是否合理、有无制订计划、是否严谨认真	无分工、无组织、无计划、不认真，扣 5 分				
	团队合作、交流沟通、互相协作	学生单独实施任务、未完成，扣 10 分				
	遵守行业规范、现场 6S 标准	现场混乱、未遵守行业规范等，扣 5 分				
PLC 控制系统设计 40 分	I/O 分配与线路设计	I/O 线路连接错误，1 处扣 5 分，不按照线路图连接，扣 20 ～ 25 分				
	线路连接工艺	工艺差、走线混乱、端子松动，每处扣 5 分				
PLC 程序设计 40 分	正确编写梯形图	程序编写错误酌情扣分				
	程序输入并下载运行	下载错误，程序无法运行，扣 20 分				
	安全文明操作	违反安全操作规程，扣 10 ～ 20 分				
合计						

学习笔记

恭喜你，完成了任务评价。通过PLC用高速脉冲输出来设置步进电动机的输入，用相对定位指令或绝对定位指令来实现堆垛机的精准定位。熟练使用步进电动机、步进驱动器，能够计算运动所需的脉冲数，从而灵活精准地到达指定位置，领会定位指令的精华。下面让我们走进拓展提高环节，领略PLC的灵活性。

拓展提高

【任务拓展】

1. 任务描述

当系统启动后，首先按下复位按钮，机械手由等待位置回到原点。按下起动按钮，机械手由原点位置先沿X轴移动到取料位，然后沿Z轴移动上升，等机械手到达托盘同等高度，夹料气缸夹紧，此时Y轴气缸是缩回状态。夹料气缸收到夹紧到位信号后，继续往上运动Z轴，上行至仓库位1（左上角）同等高度。

仓库入库阶段是机械手沿X轴移动到仓库位1，然后Y轴气缸伸出，检测到Y轴气缸伸出到位后，松开夹料气缸，夹料气缸松开到位后接着Y轴气缸缩回，机械手回到等待位置，这样就完成了一个产品的入库操作。

2. 任务分析

分析本任务的I/O设备，完成表6-15输入/输出设备的填写。

表6-15 机械手入库产品的I/O设备

输入设备			输出设备		
序号	元件名称	功能描述	序号	元件名称	功能描述
1			1		
2			2		
…			…		

3. 任务实施

1）PLC的I/O地址分配见表6-16。

表6-16 PLC的I/O地址分配

输入设备			输出设备		
序号	元件名称	输入地址	序号	元件名称	输出地址
1			1		
2			2		
…			…		

2）选择PLC型号并设计PLC硬件接线图。

学习笔记

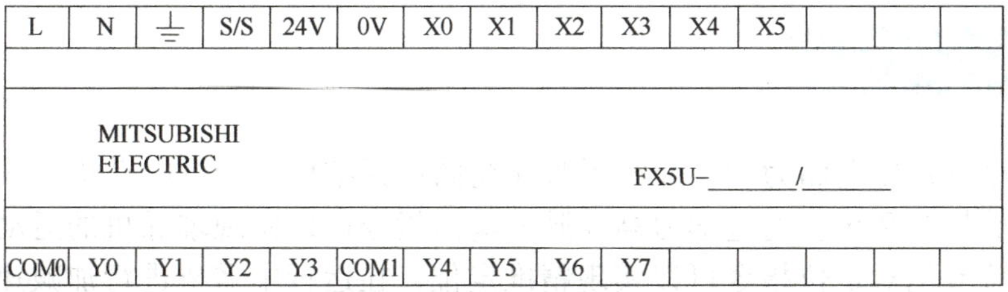

L	N	⏚	S/S	24V	0V	X0	X1	X2	X3	X4	X5			
MITSUBISHI ELECTRIC								FX5U-______/______						
COM0	Y0	Y1	Y2	Y3	COM1	Y4	Y5	Y6	Y7					

3）程序编写。

4）程序调试与运行，总结调试中遇见的问题及解决方法。

【视野拓展】

制造变智造：85s 下线一台发动机

二维码相机自动识别零部件型号，两台机器人协同完成零部件组装；立体智能化机体仓库根据生产计划自动派发机体至生产线……这是位于扬州经开区的潍柴动力扬州柴油机有限责任公司高端多元化柴油发动机总装车间智能制造场景。潍柴动力扬州柴油机有限责任公司主要生产四缸柴油发动机，在这个总装车间，每 85s 就有一台柴油发动机完成安装下线。

在柴油发动机零部件中，曲轴将活塞往复运动推力转变为旋转动力，并将旋转动力传递给柴油机飞轮输出动力。在潍柴动力扬州柴油机有限责任公司总装车间自动装配曲轴单元，输送带传来一只只曲轴部件，一台机械手臂不停抓取曲轴安装在机体上。

总装车间组装的发动机类型较多，包括商用、车用、工程机械、发电设备等大类，每种类型柴油发动机对应不同的曲轴。机械手臂如何准确抓取进行安装？答案就藏在输送带上一个带着摄像头的装置中。

活塞连杆总成是柴油发动机核心部件，通过循环工作，将燃烧过程中产生的动力传递给曲轴，实现热功转换。活塞连杆构成包括活塞、活塞环、活塞销、卡簧、连杆等部分，装配过程工作量大、工艺复杂，不但零部件种类、型号多，而且装配精度要求高，细微偏差都可能导致安装失败。

在自动装配活塞连杆单元，两只机械手臂不停抓取零部件，相互配合完成装配。在这条以两只机械手臂为主的自动化产线上，连杆上料、连杆活塞装配、活塞卡簧装配等多个工序全部自动化。

过去靠人工装配，工作效率低，成品一致性不足，工序质量无法有效控制。现在通过引进自动装配线，大大降低了工人劳动强度，提高了生产效率和装配精度。

实现复杂工艺过程自动化，在于智能化、数字化技术的深度运用。在这条自动化产线上应用了很多视觉识别装置、传感器以及工业软件系统等，具备智能识别、自动检测、防错纠错功能。如通过识别、检测等功能，能够保障活塞运行到穿销工序的位置精度、防止将活塞环装反以及自动识别不合格挡圈等。

据统计，潍柴动力扬州柴油机有限责任公司总装车间共有各式生产设备 90 台，其中 82 台为智能化设备，设备智能率达 91%。累计投入了约 4400 万元用于智能化改造和数字化转型，其中软件投入约 3000 万元。经过一年多运行，产品下线速度从原来 180 ～ 200s/台缩短至目前 85s/ 台，单位产值能耗降低 17.03% 以上，同时节省用工 53% 以上。

学习笔记

项目小结

本项目以智能仓储为例，介绍了智能仓储单元结构、步进电动机直线运动控制和智能仓储控制系统。通过学习高速脉冲输出指令可以实现堆垛机的运动控制，使用相对定位或绝对定位指令可以实现精准定位，在运行中需要进行加减速，为此学习了可变速运行指令。

PLSY 指令是将指令速度中指定的脉冲列，从输出指定的软元件中输出定位地址指定的脉冲。PLSV 指令可以输出带旋转方向的可变速脉冲。DRVI 指令通过相对地址进行 1 速定位，指定的定位地址通过增量方式，从当前位置开始，指定移动方向和移动量（相对地址）进行定位。DRVA 指令通过绝对地址驱动进行 1 速定位，指定的定位地址通过绝对方式，以原点为基准指定位置（绝对地址）进行定位动作。

工匠精神　生态发展

“业精于勤，荒于嬉；行成于思，毁于随”。只有追求和坚持精品、匠心、专业、专注、一丝不苟且孜孜不倦，才能精益求精。用工匠精神践行绿色发展，坚持可持续发展，实现文化技术价值与生态文明价值的统一。

思考与练习

1. 说明图 6-19 指令的功能。

2. 要求：当 M0 接通后，在轴 2 上输出指令速度为寄存器 D100 内的数值，总计输出 3000 个脉冲后停止输出。请根据以上要求画出梯形图。

3. 说明图 6-20 指令的功能。

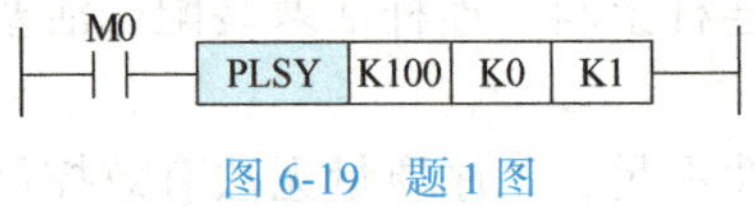

图 6-19　题 1 图

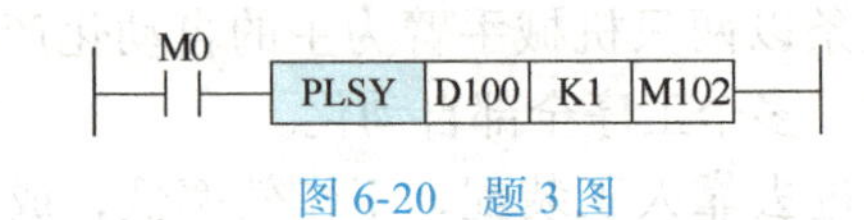

图 6-20　题 3 图

4. 说明图 6-21 指令的功能。

5. 说明图 6-22 指令的功能。

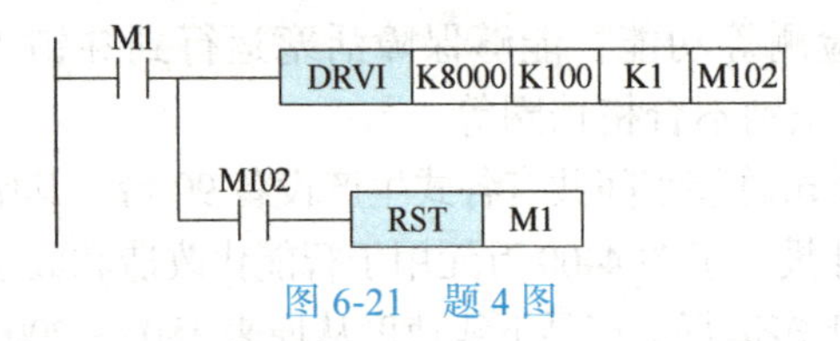

图 6-21　题 4 图

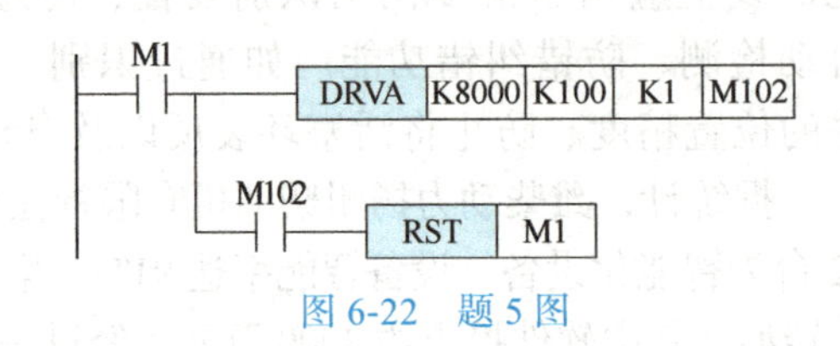

图 6-22　题 5 图

项目七

智能化生产线控制系统的编程与实现

项目导读

在现代制造业中，特别是在制药、汽车、电子、食品等制造行业中，智能化生产线得到了非常广泛的应用。在制造业现场，智能化生产线往往以PLC为核心，基于通信技术完成信息传递与数据共享，实时监控生产数据，及时进行生产调度，保证了生产过程的稳定和可靠，实现了生产过程的全面自动化和智能化控制。

本项目主要介绍基于三菱FX5U系列PLC的基本通信技术。通过设计智能化生产线控制系统的网络通信项目，介绍串行通信接口标准、三菱FX5U系列PLC的通信硬件、链接通信和以太网通信功能、通信参数设定以及通信程序的编写，最后要求能使用FX5U系列PLC实现控制系统的网络通信功能，熟练地使用GX Works3完成网络通信的参数设定与通信程序的编写，并将程序写入PLC进行调试运行。

学习笔记

思考：PLC及其网络通信技术对推动制造业高端化、智能化、绿色化发展有何意义？

项目描述

随着智能化生产技术的不断发展，越来越多的企业开始引入智能化生产线，以提高生产效率和质量，降低生产成本。某电子产品生产企业积极研发蓝牙耳机智能化生产线，该生产线能够实现耳机外壳和芯片的供料与检测、芯片装配与焊接、耳机成品质量检测与包装等功能，主要包括上下料智能检测单元和智能化生产加工单元，控制系统组成如图7-1所示。

其中，上下料智能检测单元主要完成生产线的上下料和物料检测，该部分要求采用两台FX5U PLC进行组网通信，实现上下料机械手和检测设备的通信控制；智能化生产加工单元主要完成装配、焊接、检测和包装等工作，该部分要求采用4台FX5U PLC进行组网通信，以实现各生产单元之间的信息传递与数据共享。

学习笔记

典型自动化生产线

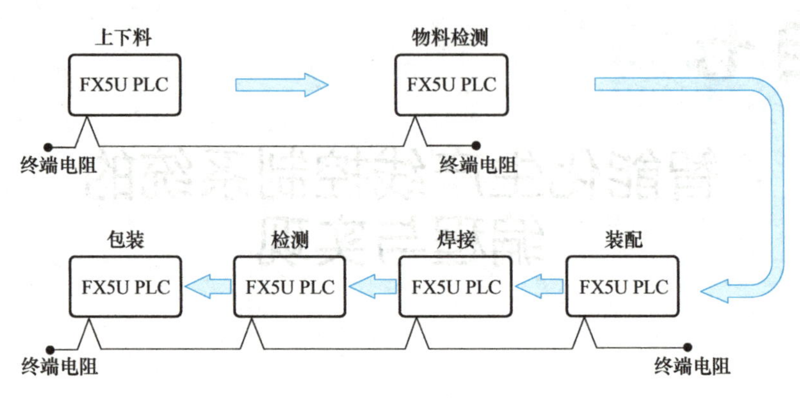

图 7-1　智能化生产线控制系统组成

学习目标

【知识目标】

※ 掌握串行通信的定义与接口标准。

※ 掌握 FX5U 系列 PLC 的并列链接通信的概念、规格参数与通信设定。

※ 掌握 FX5U 系列 PLC 的 N:N 网络通信的概念、规格参数与通信设定。

※ 掌握 FX5U 系列 PLC 的以太网通信的概念、规格参数与通信设定。

【技能目标】

※ 能根据项目控制要求，选择合适的通信类型进行组网。

※ 能够选用正确的通信器件和网络电缆完成网络接线。

※ 能熟练使用 GX Works3 完成网络参数设置与通信程序编写。

【素质目标】

※ 培养学生科学理性的实践精神、团队意识、职业操作规范及良好的工作习惯。

※ 培养学生严谨认真的科学态度，一丝不苟的工匠精神以及不断超越自我的创新能力。

※ 让学生明白个体有规则地组织在一起，能够形成强大的整体，实现伟大的目标。

任务一　智能化生产线系统并列链接控制的编程与实现

1. 采用两台 FX5U PLC 进行组网通信，以实现上下料机械手和检测设备的并列链接控制，其中上下料机械手作为主站，检测设备作为从站。

2. 上下料机械手和检测设备能够互相监控彼此的状态，各单元初始化完成后主站绿色指示灯亮起。

3. 当上下料机械手完成上料后，检测设备进行物料检测，若物料不合格，则上下料机械手将物料取走并放入废料区。

任务目标

1. 掌握串行通信的定义与接口标准。

2. 掌握 FX5U PLC 的并列链接功能。

3. 熟悉 FX5U PLC 的通信器件。

4. 能够在 GX Works3 软件中完成 FX5U PLC 并列链接的通信设定，编写通信程序，然后将其写入 PLC 进行调试运行。

5. 培养学生科学理性的实践精神，敢于实践，不断创新，使学生养成良好的工作习惯。

任务分析

1. 控制要求的分析

智能化生产线上下料智能检测单元采用两台 FX5U PLC 进行控制，以实现上下料机械手和检测设备的网络通信。一般情况下，为了实现两台 PLC 的网络通信往往采用串行通信形式。FX5U 系列 PLC 内置 RS-485 串行通信端口，可以基于该端口完成上下料智能检测单元的通信组网，如图 7-2 所示。

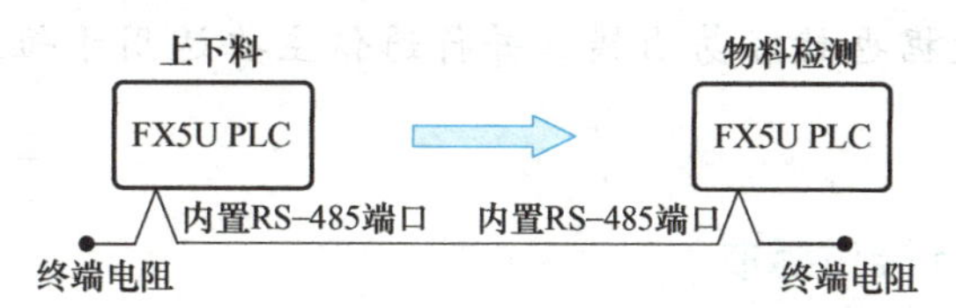

图 7-2　上下料智能检测单元通信网络

2. 通信功能的选择

FX5U 系列 PLC 具有丰富的网络通信功能，尤其是串行通信。FX5U 系列 PLC 的串行通信功能主要有并列链接、简易 PLC 间链接（N:N 网络功能）、无顺序通信等。

智能化生产线上下料智能检测单元采用两台 FX5U PLC 进行组网通信，对于该单元可以选用 FX5U 系列 PLC 的并列链接功能实现网络通信。并列链接通信功能可以实现连接两台 FX5U 系列 PLC 进行软元件相互链接和自动更新，组网简单可靠，传输速率较高。

3. 主从站通信的实现

智能化生产线上下料智能检测单元中，上下料机械手作为主站，检测设备作为

学习笔记

从站。通过并列链接通信功能实现软元件的自动更新，完成主从站状态更新，实现主从站的通信。

恭喜你，完成了任务分析，明确了控制要求，确定了要使用的通信功能和主从站的通信手段，接下来进入知识链接环节。

知识链接

一、串行通信

1. 串行通信的定义

计算机的通信方式多种多样，按照每次通信发送数据的位数可以分为并行通信和串行通信。串行通信是指传输数据的各数据位在同一传输通道上逐位发送或接收。虽然串行通信传输速率较慢，但它的通信线路简单，采用一对传输线缆即可实现双向通信，成本低，占用资源少，抗干扰能力强，信号传输稳定可靠，在通信领域得到了广泛的应用。

为了实现串行通信，往往需要首先了解串行通信接口。串行通信接口是用于实现串行通信的硬件接口，主要负责将通信设备的串行数据流和电信号进行相应转换。常见的串行通信接口有 RS–232、RS–485、RS–422 等。

小提示

并行通信是指数据以成组的方式，在多条并行信道上同时进行传输。并行通信的特点是控制简单、传输速度快，但线路长度受到限制，因为长度增加，干扰就会增加，数据也就容易出错。并行通信主要适用于短距离的设备之间的通信。

2. RS–232 串行接口标准

RS–232 规定了一系列串行通信设备之间的物理和电气规范，是一种常用的串行通信接口标准。该接口采用单端信号传输方式，使用正负极性的电压表示二进制数字。一般情况下，电平范围为 –15 ～ +15V，标准电平为 –12 ～ +12V。接口的通信方式采用异步通信，每个数据字节包括 1 个起始位、5 ～ 8 个数据位、1 个奇偶校验位和 1 个或多个停止位，其中奇偶校验位可以用来检查数据传输的正确性。同时，RS–232 接口支持多种不同的传输速率，最高传输速率为 115.2kbit/s。通常情况下，传输速率越高，传输距离越短。

RS–232 串行接口标准还定义了一些控制信号，如数据终端就绪（DTR）、请求发送（RTS）、数据通信就绪（DCD）等，用于控制通信过程。一般情况下，RS–232 串行接口采用 DB–9 和 DB–25 两种接口类型，其中 DB–9 接口较小，常用于连接笔记本计算机和串行设备，而 DB–25 接口较大，通常用于连接台式机和串行设备，其主要端子分配见表 7-1。

表 7-1　RS-232 串行接口信号分配

引脚		方向	符号	功能描述
25 针	9 针			
2	3	输出	TXD	发送数据
3	2	输入	RXD	接收数据
4	7	输出	RTS	请求发送
5	8	输入	CTS	为发送清零
6	6	输入	DSR	数据设备准备好
7	5	—	GND	信号地
8	1	输入	DCD	数据信号检测
20	4	输出	DTR	
22	9	输入	RI	

总体来说，RS-232 串行接口标准是一种简单、易用、可靠的串行通信标准，广泛应用于计算机和串行设备之间的通信，如打印机、调制解调器、传感器等。虽然现在有更快、更先进的串行通信接口出现，但 RS-232 依然在一些低速通信场景下得到广泛应用。

3. RS-485 串行接口标准

RS-485 也是一种常用的串行通信接口标准。该接口采用差分信号传输方式，即将数据分为两路相反的电信号传输，以提高信号质量和抗干扰能力。一般情况下，电平范围为 -7 ～ +12V，标准电平范围为 -2 ～ +2V。接口的通信方式可以采用异步通信方式或同步通信方式，通信速率可以达到 10Mbit/s，支持 5 ～ 8 个数据位和 1 个或两个停止位，也可以支持奇偶校验等功能。

RS-485 串行接口支持多点通信，即多个设备可以共享同一条通信线路。为了避免冲突和干扰，每个设备需要有一个唯一的地址，并采用主从方式进行通信。该接口也可以实现全双工通信，即可以同时进行发送和接收操作。为了避免冲突，通信过程中往往采用半双工或时分多路复用等方式。

需要指出的是，RS-485 标准没有规定连接器、信号功能和引脚分配。在实际应用中，要保持两根信号线相邻，两根差动导线应该位于同一根双绞线内。

总体来说，RS-485 串行接口标准是一种可靠、稳定、高效的串行通信标准，广泛应用于工业自动化、仪器仪表、通信设备等领域。相比于 RS-232，RS-485 具有更好的抗干扰能力和远距离传输能力，因此在工业自动化等领域得到了广泛应用。

4. FX5U 系列 PLC 的通信器件

FX5U 系列 PLC 可以使用内置 RS-485 端口、通信板、通信适配器等器件实现串行通信，其配置如图 7-3 所示。

学习笔记

FX5U系列PLC用于RS-485通信的器件除内置RS-485器件外，还有FX5-485-BD通信板和FX5-485ADP通信适配器，器件如图7-4所示。

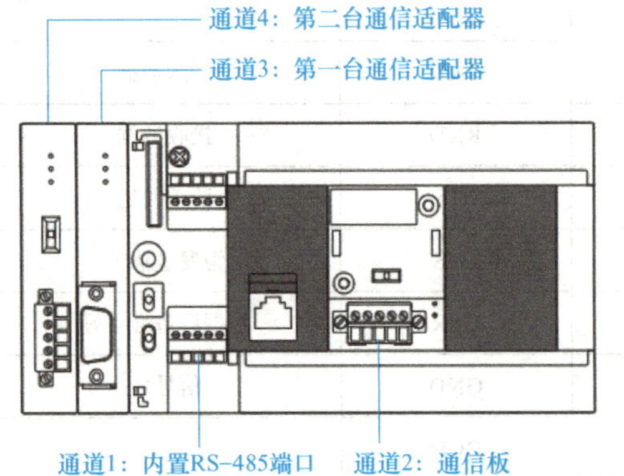

图7-3 FX5U PLC串行通信硬件配置

a) FX5-485-BD通信板

b) FX5-485ADP通信适配器

图7-4 FX5U PLC RS-485通信器件

FX5U系列PLC的内置RS-485端口、FX5-485-BD通信板以及FX5-485ADP通信适配器的通信信号为SDA（TXD+）、SDB（TXD-）、RDA（RXD+）和RDB（RXD-），其信号接线如图7-5所示。网络连接采用带屏蔽层的双绞电缆，采用D类接地，采用1对接线时需将终端电阻设置为110Ω，采用两对接线时需将终端电阻设置为330Ω。

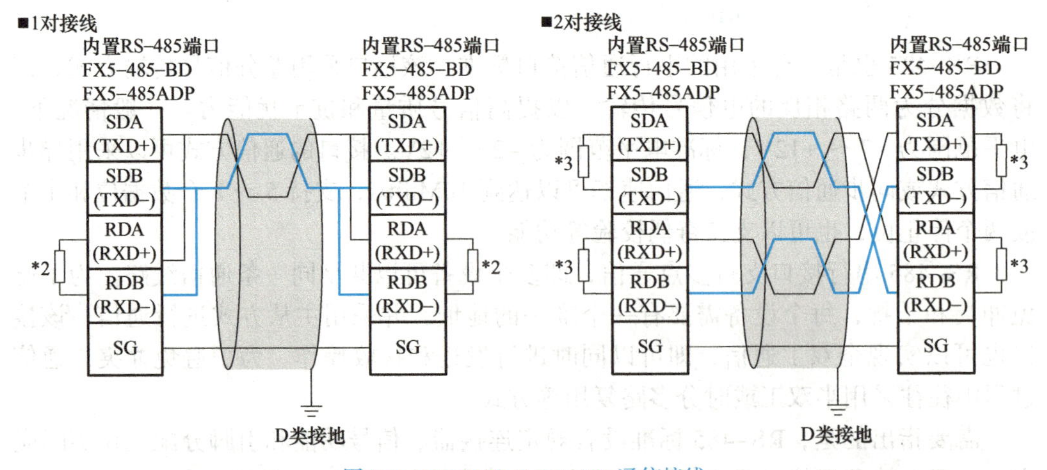

图7-5 FX5U PLC RS-485通信接线

二、并列链接通信

FX5U系列PLC的并列链接通信用来连接两台FX5U系列PLC，实现软元件相互链接并能自动更新的功能，其系统构成如图7-6所示。FX5U系列PLC的并列链接通信根据要链接的点数及链接时间，可分为普通并列链接模式和高速并列链接模式。对于链接用的内部继电器（M）、数据寄存器（D），可以通过GX Works3软件设定起始软元件编号。

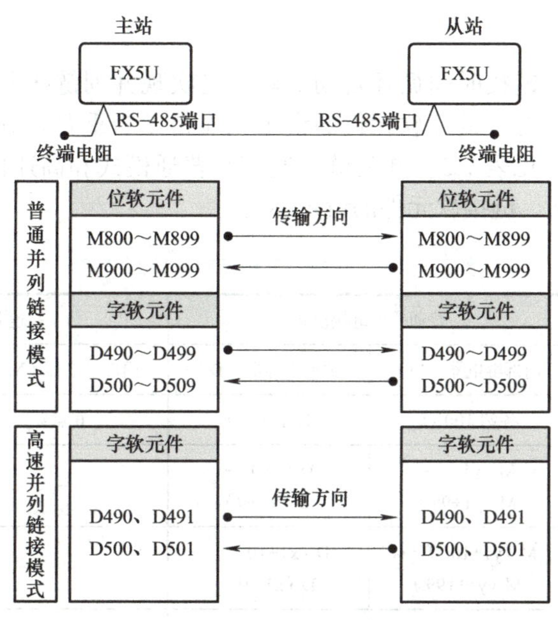

图 7-6 FX5U 系列 PLC 并列链接通信系统的组成

1. 链接模式

FX5U 系列 PLC 的并列链接通信采用不同链接模式，链接软元件的循环更新时间是不同的，循环更新时间见表 7-2。在设计并列链接通信时，要合理设计通信数据的规模，选择合适的链接模式，保证网络通信的稳定可靠。

表 7-2 并列链接通信循环更新时间

链接模式	循环更新时间
普通并列链接模式	15ms+ 主站的运算周期（ms）+ 从站的运算周期（ms）
高速并列链接模式	5ms+ 主站的运算周期（ms）+ 从站的运算周期（ms）

FX5U 系列 PLC 的并列链接通信链接模式的选择，可以通过 GX Works3 软件进行设定，如图 7-7 所示。

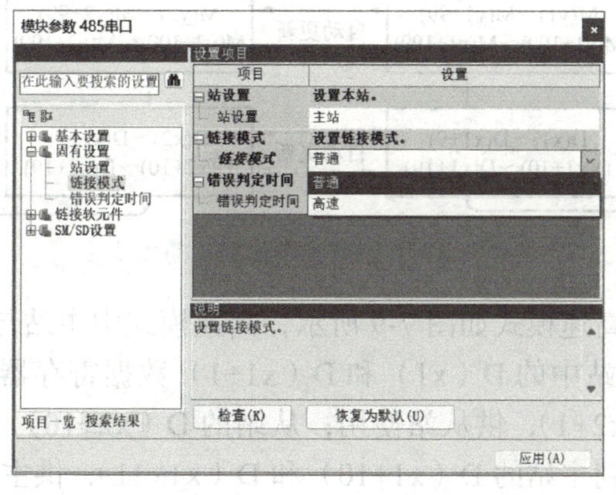

图 7-7 通过 GX Works3 软件设置链接模式

学习笔记

2. 链接软元件

链接软元件按照链接时间循环自动更新，是实现并列链接通信的关键。为了编写正确的通信程序，对于链接软元件的设定就显得尤为重要。对于FX5U系列PLC的链接软元件的设定见表7-3。并列链接通信有普通模式和高速模式两种工作模式，在不同的链接模式下，链接软元件的设定不同。

表7-3 并列链接通信链接软元件的设定

模式		普通并列链接模式		高速并列链接模式	
		内部继电器（M）	数据寄存器（D）	内部继电器（M）	数据寄存器（D）
站号		各站100点	各站10点	0点	各站2点
主站	发送用	M（y1）～M（y1+99）	D（x1）～D（x1+9）	—	D（x1）、D（x1+1）
	接收用	M（y1+100）～M（y1+199）	D（x1+10）～D（x1+19）	—	D（x1+10）、D（x1+11）
从站	接收用	M（y2）～M（y2+99）	D（x2）～D（x2+9）	—	D（x2）、（x2+1）
	发送用	M（y2+100）～M（y2+199）	D（x2+10）～D（x2+19）	—	D（x2+10）、D（x2+11）

并列链接通信的普通模式如图7-8所示，主站中的M（y1）～M（y1+99）一共100个辅助继电器的状态可以传递到从站的M（y2）～M（y2+99），供从站使用；从站中M（y2+100）～M（y2+199）一共100个辅助继电器的状态可以传递到主站的M（y1+100）～M（y1+199），供主站使用。主站中的D（x1）～D（x1+9）一共10个数据寄存器的数据可以传递到从站的D（x2）～D（x2+9），供从站使用；从站中的D（x2+10）～D（x2+19）一共10个数据寄存器的数据可以传递到主站的D（x1+10）～D（x1+19），供主站使用。

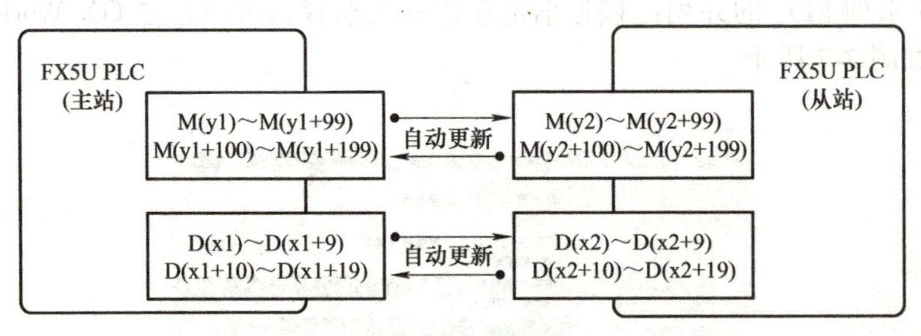

图7-8 并列链接通信的普通模式

并列链接通信的高速模式如图7-9所示，高速模式中主站与从站只共享两个数据寄存器的软元件。主站中的D（x1）和D（x1+1）数据寄存器的数据可以传递到从站的D（x2）和D（x2+1），供从站使用；从站的D（x2+10）和D（x2+11）数据寄存器的数据可以传递到主站的D（x1+10）和D（x1+11），供主站使用。

学习笔记

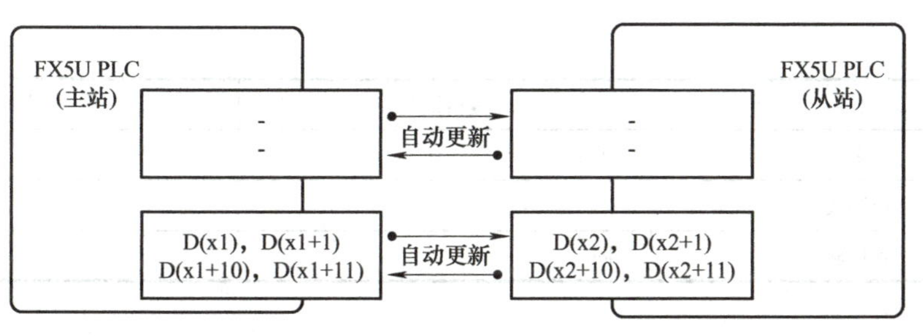

图 7-9　并列链接通信的高速模式

小提示

FX5U 系列 PLC 的链接软元件可以通过 GX Works 进行设置，建议将主站跟从站设置相同的链接软元件地址，方便后续的编程。

恭喜你，完成了串行通信、并列链接通信等相关知识的学习，并且初步学会通信网络参数的设置，接下来进入任务实施阶段。

任务实施

1. 通信规格的确认

根据任务分析中确定的网络形式，可知两台 FX5U 系列 PLC 采用并列链接通信的方式进行组网。并列链接通信的规格见表 7-4，规格参数是固化到 PLC 系统中的，不能更改波特率等规格。

表 7-4　并列链接通信规格

项目		规格说明	备注
连接台数		最多两台（1∶1）	—
传送规格		符合 RS-485 规格	—
最大总延长距离		仅由 FX5-485ADP 构成时为 1200m 以下； 上述以外的构成时为 50m 以下	混有内置 RS-485 端口或 FX5-485-BD 时为 50m 以下
协议格式		并列链接	—
控制顺序		—	—
通信方式		半双工传输，双向传输	—
波特率		115200bit/s	—
字符格式	起始位	1 位	—
	数据长度	7 位	—
	奇偶校验	偶校验	—
	停止位	1 位	—
报头		固定	—

学习笔记

（续）

项目	规格说明	备注
结束符	固定	—
控制线	—	—
和校验	固定	—

2. 系统构成和选定

根据任务分析中确定的网络形式，可知使用两台FX5U系列PLC进行组网。对于FX5U系列PLC可以使用内置RS-485端口进行通信，也可以采用FX5-485-BD通信板以及FX5-485ADP通信适配器，器件配置如图7-10所示。本次任务直接使用FX5U系列PLC内置RS-485端口进行通信组网。

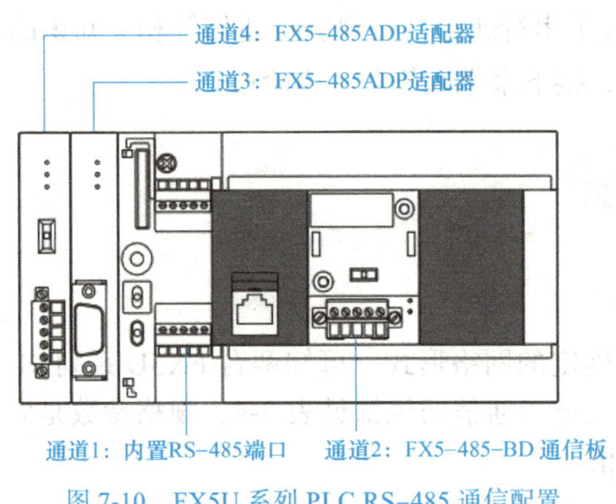

图7-10　FX5U系列PLC RS-485通信配置

3. 接线作业

根据任务分析中确定的网络形式，并列链接通信采用RS-485端口组网时的接线如图7-11所示，使用带屏蔽层的双绞线进行网络连接，在回路的两端还需设置终端电阻。

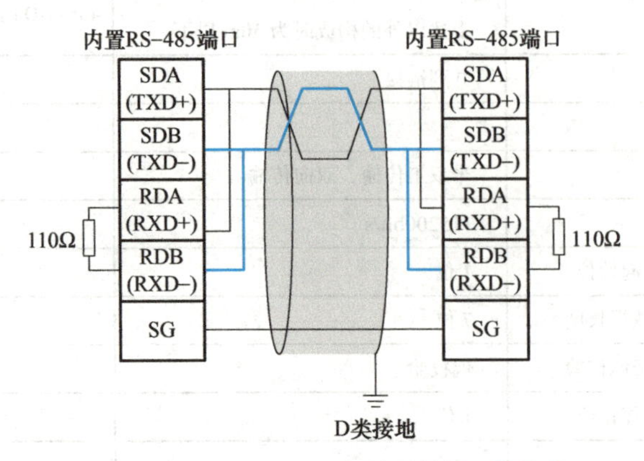

图7-11　FX5U系列PLC并列链接通信接线

学习笔记

4. 通信设定

FX5U 系列 PLC 的并列链接通信参数是通过 GX Works3 软件来设定的。对于内置 RS-485 端口（通道 1）而言，需要对其“基本设置”“固有设置”“链接软元件”以及“SM/SD 设置”进行设置。主站的通信设定如图 7-12 所示。对于从站的通信设定最重要的是将“站设置”的参数改为“从站”，其余参数与主站相同。

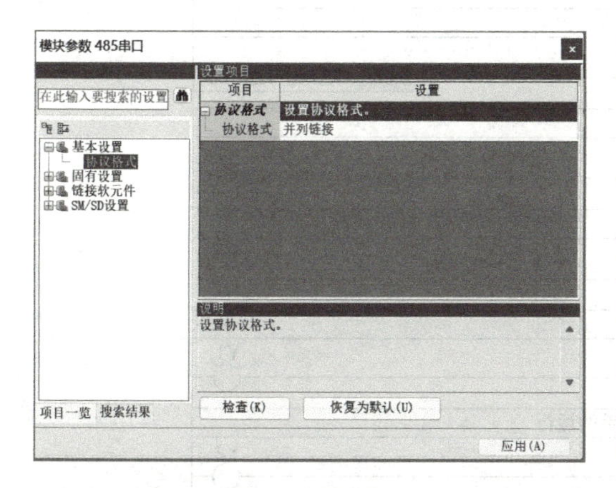

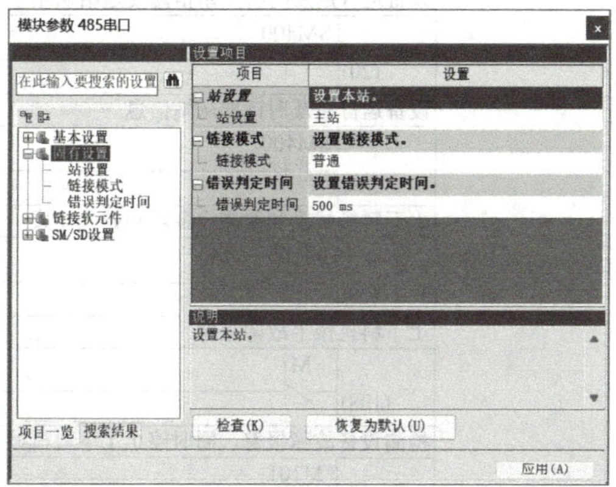

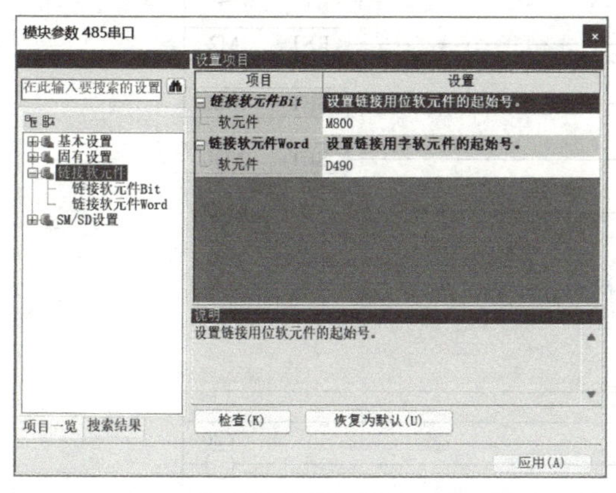

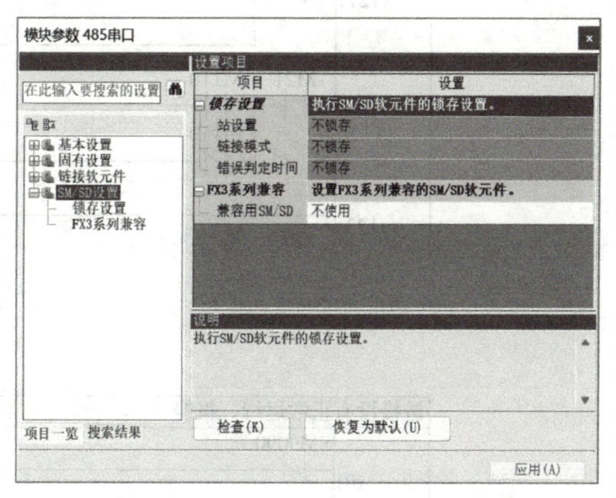

图 7-12　使用 GX Works3 软件进行主站通信参数设定

5. 编写通信程序

根据控制系统要求，利用并列链接通信编写上下料机械手主站通信程序如图 7-13 所示。

根据控制系统要求，利用并列链接通信编写检测设备从站通信程序如图 7-14 所示。

6. 调试运行

利用 GX Works3 编程软件编写上述主站和从站的通信程序，将调试好的用户程序以及设备组态分别下载到 CPU 中，并连接线路。首先观察并列链接通信是否正常（Y20 是否点亮）。在通信正常的情况下，主从站利用并列链接通信读取各站状态，各站初始化完成，观察上下料机械手主站是否点亮绿色指示灯（Y0）。当机械手上料

学习笔记

完成后，观察检测设备是否进行物料检测；如果物料不合格，则机械手将物料取走，重新上料。若上述调试现象与控制要求一致，则说明本案例任务功能实现。

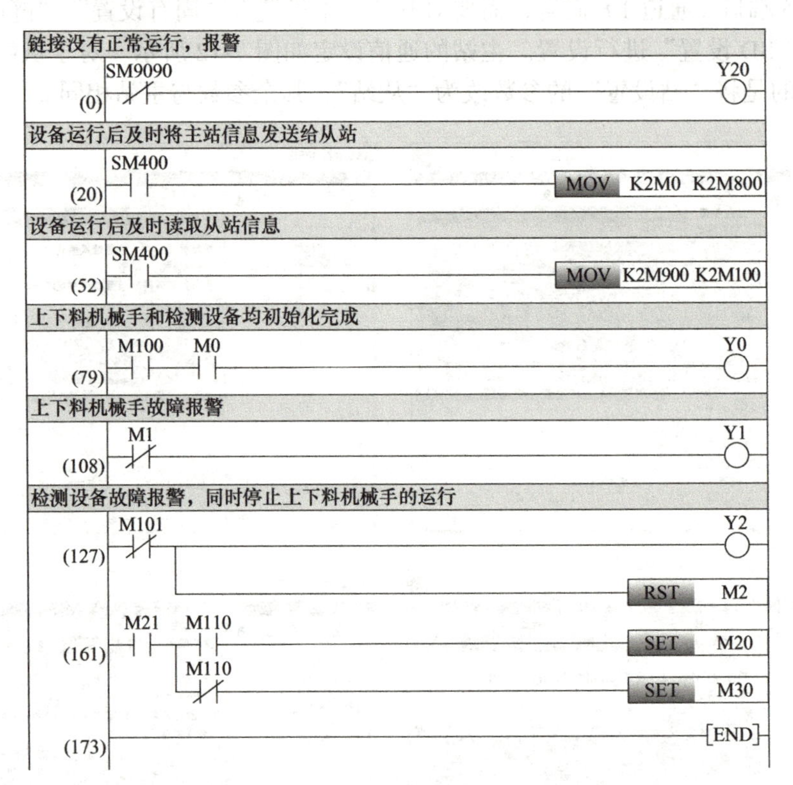

图 7-13　上下料机械手主站通信程序

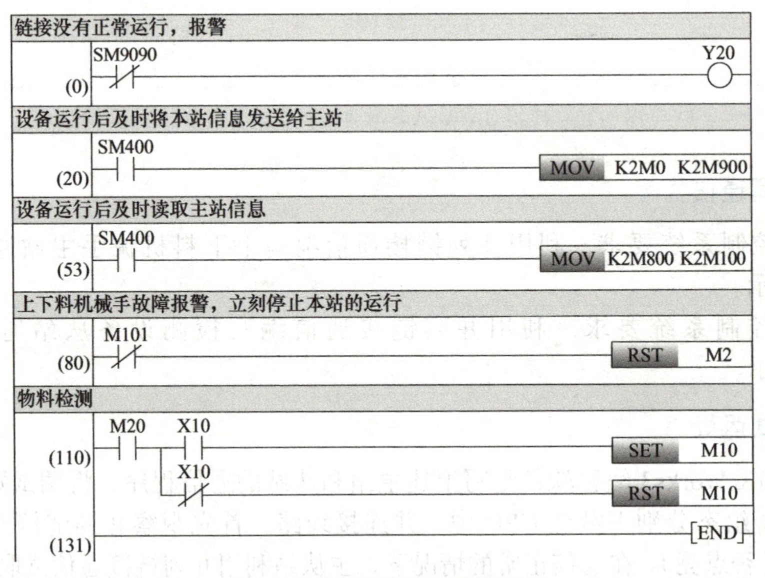

图 7-14　检测设备从站通信程序

7. 联机调试

使用网线将本地计算机与 PLC 连接，接通电源。然后单击工具栏中的下载按钮，将程序下载到 PLC 中，进行联机调试。根据控制要求，观察设备的运行情况，记录调试过程中出现的问题和解决措施，并填入表 7-5。

表 7-5　实施过程、实施方案或结果、出现异常原因和处理方法记录

序号	实施过程	实施要求	实施方案或结果	异常原因分析及处理方法
1	网络架构与安装	1）合理选择通信形式与硬件		
		2）绘制控制系统网络架构		
		3）选择合适的通信电缆，设置合理的终端电阻		
2	通信参数设置	1）选择合适的通信协议		
		2）正确设置站点参数		
		3）正确设置链接软元件		
3	编写程序并下载	1）编写主站通信程序		
		2）编写从站通信程序		
		3）将通信程序下载到 PLC		
4	运行调试	1）观察主从站通信是否正常		
		2）详细记录每一步操作过程中，主从站状态的变化，分析并写出原因及处理方法		
		3）举例说明某动作的完成需要主从站传递什么信息		
5	拓展	如何实现多台设备的网络通信		

恭喜你，已完成项目实施，完整体验了实施 PLC 通信项目的过程。

任务评价

本任务主要考核学生对 FX5U 系列 PLC 并列链接通信的掌握情况以及学生对并列链接通信控制程序设计与操作的完成质量。具体考核内容涵盖 PLC 网络通信系统设计、程序设计和职业素养 3 个方面。考核采取自评、互评和师评相结合的方法，具体考核内容与配分情况见表 7-6。

表 7-6 任务评价

考核项目	考核内容	考核标准	自评（30%）	互评（30%）	师评（40%）	得分
职业素养 20 分	严格执行实训安全守则、着装符合要求、明确任务要求	着装不符合要求，嬉笑打闹等，扣 5 分，若出现安全隐患立即停止任务				
	团队合作，分工明确、沟通交流，互帮互助	不按照团队要求进行且未完成，扣 10 分				
	遵守行业规范、现场 6S 标准	现场混乱、未遵守行业规范等，扣 5 分				
PLC 网络通信系统设计 40 分	选择合理的通信硬件和功能类型	通信硬件选择错误，1 处扣 5 分，无法完成网络连接，扣 10 ～ 15 分				
	网络线缆的合理选择	未使用带屏蔽层的双绞线，扣 10 分，未按照要求接地处理，扣 5 分				
	设置合理的通信参数	通信参数设置错误，1 处扣 5 分				
PLC 程序设计 40 分	正确编写通信程序	程序编写错误酌情扣分				
	程序输入并下载运行	下载错误，程序无法运行，扣 20 分				
	安全文明操作	违反安全操作规程，扣 10 ～ 20 分				
合计						

恭喜你，完成了任务评价。通过一个简单的 PLC 网络通信项目，了解了如何用 FX5U 系列 PLC 来设计两台设备的网络通信控制系统。熟练掌握了第一个网络通信的项目后，领会其精华与关键技术，今后在处理两台设备的并列链接通信项目都会得心应手。

【视野拓展】

用“锉刀”雕刻未来，铸就“精益求精”的匠心

在奋斗中明晰方向，用“锉刀”雕刻未来，铸就“精益求精”的匠心。一台工具铣、一个计算器和无数把用钝了的锉刀，陪他度过了 5 年学徒时光。他就是“全国劳动模范”“全国五一劳动奖章”“全国技术能手”等 20 多项荣誉称号获得者马小光，在他眼里，“任何一个产品和工艺都能改善”，正是这种永不满足，一次次地不断思考改良，从不气馁、精益求精、追求极致的工匠精神，不断激励着他从“很好”走到“更好”，一把把锉刀，粗糙了双手，却洗礼了内心，在失败中不断总结，永不言弃，打磨配件的过程，就是在雕刻自己的人生。这种越是挫折越是要向前、精益求精的工匠精神需要我们学习和弘扬，干事从业的道路不是一帆风顺，而是在一次次地面对挫折、失败、困惑中“撑得住”“顶得住”“扛得住”，保持信念如磐、意志如铁、迎难而上，坚信“历尽天华成此景，人间万事出艰辛”，把失败和挫折能转换为前进的动力，然后在奋斗的过程中展现出惊人的毅力和坚韧不拔的意志，才能以一己之力为全域增光添彩。

任务二　智能化生产线系统 N:N 网络控制的编程与实现

学习笔记

任务要求

1. 采用 4 台 FX5U PLC 进行组网通信，实现装配、焊接、检测和包装等智能化生产加工单元的 N:N 网络控制。

2. 各设备之间能够互相监控彼此的状态，初始化完成后主站绿色指示灯亮起。

3. 任一设备出现故障，全部设备均停止工作，主站进行报警，并点亮对应设备的报警灯。

任务目标

1. 掌握 FX5U PLC 的 N:N 网络功能的基本概念和规格参数。

2. 掌握 FX5U PLC 的 N:N 网络功能的主要参数含义。

3. 能够在 GX Works3 软件中完成 FX5U PLC 的 N:N 网络通信设定，编写通信程序，然后写入 PLC 进行调试运行。

4. 培养学生严谨认真的科学态度和精益求精的工匠精神，让学生明白要认真对待每一件事情，才能成就大事。

任务分析

1. 控制要求的分析

智能化生产加工单元采用 4 台 FX5U PLC 进行控制，实现装配、焊接、检测和包装等设备的网络通信。一般情况下，为了实现多台 PLC 的网络通信往往采用串行通信形式。FX5U 系列 PLC 内置 RS–485 串行通信端口，可以基于该端口完成智能化生产加工单元的通信组网，如图 7-15 所示。

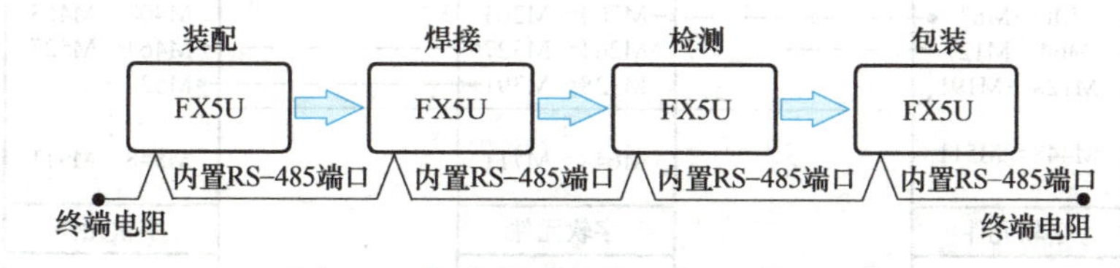

图 7-15　智能化生产加工单元通信网络

2. 通信功能的选择

FX5U 系列 PLC 具有丰富的网络通信功能，尤其是串行通信。FX5U 系列 PLC 的串行通信功能主要有并列链接、简易 PLC 间链接（N:N 网络功能）及无顺序通信等。

智能化生产加工单元采用 4 台 FX5U PLC 进行组网通信，对于该单元可以选用

学习笔记

FX5U 系列 PLC 的 N:N 网络功能实现网络通信。N:N 网络通信功能可以实现连接最多 8 台 FX5U PLC 进行软元件相互链接的功能，组网简单可靠，通信参数设置灵活，传输速率较高。

3. 主从站通信的实现

智能化生产线生产加工单元中，装配设备作为主站，其余设备作为从站。通过 N:N 网络通信链接软元件的自动更新，完成主从站数据传输，实现主从站的通信。

恭喜你，完成了任务分析，明确了控制要求，确定了要使用的通信功能和主从站的通信手段，接下来进入知识链接环节。

一、N:N 网络通信

FX5U 系列 PLC 的 N:N 网络通信与并列链接通信相似，也是采用 RS-485 进行网络通信，能够连接最多 8 台 FX5U 系列 PLC 组成一个小型的通信系统，能够实现各台 PLC 软元件相互链接并能自动更新，其系统构成如图 7-16 所示。FX5U 系列 PLC 的 N:N 网络通信根据要链接的点数，可以选择 3 种链接模式进行通信设置，即模式 0、模式 1 和模式 2。与系统有关的通信参数，如链接用内部继电器（M）、数据寄存器（D）等，可以通过 GX Works3 软件进行设定。

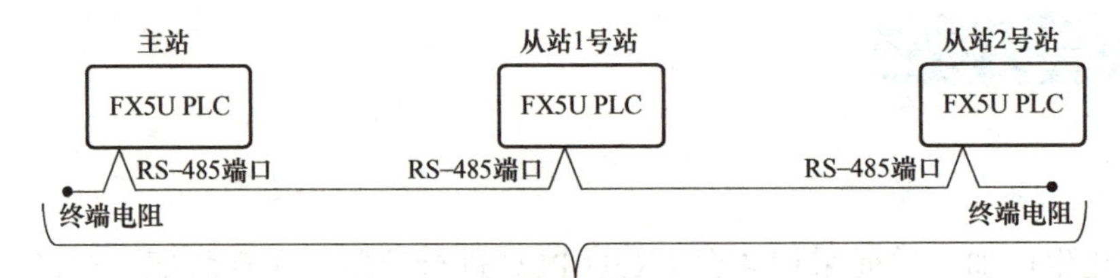

- FX5U PLC的链接台数：最多8台(站点号为0～7)
- 最大总延长距离为1200m

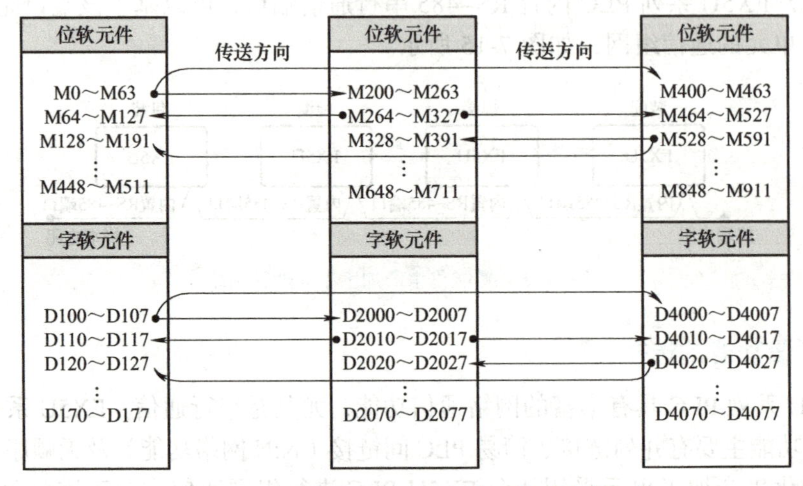

图 7-16　FX5U 系列 PLC N:N 网络通信系统的组成

1. 链接模式的选择与链接软元件的分配

FX5U 系列 PLC 根据链接模式和所使用的从站数量，其链接软元件的占用点数是不同的。通过设置链接软元件的起始编号，FX5U PLC 系统对占用的软元件进行分配。在不同链接模式下，链接软元件的分配见表 7-7，具体链接软元件的分配可以通过 GX Works3 软件进行分配。

表 7-7　N:N 网络通信链接软元件分配

站号		模式 0		模式 1		模式 2	
		内部继电器（M）	数据寄存器（D）	内部继电器（M）	数据寄存器（D）	内部继电器（M）	数据寄存器（D）
		0 点	各站 4 点	各站 32 点	各站 4 点	各站 64 点	各站 8 点
主站	站号 0	—	D（x）～D（x+3）	M（y）～M（y+31）	D（x）～D（x+3）	M（y）～M（y+63）	D（x）～D（x+7）
从站	站号 1	—	D（x+10）～D（x+13）	M（y+64）～M（y+95）	D（x+10）～D（x+13）	M（y+64）～M（y+127）	D（x+10）～D（x+17）
	站号 2	—	D（x+20）～D（x+23）	M（y+128）～M（y+159）	D（x+20）～D（x+23）	M（y+128）～M（y+191）	D（x+20）～D（x+27）
	站号 3	—	D（x+30）～D（x+33）	M（y+192）～M（y+223）	D（x+30）～D（x+33）	M（y+192）～M（y+255）	D（x+30）～D（x+37）
	站号 4	—	D（x+40）～D（x+43）	M（y+256）～M（y+287）	D（x+40）～D（x+43）	M（y+256）～M（y+319）	D（x+40）～D（x+47）
	站号 5	—	D（x+50）～D（x+53）	M（y+320）～M（y+351）	D（x+50）～D（x+53）	M（y+320）～M（y+383）	D（x+50）～D（x+57）
	站号 6	—	D（x+60）～D（x+63）	M（y+384）～M（y+415）	D（x+60）～D（x+63）	M（y+384）～M（y+447）	D（x+60）～D（x+67）
	站号 7	—	D（x+70）～D（x+73）	M（y+448）～M（y+479）	D（x+70）～D（x+73）	M（y+448）～M（y+511）	D（x+70）～D（x+77）

不同的链接模式能够使用的链接软元件的数量不同，在模式 0 中只能使用 4 点的数据寄存器（D），在模式 1 中可以使用 32 点的内部继电器和 4 点的数据寄存器，而模式 2 中可以使用 64 点的内部继电器和 8 点的数据寄存器。与此同时，N:N 网络系统中链接 PLC 的数量也会影响到链接通信的循环时间，根据主站与从站的 PLC 数量和链接软元件数，链接通信的循环时间见表 7-8。为保证通信网络的稳定与可靠，要根据网络通信系统的规模与通信数据量合理选择链接模式。

表 7-8　N:N 网络通信链接的循环时间

链接台数	模式 0	模式 1	模式 2
	位软元件（M）0 点 字软元件（D）4 点	位软元件（M）32 点 字软元件（D）4 点	位软元件（M）64 点 字软元件（D）8 点
2	20ms	24ms	37ms
3	29ms	35ms	52ms

学习笔记

（续）

链接台数	模式 0	模式 1	模式 2
	位软元件（M）0 点 字软元件（D）4 点	位软元件（M）32 点 字软元件（D）4 点	位软元件（M）64 点 字软元件（D）8 点
4	37ms	45ms	70ms
5	46ms	56ms	87ms
6	54ms	67ms	105ms
7	63ms	78ms	122ms
8	72ms	88ms	139ms

2. 与 N:N 网络通信相关的特殊继电器与特殊寄存器

FX5U 系列 PLC 中与 N:N 网络通信相关的特殊继电器主要用来记录串行通信状态，主从站均可以响应，具体见表 7-9。为了保证通信系统的稳定运行，在编程过程中往往要先检查通信状态，确定通信正常后才进行链接软元件的读写。

表 7-9　与 N:N 网络通信相关的特殊继电器

软元件编号	名称	功能描述	读写属性
SM8500、SM8510 SM8520、SM8530	通道 1 ～ 4 串行通信错误	当串行通信发生错误时置 ON	只读
SM9090	并列链接运行中	并列链接运行中时置 ON	只读

FX5U 系列 PLC 中与 N:N 网络通信相关的特殊寄存器主要用来记录错误代码和通信参数，主从站均可以响应，具体见表 7-10。在编写通信程序时，FX5U PLC 用于 N:N 网络通信的特殊寄存器只能被读取，不能对特殊寄存器写入数据。FX5U PLC 的通信参数需要在 GX Works3 软件中进行设置。

表 7-10　与 N:N 网络通信相关的特殊寄存器

软元件编号	名称	功能描述	读写属性
SD8500、SD8510 SD8520、SD8530	串行通信错误代码	当串行通信发生错误时，保存错误代码	只读
SD8502、SD8512 SD8522、SD8532	串行通信设定	保存 PLC 设定的通信参数	只读
SD8503、SD8513 SD8523、SD8533	串行通信动作模式	保存正在执行的通信功能	只读
SD9090	主站 / 从站设定	保存主站 / 从站的属性设定值	只读
SD9091	链接模式设定	保存链接模式的属性设定值	只读
SM9092	错误判定时间设定	保存错误判定时间的属性设定值	只读

恭喜你，完成了 FX5U 系列 PLC 的 N:N 网络通信等相关知识的学习，并且初步学会本任务通信网络参数的设置，接下来，进入任务实施阶段。

1. 通信规格的确认

根据任务分析中确定的网络形式可知，4 台 FX5U 系列 PLC 采用 N:N 网络通信的方式进行组网。N:N 网络通信的规格见表 7-11，规格参数是固化到 PLC 系统中的，不能更改波特率等规格参数。

表 7-11　N:N 网络通信规格

项目		规格说明	备注
连接台数		最多 8 台	—
传送规格		符合 RS-485	—
最大总延长距离		仅由 FX5-485ADP 构成时为 1200m 以下；由 FX5-485ADP 构成时为 500m 以下；上述以外的构成时为 50m 以下	混有内置 RS-485 端口、FX5-485-BD、FX3-485-BD 时为 50m 以下
协议格式		简易 PLC 间链接	—
控制顺序		—	—
波特率		38400bit/s	—
字符格式	起始位	1 位	—
	数据长度	7 位	—
	奇偶校检	偶校检	—
	停止位	1 位	—
报头		固定	—
结束符		固定	—
控制线		—	—
和校检		固定	—

2. 系统构成和选定

根据任务分析中确定的网络形式可知，使用 4 台 FX5U 系列 PLC 进行 N:N 网络通信组网。对于 FX5U 系列 PLC 可以使用内置 RS-485 端口进行通信，也可以采用 FX5-485-BD 通信板以及 FX5-485ADP 通信适配器，器件配置如图 7-10 所示。本任务直接使用 FX5U 系列 PLC 内置 RS-485 端口进行通信组网。

3. 接线作业

根据任务分析中确定的网络形式，N:N 网络通信采用 RS-485 端口组网的接线如图 7-17 所示，使用带屏蔽层的双绞线进行网络连接，在回路的两端还需设置终端电阻。

4. 通信设定

FX5U 系列 PLC 的 N:N 网络通信参数是通过 GX Works3 软件进行设定的。对于内置 RS-485 端口（通道 1）而言，需要对其“基本设置”“固有设置”“链接软元件”

学习笔记

以及“SM/SD设置”进行设置。其中，在“基本设置”中，“协议格式”选择“简易PLC间链接”选项；在“固有设置”中，主站的站号为0，从站为1～3，“本地站总数”根据项目要求选择“4”，“刷新范围”即链接模式可以根据通信要求选择“1”；在“链接软元件”设置中填写链接软元件的起始编号M4000/D1000，具体使用的链接软元件数量与链接模式有关；在“SM/SD设置”中，根据项目要求无须锁存相关数据。智能化生产加工单元主站的通信参数如图7-18所示。

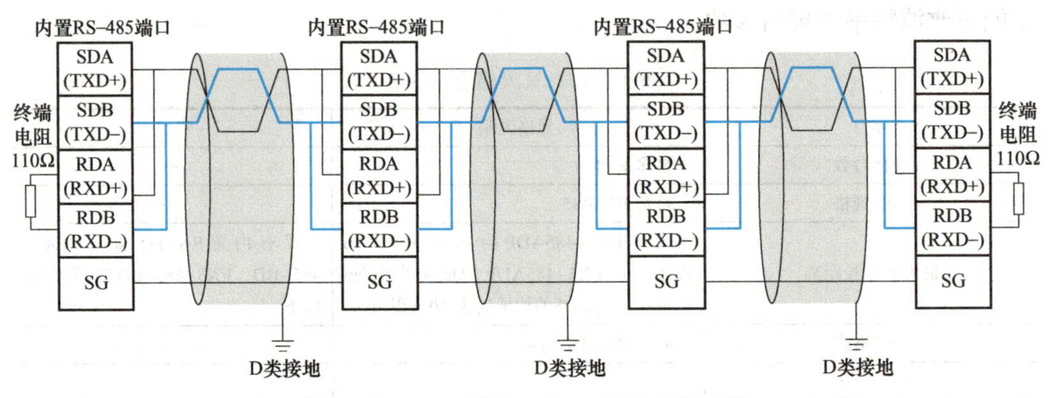

图7-17　FX5U系列PLC N:N网络通信接线

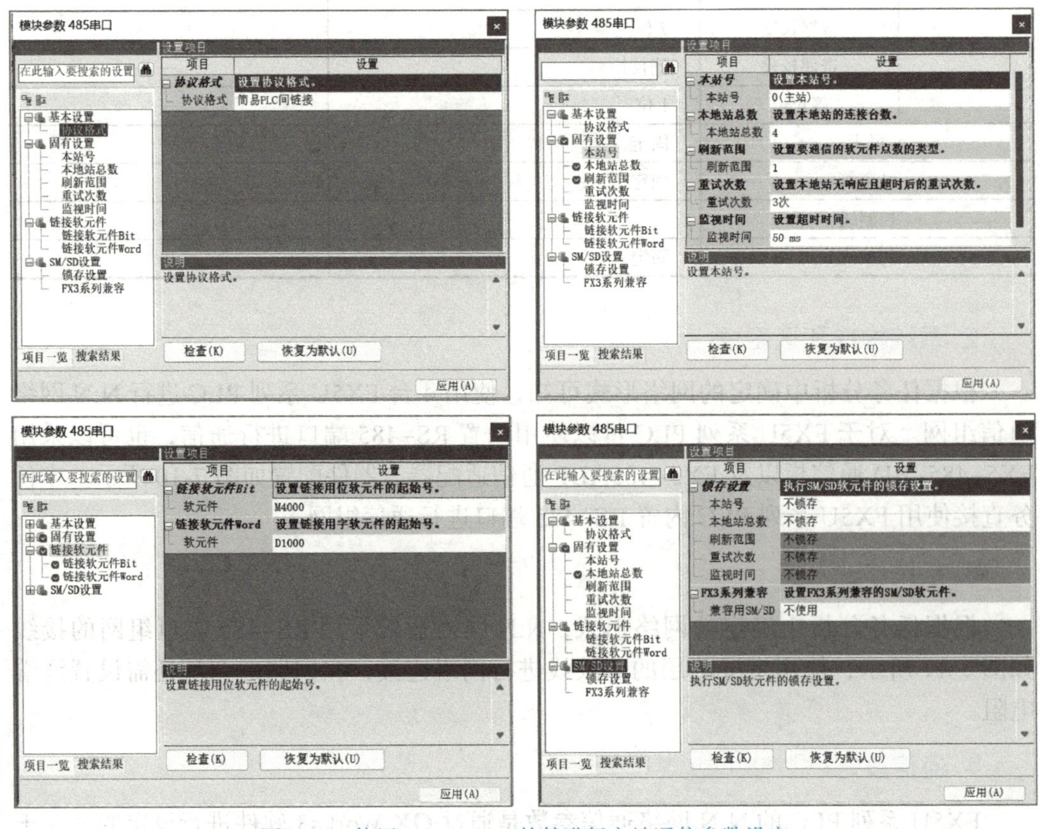

图7-18　使用GX Works3软件进行主站通信参数设定

从站通信参数的设置过程与主站相似，需要在“固有设置”中选择对应的从站号，其余参数保持一致。对于链接软元件的起始号可以与主站相同，也可以与主站不同，可以进行任意设定。

小提示

关于FX5U的链接软元件起始编号，可以对各站进行任意设定，但这样会使操作变得复杂，因此建议在系统内统一编号。

5. 编写通信程序

根据控制系统要求，利用N:N网络通信编写装配主站通信程序如图7-19所示。

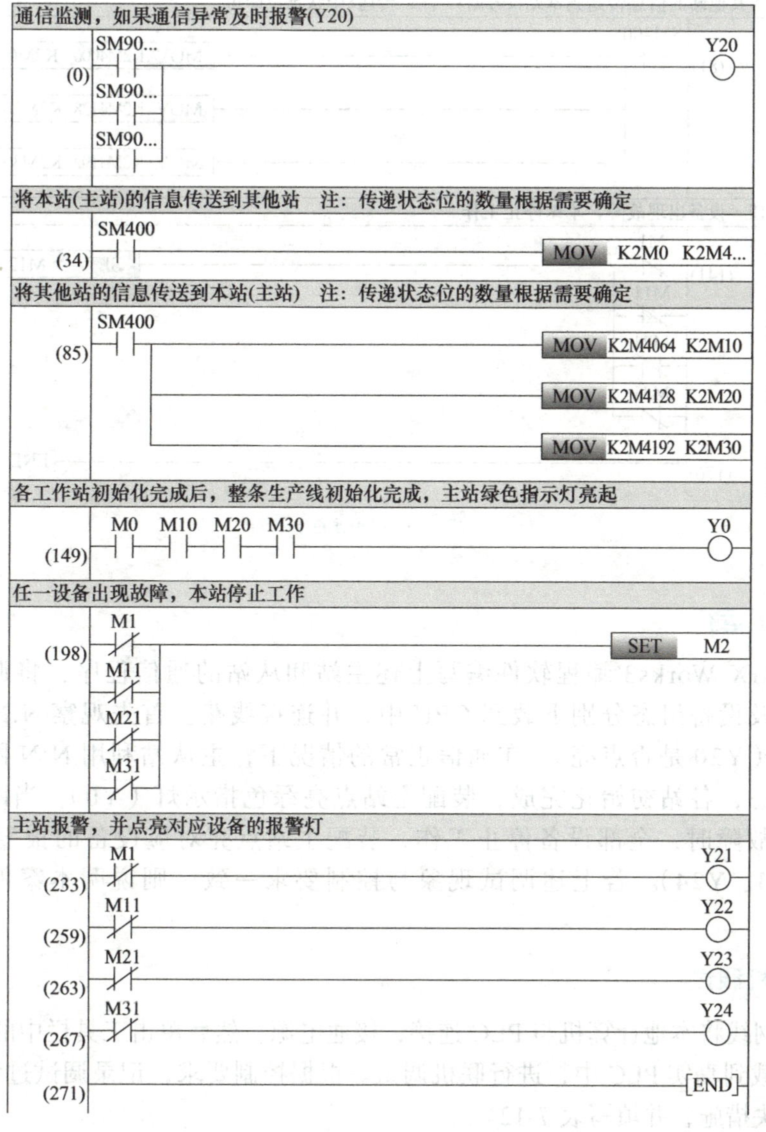

图7-19　装配主站通信程序

学习笔记

根据控制系统要求，利用N:N网络通信编写焊接从站通信程序如图7-20所示，其余从站通信程序与焊接从站基本相同。

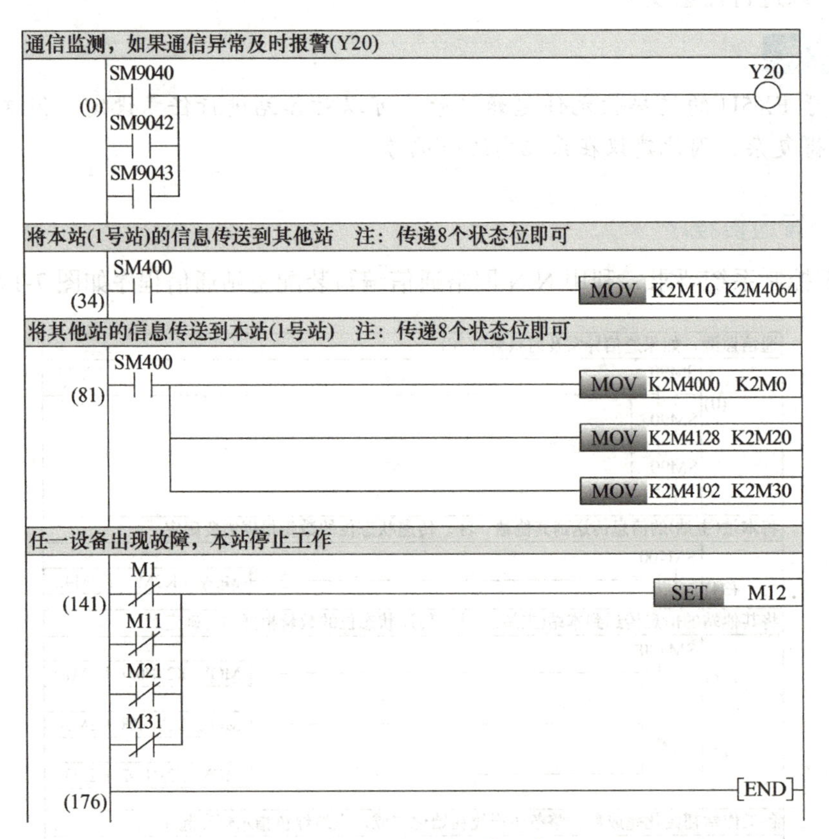

图7-20　焊接从站通信程序

6. 调试运行

利用GX Works3编程软件编写上述主站和从站的通信程序，将调试好的用户程序以及设备组态分别下载到CPU中，并连接线路。首先观察N:N网络通信是否正常（Y20是否点亮）。在通信正常的情况下，主从站利用N:N网络通信读取各站状态，各站初始化完成，装配主站点亮绿色指示灯（Y0）。当网络中任一设备出现故障时，全部设备停止工作，装配主站点亮对应设备的报警灯（Y21、Y22、Y23、Y24）。若上述调试现象与控制要求一致，则说明本案例任务功能实现。

7. 联机调试

使用网线将本地计算机与PLC连接，接通电源。然后单击工具栏中的下载按钮，将程序下载到真实PLC中，进行联机调试。根据控制要求，记录调试过程中出现的问题和解决措施，并填写表7-12。

表 7-12　实施过程、实施方案或结果、出现异常原因和处理方法记录

序号	实施过程	实施要求	实施方案或结果	异常原因分析及处理方法
1	网络架构与安装	1）合理选择通信形式与硬件		
		2）绘制控制系统网络架构		
		3）选择合适的通信电缆，设置合理的终端电阻		
2	通信参数设置	1）选择合适的通信协议		
		2）正确设置站点参数		
		3）正确设置链接软元件		
3	编写程序并下载	1）编写主站通信程序		
		2）编写从站通信程序		
		3）将通信程序下载到 PLC		
4	运行调试	1）观察主从站通信是否正常		
		2）详细记录每一步操作过程中，主从站状态的变化，分析并写出原因及处理方法		
		3）举例说明某动作的完成需要主从站传递什么信息		
5	拓展	如何实现多台设备的网络通信		

恭喜你，已完成项目实施，完整体验了实施一个 PLC 项目的过程。

任务评价

本任务主要考核学生对 FX5U 系列 PLC N:N 网络通信的掌握情况以及学生对 N:N 网络通信控制程序设计与操作的完成质量。具体考核内容涵盖 PLC 网络通信系统设计、程序设计和职业素养 3 个方面。考核采取自评、互评和师评相结合的方法，具体考核内容与配分情况见表 7-13。

表 7-13　任务评价

考核项目	考核内容	考核标准	自评（30%）	互评（30%）	师评（40%）	得分
职业素养 20 分	严格执行实训安全守则、着装符合要求、明确任务要求	着装不符合要求，嬉笑打闹等，扣 5 分，若出现安全隐患立即停止任务				
	团队合作，分工明确、沟通交流，互帮互助	不按照团队要求进行且未完成，扣 10 分				
	遵守行业规范、现场 6S 标准	现场混乱、未遵守行业规范等，扣 5 分				

【想一想】网络安全作为网络强国、数字中国的底座，是我国现代化产业体系中不可或缺的部分。请同学们从国家安全的角度，思考工业网络安全的重要意义。

学习笔记

（续）

考核项目	考核内容	考核标准	自评（30%）	互评（30%）	师评（40%）	得分
PLC 网络通信系统设计 40 分	选择合理的通信硬件和功能类型	通信硬件选择错误，1 处扣 5 分，无法完成网络连接，扣 10 ～ 15 分				
	网络线缆的合理选择	未使用带屏蔽层的双绞线，扣 10 分，未按照要求接地处理，扣 5 分				
	设置合理的通信参数	通信参数设置错误，1 处扣 5 分				
PLC 程序设计 40 分	正确编写通信程序	程序编写错误酌情扣分				
	程序输入并下载运行	下载错误，程序无法运行，扣 20 分				
	安全文明操作	违反安全操作规程，扣 10 ～ 20 分				
合计						

恭喜你，完成了任务评价。通过一个简单的 PLC 网络通信项目，了解了如何用 FX5U 系列 PLC 来实现多台设备的网络通信控制。熟练掌握 N:N 网络通信的项目，领会其精华与关键技术，今后在处理多台设备的 N:N 网络通信项目时都会得心应手。

拓展提高

【知识拓展】

一、以太网通信

以太网是一种广泛应用于计算机网络中的局域网（LAN）协议，最初由 Xerox、Intel 和 Digital Equipment Corporation（DEC）于 20 世纪 70 年代末开发，经过几十年的发展，以太网通信得到广泛的应用。尤其在工业自动化领域，以太网通信已成为该领域的主流通信方式之一。

在工业自动化系统中，工业以太网使用专用的硬件和软件协议，为网络通信提供了高效、稳定的数据传输和处理能力，可用于实时处理和响应大量数据；为确保网络通信的连续性和稳定性，工业以太网提供了高可靠性和容错性；为保证网络安全，工业以太网提供了安全控制和加密功能，以确保数据的机密性和完整性；同时，为便于自动化系统的扩展和升级，工业以太网提供了灵活的拓扑结构和接口标准，以满足不同的需求。

FX5U 系列 PLC 的通信方式多种多样，除了基于串口的 RS-232 和 RS-485 通信外，也拥有强大的以太网通信功能。通过以太网通信，FX5U 系列 PLC 可以实现与工程工具的连接、与 HMI 触摸屏的连接、SLMP 通信、MODBUS/TCP 通信以及简单 CPU 通信等功能。

二、基于以太网的简单 CPU 通信功能

FX5U 系列 PLC 的简单 CPU 通信功能是指通过以太网实现 PLC 之间的网络通信，仅需要使用工程工具（GX Works3）对以太网搭载模块进行简单的参数设置，就能实现在指定时间与指定软元件进行数据收发，实现数据的共享与交换，如图 7-21 所示。在简单 CPU 通信中，通信对象设备的连接的最大数量由以太网搭载模块的类型决定，如 FX5U CPU 最大连接数量为 16 台，采用以太网模块（FX5-ENET 或 FX5-ENET/IP）最大连接数量为 32 台。

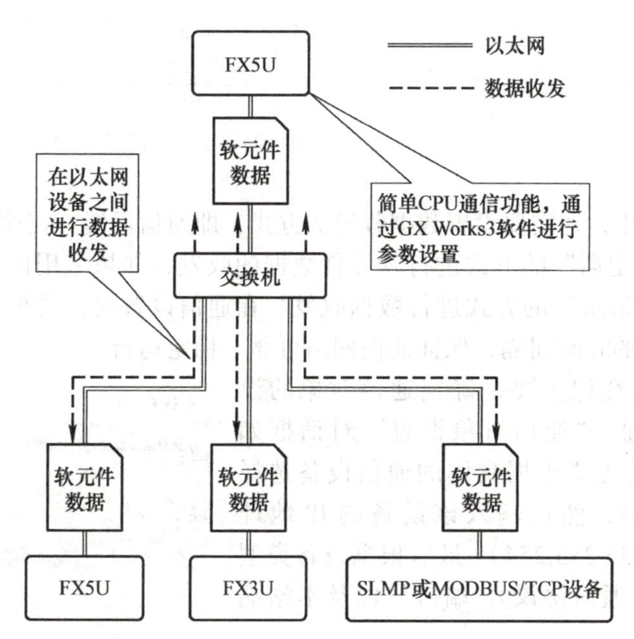

图 7-21　FX5U 系列 PLC 简单 CPU 通信系统的组成

三、简单 CPU 通信参数设置

FX5U 系列 PLC 的简单 CPU 通信功能的主要参数有通信类型、通信设置、通信对象以及收发软元件等。通过 GX Works3 软件启动相应以太网端口的简单 CPU 通信功能后，对通信参数的设置如图 7-22 所示。在 FX5U 系列 PLC 中，CPU 模块和以太网模块的设置号最多有 32 个，即可以设置 32 条通信参数。

在简单 CPU 通信中，首先需要选择通信类型，即确定通信操作是读取还是写入数据。其中，读取数据是将指定通信对象（传送源）的软元件数据读取到本站（传送目标）的指定软元件中；写入数据是将本站（传送源）的指定软元件数据写入指定通信对象（传送目标）的软元件中。通信类型的正确选择，是进行网络通信和数据共享的首要保证。

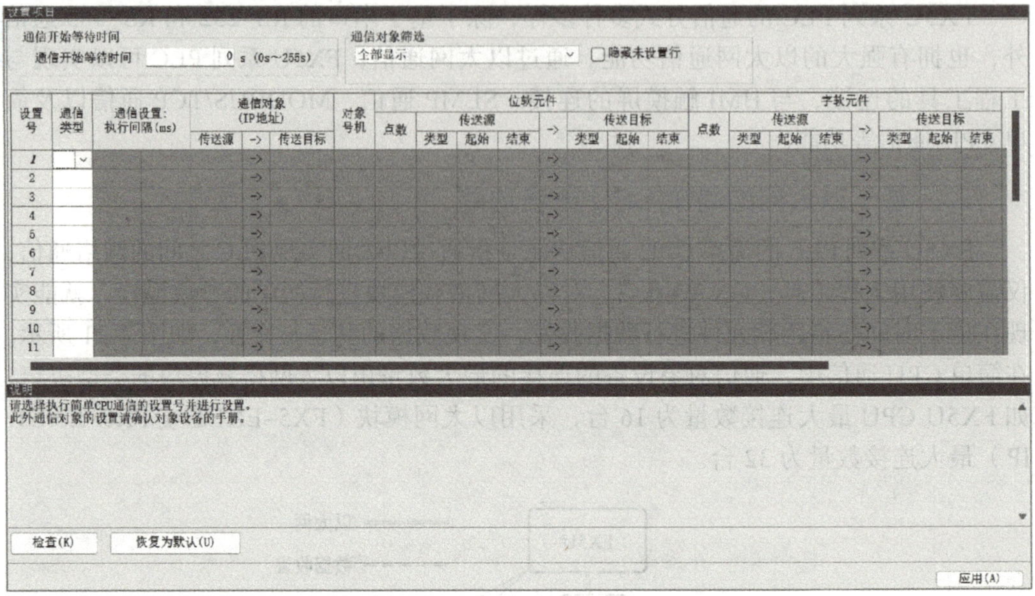

学习笔记

图 7-22　使用 GX Works3 软件进行简单 CPU 通信参数设置

在通信过程中，还需要设置数据收发的方式，即通信设置。在简单 CPU 通信时，PLC 主要采用“定期”的方式进行软元件数据的收发，如果采用以太网模块进行通信还可以采用“请求”的方式进行数据收发。在通信设置时，要根据通信对象的规模合理设置通信的时间间隔，保证通信网络可靠、稳定运行。

通信对象的登记主要是确定通信对象的设备类型和 IP 地址，“通信对象设置”对话框如图 7-23 所示。首先要根据具体的通信设备选择对应的设备类型，然后输入该设备的 IP 地址（0.0.0.1 ～ 223.255.255.254）。最后根据设备类型设置 TCP/UDP（通信协议）、端口号以及本站端口号等参数。

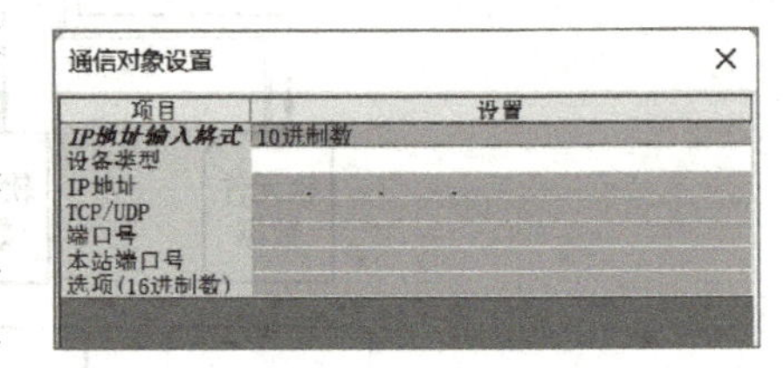

图 7-23　通信对象参数设置

小提示

同一个局域网中的网络设备需要使用相同的网络地址前缀（即前三段 IP 地址）来进行通信，以便彼此识别和交换数据。而最后一段 IP 地址则用于区分同一网络中的不同设备，因此必须是唯一的。

简单 CPU 通信的软元件设置参数主要有软元件点数、类型、起始编号和结束编号，需要分别对“传送源”和“传送目标”进行设置。软元件的点数按全设置合计最多 8192 字，1 次设置的点数由通信设备的类型决定，FX5U 系列 PLC 位软元件最大 8192 点，字软元件最大 512 点。在进行软元件设置时，位软元件以 16 点为单位，字软元件以 1 点为单位进行范围指定。FX5U 系列 PLC 通信软元件的类型和可设置范围见表 7-14。

表 7-14　FX5U 简单 CPU 通信软元件的类型和可设置范围

<table>
<tr><th rowspan="3">类别</th><th colspan="3">可设置软元件</th></tr>
<tr><th rowspan="2">符号</th><th colspan="2">范围</th></tr>
<tr><th>FX5UCPU 模块</th><th>以太网模块</th></tr>
<tr><td rowspan="7">位软元件</td><td>X</td><td>0 ～ 1777</td><td rowspan="13">与所连接 CPU 模块的软元件范围相同</td></tr>
<tr><td>Y</td><td>0 ～ 1777</td></tr>
<tr><td>M</td><td>0 ～ 32767</td></tr>
<tr><td>L</td><td>0 ～ 32767</td></tr>
<tr><td>B</td><td>0H ～ 7FFFH</td></tr>
<tr><td>SB</td><td>0H ～ 7FFFH</td></tr>
<tr><td>SM</td><td>0 ～ 9999</td></tr>
<tr><td rowspan="7">字软元件</td><td>D</td><td>0 ～ 7999</td></tr>
<tr><td>W</td><td>0H ～ 7FFFH</td></tr>
<tr><td>R</td><td>0 ～ 32767</td></tr>
<tr><td>SW</td><td>0H ～ 7FFFH</td></tr>
<tr><td>SD</td><td>0 ～ 11999</td></tr>
<tr><td>G</td><td>—</td></tr>
<tr><td>6400 ～ 8447</td></tr>
</table>

小提示

简单 CPU 通信功能的参数设置完成后，可以利用 GX Works3 软件的诊断功能进行网络状态确认。在 GX Works3 软件的“诊断”菜单中，选择“简单 CPU 通信诊断”就可以监测网络状态。

【任务拓展】

1. 任务描述

随着工业以太网技术的不断发展与成熟，越来越多的企业将原有的通信网络升级为工业以太网，进一步提高了智能化生产线的综合性能。某企业根据最新的生产工艺，结合当前设备的硬件情况，以及后续升级改造的需求，决定采用工业以太网的形式组成通信网络，实现整条生产线的一体化控制，进一步提高智能化生产线控制系统的稳定、可靠、安全以及易于扩展性等性能。

网络通信控制要求如下：

1）继续使用原有的 6 台 FX5U PLC 设备，添加以太网交换机完成网络升级。

2）采用 FX5U PLC 的简单 CPU 通信协议完成网络参数的设置。

3）智能化生产线既可以进行单机调试与运行，也可以进行联机调试与运行。

4）智能化生产线的上下料单元需要统计其余各单元加工或检测的物料数量，协调生产节拍。

学习笔记

2. 任务分析

1）根据FX5U系列PLC的以太网功能，通过以太网交换机将原有的6台FX5U PLC组成以太网，采用简单CPU通信协议进行网络通信，请同学们在图7-24中绘制其网络架构。FX5U系列PLC的CPU模块能够支持16台设备进行简单CPU通信，能够满足后续设备的升级改造。

图7-24 智能化生产线以太网控制系统的组成

2）分析本任务的设备组成，将各设备的IP地址填入表7-15。

表7-15 通信设备的IP地址分配

设备序号	设备名称	IP地址分配
1	上下料单元	192.168.3.10
2	物料检测单元	192.168.3.20
3	装配单元	192.168.3.30
4	焊接单元	192.168.3.40
5	检测单元	192.168.3.50
6	包装单元	192.168.3.60

3）分析本任务的通信要求，上下料单元PLC需要采集网络中其他单元的运行状态，并将相关指令写入其他单元，可采用1个字软元件存储运行状态，1个字软元件存储相关指令。软元件的分配见表7-16。

表7-16 通信软元件的分配

设备序号	设备名称	读取软元件	写入软元件
1	上下料单元（主站）	—	—
2	物料检测单元	D21	D10

学习笔记

（续）

设备序号	设备名称	读取软元件	写入软元件
3	装配单元	D31	D10
4	焊接单元	D41	D10
5	检测单元	D51	D10
6	包装单元	D61	D10

3. 任务实施

（1）网络搭建　以太网的搭建主要是使用以太网电缆（100BASE-TX/10BASE-T电缆）将各PLC的以太网端口连接到交换机的相应端口。本任务使用的是PLC内置的以太网端口，如图7-25所示。

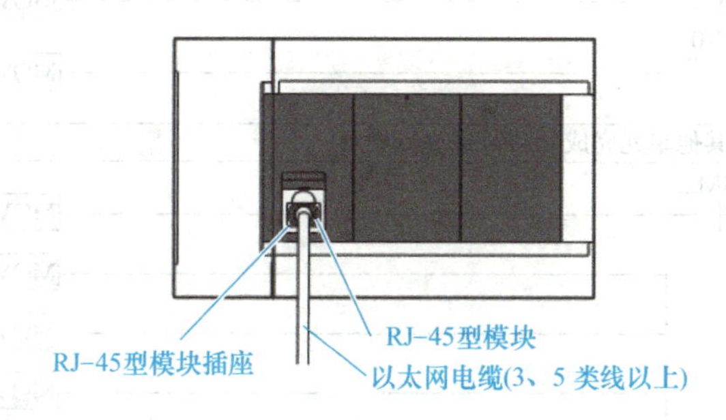

图7-25　FX5U系列PLC内置以太网端口的连接

（2）通信参数设定　在GX Works3软件中进行简单CPU通信参数的设定，将“是否使用简单CPU通信功能”设置为“使用”。然后，修改简单CPU通信的“详细设置”，参数见表7-17，其余参数保持默认选项即可。

表7-17　简单CPU通信参数

设置号	通信类型	通信对象		字软元件					
				传送源			传送目标		
		传送源	传送目标	类型	起始	结束	类型	起始	结束
1	写入	192.168.3.10	192.168.3.20	D	10	10	D	20	20
2	写入	192.168.3.10	192.168.3.30	D	10	10	D	30	30
3	写入	192.168.3.10	192.168.3.40	D	10	10	D	40	40
4	写入	192.168.3.10	192.168.3.50	D	10	10	D	50	50
5	写入	192.168.3.10	192.168.3.60	D	10	10	D	60	60
6	读取	192.168.3.20	192.168.3.10	D	21	21	D	21	21
7	读取	192.168.3.30	192.168.3.10	D	31	31	D	31	31
8	读取	192.168.3.40	192.168.3.10	D	41	41	D	41	41
9	读取	192.168.3.50	192.168.3.10	D	51	51	D	51	51
10	读取	192.168.3.60	192.168.3.10	D	61	61	D	61	61

学习笔记

（3）程序编写　根据控制系统要求，应用简单CPU通信编写上下料机械手单元通信程序如图7-26所示。

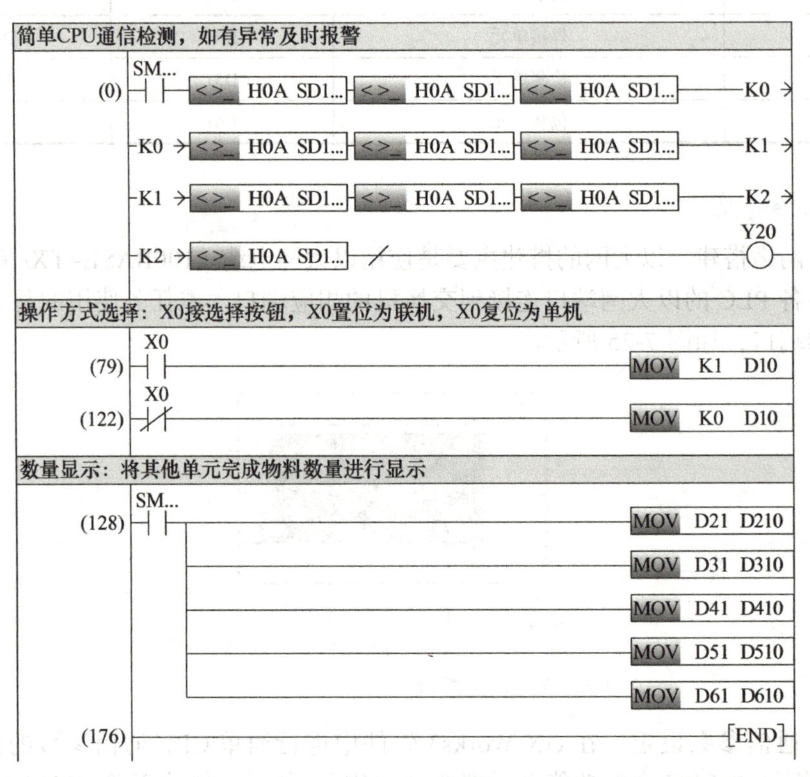

图7-26　上下料机械手单元通信程序

根据控制系统要求，应用简单CPU通信编写上料检测单元通信程序如图7-27所示。其余单元的通信程序与上料检测单元相似。

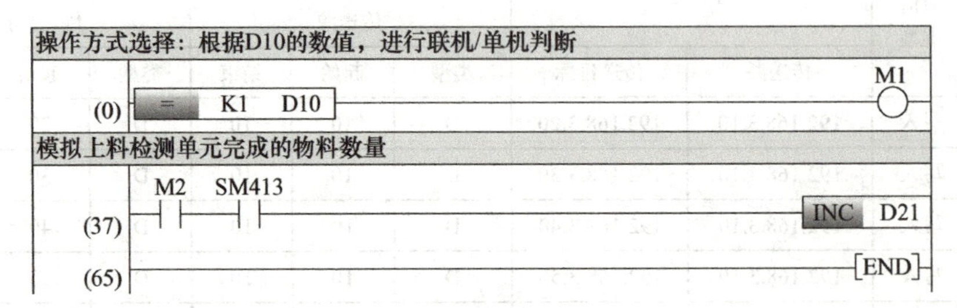

图7-27　上料检测单元通信程序

（4）程序调试与运行　利用GX Works3编程软件编写上述各单元的通信程序，将调试好的用户程序以及设备组态分别下载到CPU中，并连接线路。首先观察上下料机械手单元中各通信是否正常（Y20是否点亮）。在通信正常的情况下，利用上下料机械手单元进行联机和单机功能的切换，观察其他单元是否能够进行响应（各单元

学习笔记

M1 置位或复位）。然后，观察上下料机械手单元能否正确显示其他单元的物料数量。结合任务要求，总结程序调试过程中出现的问题和解决措施。

【视野拓展】

以“标尺”丈量岁月，铸就“默默耕耘”的匠心

在奋斗中无私奉献，以“标尺”丈量岁月，铸就“默默耕耘”的匠心。心心在一艺，其艺必工；心心在一职，其职必举。工程测量即使在艰辛无比的建筑施工行业中也算是个苦差事，每天翻山越岭、风餐露宿，小旅馆、老乡家、废弃的窝棚是常住的住所，居无定所是常态，咸菜、方便面是难得的美食，饿肚子、饥一顿饱一顿时常发生，全国劳模白芝勇用“每一毫米的细心”测量着他的人生，爱企如家，默默奉献，从北到极寒之地，西到沙漠戈壁，南到崇山峻岭，东到大海之滨，不问耕耘、但问收获是他奋斗的昂扬姿态。在“以中国式现代化全面推进中华民族伟大复兴”的新征程上，广大党员干部扎根基层，要向白芝勇看齐，时刻昂扬奋斗姿态、坚守岗位默默耕耘，学会在平凡的工作中去寻找人生价值，笃定“功成不必在我”但“功成必定有我”的执着信念，保持干事创业激情，在艰苦奋斗中演绎平凡，在平凡中诠释专注，在专注中闪出人生的“高光时刻”，最终在默默耕耘的赤诚奉献中践行初心使命，做新时代下不懈奋斗的“赶考者”。

项目小结

本项目以智能化生产线控制要求及解决方案为例，系统讲解了 FX5U 系列 PLC 的通信方式与实现方法。FX5U 系列 PLC 具有丰富的网络通信功能，本项目重点讲解了基于串行通信的并列链接通信、N:N 网络通信，基于以太网的简单 CPU 通信等。其中，并列链接通信能够完成两台三菱 PLC 设备的网络通信，N:N 网络通信能够完成最多 8 台三菱 PLC 设备的网络通信，简单 CPU 通信最多能够支持 32 台网络设备的通信。

在进行网络通信设计与实现的过程中，必须根据控制要求合理选择通信协议和正确设置通信参数。在通信参数设置时，要合理规划软元件的类型和数量，确保网络通信的正常进行，实现数据的及时共享与更新。在编写通信程序时，要做好软元件的映射处理，尽量保证各通信设备中软元件映射结构一致，便于编写程序与排查错误。

着眼全局　通盘筹划

“不谋全局者，不足谋一域”。作为当代大学生要始终保持全局视角，不断提高思维的深度和分析的广度，努力把握社会发展的全局和趋势，做到“看得远、想得深”，才能更好地规划自己的未来，迎接挑战，实现自我价值。

学习笔记

思考与练习

一、判断题

1. 在计算机通信中，并行通信一定比串行通信速度快。（　　）
2. 串行通信常用的接口标准有 RS-232 和 RS-485 等。（　　）
3. RS-485 串行接口标准是一种可靠、稳定、高效的串行通信标准，广泛应用于工业自动化、仪器仪表、通信设备等领域。（　　）
4. FX5U 系列 PLC 的并列链接通信能连接至少两台相应 PLC。（　　）
5. FX5U 系列 PLC 的 N:N 网络通信能连接最多 8 台相应 PLC。（　　）

二、选择题

1. 以下不是串行通信接口的是（　　）。

A. RS-232　　B. RS-485　　C. RS-422　　C. RJ-45

2. FX5U 系列 PLC 采用 1 对接线完成 RS-485 通信，其终端电阻是（　　）Ω。

A. 110　　B. 150　　C. 330　　D. 350

3. 并列链接通信采用普通链接模式，其内部继电器有（　　）点。

A. 32　　B. 64　　C. 100　　D. 10

4. 以下为 FX5U 系列 PLC 以太网通信功能的是（　　）。

A. 并列链接通信　　B. N:N 网络通信　　C. 简单 CPU 通信　　D. 无此功能

5. N:N 网络通信中最多可以包含（　　）台相应的 PLC。

A. 2　　B. 4　　C. 8　　D. 16

三、填空题

1. 计算机通信按照每次发送数据的位数可以分为________和________。
2. 常见的串行通信接口标准有________、________、RS-422 等。
3. FX5U PLC 可以使用________、________、通信适配器等通信器件实现串行通信。
4. 并列链接通信的模式有________和________。
5. N:N 网络通信有________种通信模式。

四、简答题

1. 如何使用 GX Works3 软件进行并列链接通信参数的设置？
2. N:N 网络通信不同链接模式使用的链接软元件有何不同？
3. 如何使用 GX Works3 软件进行 N:N 网络通信参数的设置？
4. 简述以太网通信的优势。

五、程序题

1. 某风冷控制系统由送风和循环两子系统组成，其送风电动机和循环电动机分别由两台 FX5U 系列 PLC 进行控制。现需要实现风冷控制系统的网络通信功能，具体要求如下：

1）两台电动机既能联机控制，也能单机控制，既能实现一台 PLC 控制两台电动机的起停，也能实现各自 PLC 控制各自电动机的起停。

2）两台 PLC 能够互相监控彼此状态，当某一电动机运行出现故障（过载等），两台电动机均停止运行，并显示故障信息。

3）根据上述要求，合理选择通信方式完成通信系统硬件的搭建与通信程序的编写。

2. 某智能化生产线由供料、加工、装配以及分拣单元组成，各单元均由一台 FX5U 系列 PLC 进行控制。现需要将各单元通过通信技术连接起来，完成智能化生产线的网络通信功能，具体要求如下：

1）智能化生产线的工作模式可分为单站运行和全线运行两种，工作模式在主站进行选择。单站运行模式由各单元的系统自行控制设备的初始化和调试运行；全线运行模式由主站控制，实现全线设备的初始化和运行。

2）各单元之间能够彼此监控对方的运行状态，当某一单元的设备出现故障时，全线设备停止运行，在主站单元和故障单元显示故障信息。

3）分别采用 FX5U 系列 PLC 的 N:N 网络通信和简单 CPU 通信两种方式进行网络系统的搭建和通信程序的编写。

参考文献

[1] 姚晓宁 . 三菱 FX5U PLC 编程及应用 [M]. 北京：机械工业出版社，2022.
[2] 侍寿永 . 西门子 S7–1200 PLC 编程及应用教程 [M]. 2 版 . 北京：机械工业出版社，2021.
[3] 王烈准，徐巧玲 . 可编程序控制器技术及应用 [M]. 2 版 . 北京：机械工业出版社，2023.
[4] 汤光华 . PLC 应用技术项目化教程 [M]. 2 版 . 北京：化学工业出版社，2014.
[5] 赵春生 . 可编程序控制器应用技术 [M]. 3 版 . 北京：人民邮电出版社，2017.
[6] 孙卫锋，翟玲 . PLC 应用技术项目化教程 [M]. 北京：化学工业出版社，2020.